AF592145

ESSAIS

SUR

L'ART D'IMITER

LES

EAUX MINÉRALES.

ESSAIS
SUR
L'ART D'IMITER
LES
EAUX MINÉRALES,
OU

De la Connoissance des EAUX MINÉRALES & de la manière de se les procurer, en les composant soi-même, dans tous les tems & dans tous les lieux.

PAR M. DUCHANOY,

Docteur-Régent de la Faculté de Médecine de Paris & de l'Académie des Sciences, Arts & Belles-Lettres de Dijon.

Non auro myrrhâque bibunt sed gurgite pleno ;
Vita redit ; satis est populis.

LUCAN. *Pharf. Lib. IV.*

PRIX, 3 liv. relié.

A PARIS,
Chez MÉQUIGNON l'aîné, Libraire, rue des
vis-à-vis S. Côme.

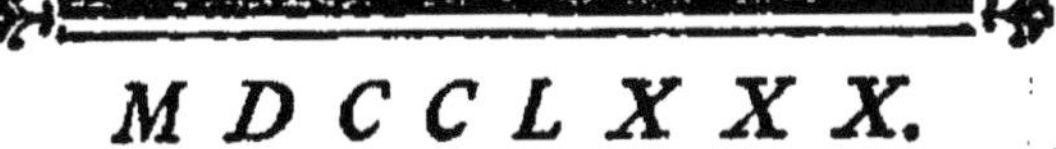

MDCCLXXX.
Avec Approbation & Privilège du Roi.

EPITRE DÉDICATOIRE

A

MON MAÎTRE,

A

MON CONFRERE,

A

MON AMI,

Me. A. PETIT, Docteur-Régent, Professeur d'Anatomie & de Chirurgie au Jardin Royal, ancien Inspecteur des Hôpitaux Militaires du Royaume, de l'Académie des Sciences de Paris & de Stockolm, &c, &c.

C'est aux Grands-Hommes que l'on doit l'hommage de son travail : s'il est quelquefois permis de s'écarter de ce devoir, ce n'est qu'en faveur de l'amitié, ou pour céder à la reconnoissance. Heureux celui qui a droit à tous les titres, & mille fois plus heureux encore, à mon gré, celui qui, en payant tribut au mérite, satisfait à son cœur! On lit votre nom au Temple de Mémoire; il y est, en lettres d'airain, gravé des mains du Génie de la Médecine & de la Philosophie. Je vous dois mon Education Médicale, & les préceptes m'ont toujours été donnés sous le charme de l'amitié Vivans sous le même toît & dans cette intimité qui m'est si chère & si précieuse, vous me continuez vos conseils & vous dirigez mes pas dans les routes épineuses d'une Science que vous *connoissez si bien. Encore si la Nature m'eût appris l'art de peindre, comme elle m'a donné la sensibilité ! Mais mes expressions seroient trop au-dessous de mes sentimens. Agréez, je vous prie, cet hommage comme un témoignage authentique de ma reconnoissance & de l'attachement inviolable du meilleur de vos amis.*

DU CHANOY,
D. M. P.

AVANT-PROPOS.

AVANT-PROPOS.

PEUT-ON par l'art imiter les Eaux minérales, ou bien pourroit-on les recomposer en réunissant les parties qu'on en auroit séparées ?

Telle est la question que propose M. Schaw (1) & sur laquelle il fait cette réflection : « Un succès heureux dans » la solution d'un problême de cette » importance, seroit un préjugé bien » favorable à la justesse & à l'exacti- » tude qu'on paroîtroit avoir appor- » tée, soit en faisant l'analyse, soit » en cherchant à recomposer ou à imi- » ter les Eaux. S'il arrive, ajoute ce » Savant, que cet Ouvrage soit con- » tinué, on espère qu'on pourra dé- » couvrir une méthode sure de tracer » ou de décrire les vertus & les usages

(1) Méthode générale d'analyser les Eaux minérales, trad. par M. Coste, D. M.

» de toutes les Eaux minérales, & » d'en obtenir les contenus doués de » leurs propriétés naturelles ſans la » moindre altération, au point que » nous pourrons en recompoſer les » Eaux minérales reſpectives, en aug» menter les vertus en certains cas, » les diminuer dans d'autres, en faire » des imitations artificielles, & par ces » moyens enrichir & accroître la Mé» decine & la Pharmacie. »

Ce vœu d'un Auteur célèbre nous paroît d'autant plus ſolidement établi, qu'il a ſacrifié la plus grande partie de ſes veilles à des recherches ſur les Eaux minérales. Le Livre qu'il nous a donné d'après ſon travail, prouve combien il étoit inſtruit & verſé dans cette matière, & les routes qu'il nous a indiquées pour la découverte de la vérité, combien il les connoiſſoit parfaitement.

Des hommes de génie ſe ſont occupés du même objet, ils ont perfectionné la ſcience des Eaux, quelques-uns même ſe ſont occupés de l'art de les imiter & y ont réuſſi ; ils ont employé avec ſuccès des Eaux minérales artificielles pour des malades que leur état ou leur indigence empêchoit d'en aller chercher au loin de naturelles. Leurs efforts méritent des éloges, & je voudrois donner à chacun d'eux le tribut de gloire qui leur eſt dû ; mais ce ſeroit trop m'éloigner du but que je me ſuis propoſé : cette tâche doit être réſervée à quelques Savans qui auront plus que moi le talent de faire connoître aux hommes ceux qui nous ont rendu des ſervices importans.

Quelqu'efficaces que ſoient les Eaux minérales, on ne les trouve pas partout ; le Peuple, cette branche précieuſe de l'humanité, ne peut pas en profiter ; les frais qu'il faut faire pour aller chercher ce ſecours & l'éloignement auquel il force, ne permettent qu'à un petit nombre de perſonnes d'en uſer, encore ſouvent ne s'y déterminent-elles que trop tard. Quels ſervices ne rendroit pas à ſes ſemblables celui qui mettroit les Eaux à la portée de tout le monde, & qui en faciliteroit en tout tems & dans tous les lieux un uſage familier, moins diſpendieux & plus utile! Les pauvres en profiteroient; les gens aiſés ou riches ne quitteroient point leurs affaires, ils conſerveroient à côté d'eux leurs Médecins ordinaires qui, plus au fait & de leur état & de leur tempéramment, continueroient d'en prendre ſoin, & ſeroient plus qu'un Médecin étranger à portée de ſuivre les effets des Eaux & de les mieux diriger; d'ailleurs combien de cas particuliers où il ſeroit à deſirer que les Eaux froides fuſſent à côté des chaudes, les ſulfureuſes à côté des acidules, &c, &c, pour les mélanger, les varier & les approprier enfin dans toutes les circonſtances à la nature & au caractère des maladies, à l'âge & au tempéramment des malades.

C'eſt une choſe avouée aujourd'hui de tous les Naturaliſtes, que les Eaux minérales de ſources ſe chargent ſouvent d'une plus ou moins grande quantité de matière qu'elles diſſolvent dans leurs cours ſouterrains. M. Schaw obſerve que leur goût & leurs vertus ſouffrent de grands changemens, ſuivant les différentes ſaiſons de l'année, ſuivant qu'elles ſont plus ou moins affoiblies par les pluies, reſſerrées par le froid, pénétrées par l'ardeur du ſoleil (1). M. Duclos, de l'Académie des Sciences, a dit que les Eaux d'une même ſource peuvent en divers tems recevoir des altérations notables par de nouveaux mélanges ou par la ceſſation de ceux qui s'y faiſoient; les quantités de ſel ne ſont pas toujours égales non plus que les conſtitutions de l'air ſèches ou pluvieuſes, & cette diſproportion dans les doſes des principes qui

(1) Méth. génér. d'anal.

conſtituent les Eaux, doit néceſſairement apporter des changemens dans leurs vertus (1). Il eſt impoſſible, ſelon M. Macquer, qu'un liquide, qui a la propriété de diſſoudre des matières parmi leſquelles il coule, n'en diſſolve jamais que la même quantité & dans les mêmes proportions (2). C'eſt à ces alternatives, dit M. Baumé, & aux changemens auxquels ſont expoſées les Eaux minérales, qu'on doit rapporter toutes les contrariétés que l'on remarque entre les analyſes faites par des Chymiſtes également habiles, mais dans des tems différens (3). Encore ces alternatifs dans les proportions des principes des Eaux ne ſont-ils pas ce qu'il y a de plus à craindre dans leur uſage; on a quelquefois beaucoup plus à redouter des ſubſtances étrangères &

---

(1) Obſerv. ſur les Eaux min. de la France.

(2) Dict. de Chymie. Eaux minér.

(3) Elém. de Pharm. Choix des Minér.

malfaiſantes dont elles ne ſont pas toujours exemptes.

D'après les vérités que je viens de préſenter & en faveur deſquelles j'aurois pu aiſément multiplier les preuves, on ne doit pas avoir de peine à ſe perſuader que des Eaux minérales artificielles bien faites n'auroient pas ſeulement avec les naturelles une analogie, une ſimilitude, une identité dans les principes ; mais qu'elles l'emporteroient encore ſur celles-ci par les avantages qu'elles auroient de ne jamais varier dans les doſes, les proportions & la températuге, d'être exemptes de tout mélange étranger qui pourroit les rendre dangereuſes, de ſe trouver partout, de pouvoir par conſéquent les réunir dans un même lieu, les ordonner dans tous les tems, & même d'y raſſembler tous les moyens auxiliaires comme bains, douches, étuves, boues, &c, &c.

Peut-être ſe trouvera-t-il encore des

personnes qui prétendront qu'il n'est pas possible de bien imiter la nature dans la confection des Eaux minérales artificielles? Mais si nous pouvons nous flatter de connoître parfaitement la nature des mixtes, tant fixes que fugitifs, qui entrent dans la composition des Eaux naturelles, leur quantité, & que ces principes soient en notre pouvoir, pourquoi avec les mêmes substances, dans les mêmes proportions, avec le même véhicule & à la même température, ne remplaceroit-on pas ces Eaux? Le but de cet Ouvrage est de démontrer cette vérité; nous ne nous y arrêterons donc pas (1); nous nous per-

(1) J'aurois pu m'armer d'autorités, mais cela m'auroit jetté dans de trop longs détails; je me contenterai de rapporter le sentiment de M. Macquer: « Avant » qu'on connut le gas la recomposition des Eaux minérales rencontroit des difficultés insurmontables pour » la plupart des Eaux; mais depuis la découverte que » l'on a faite de la nature des substances gaseuses & » leurs actions sur plusieurs matières, il paroît certain » qu'il n'y a aucune classe d'Eaux qu'on ne puisse imiter

mettrons ſeulement de faire obſerver pour le moment que les Maîtres de l'Art ont ſouvent donné plus d'attention à la chaleur des Eaux qu'à la nature des minéraux qu'elles contiennent, que les matières que l'analyſe y découvre ne ſont pas toujours toutes néceſſaires à leur efficacité, & que l'on a appris de l'obſervation que les Eaux les plus ſimples, celles qui ſont le moins chargées de principes, ſont en général les plus ſalutaires.

L'Ouvrage que je préſente au Public n'eſt qu'un eſſai ſur l'art d'imiter les Eaux minérales naturelles, & d'appliquer les Eaux factices aux maladies & aux mêmes uſages auxquels on a conſacré les Eaux de ſource. Je ſais combien cette entrepriſe eſt au-deſſus de mes forces; mais un projet de cette importance mérite d'être accueilli & me promet de l'indulgence. Les eſſais

» parfaitement. » (Dict. de Chymie, nouv. Edit. Eaux minér.)

dont je rendrai compte promettent des ſuccès certains ; l'obſervation venant à l'appui des imitations de l'art, achevera de convaincre que les Eaux minérales de ſource & les Eaux minérales artificielles employées de la même manière, ont les mêmes propriétés & les mêmes vertus. La route que je ſuis étoit frayée ; l'Hiſtoire de l'Art nous apprend que preſque de tous les tems les Médecins ont compoſé des Eaux minérales artificielles : il s'agiſſoit de raſſembler ce qu'ils ont de plus raiſonnable ſur cet objet, d'étendre leurs vues, enfin d'exécuter en grand ce que Baccius (1), d'Andernac (2), Bonnet (3), Hoffman (4), l'Académie des Sciences (5), Geoffroy (6), Marteau (7), M.

(1) *De Thermis.*

(2) *Commentar. de Baln & Aq. Med.*

(3) *Bibliotec. Pharmac.*

(4) *De Aquis miner.*

(5) Mém. de l'Acad.

(6) *Mater. Med. de Aquis miner.*

(7) Diſſert. ſur les Eaux de mer & d'eaux douces.

le Roy (1), M. Bewly (2), M. Rouelle (3), & la plupart des Auteurs modernes nous ont présenté en petit, & c'est ce que nous nous sommes proposé de faire (4); mais auparavant que d'entrer en matière, nous allons terminer cet Avant-Propos par l'exposé du plan que nous avons adopté.

On considère l'Eau sous deux points de vue, comme simple & comme composée : simple, celle qui est claire, limpide, légère, pure, sans goût, sans odeur, enfin sans mélange quelconque; composée, celle qui tient en dissolution une ou plusieurs substances. La propriété qu'a l'Eau de dissoudre un très-grand nombre de matières dif-

---

(1) Mélanges de Phys. & Méd.

(2) Lettres insérées dans l'Ouvrage de M. Priestley.

(3) Journal de Médec. Mai 1773, &c.

(4) M. Majault, notre Confrère, Médecin très-habile & Chymiste fort éclairé, s'est occupé depuis longtems des Eaux minérales artificielles : il rendroit certainement un grand service à la Médecine s'il publioit ses observations.

férentes, rend la classe des Eaux composées très-nombreuses; il n'y a même peut-être point d'Eau simple proprement dite, si l'on veut traiter la chose à la rigueur; mais on regarde toujours l'Eau comme telle, à moins qu'elle ne contienne des substances étrangères d'une manière sensible.

Les Eaux composées varient en raison de la nature des substances qu'elles tiennent en dissolution, elles peuvent appartenir au règne végétal, au règne animal, ou au règne minéral, ce qui fournit trois divisions très-naturelles des Eaux composées, mais dans le plan que je me suis fait de ce Traité, je ne dois m'occuper que de celles qui tiennent au dernier règne.

On appelle Eaux minérales toutes celles qui se distinguent des Eaux ordinaires, par la chaleur, ou par l'odorat, ou par des parties qu'elles ont dissoutes des minéraux, soit que ces matières puissent de leur nature se disſoudre dans l'Eau comme les ſels, ſoit qu'elles ayent beſoin d'un intermède pour le faire, comme le ſoufre, les bitumes, &c.

Il eſt d'uſage de ranger dans la claſſe des Eaux minérales, des ſources qui ne méritent pas de porter ce nom, je n'y changerai rien, mais mon ſujet ne me permet pas de comprendre ici les Eaux qui contiennent des ſubſtances dangereuſes, du cuivre, de l'arſenic, ou autres ſubſtances analogues; je les renvoye à leur claſſe naturelle, celle des poiſons, pour ne m'occuper que des Eaux minérales qui peuvent ſervir de remèdes.

De tout tems on a rangé ſous deux claſſes les Eaux minérales. On a renfermé toutes les chaudes (*Thermæ*) dans la première, & toutes les froides (*Acidulæ*) dans la ſeconde (1). Chacu-

(1) Tout le monde ſait que les Eaux de ſource ſont beaucoup plus fraîches que les Eaux de riviere.

ne de ces Eaux porte un nom particulier tiré du principe dominant qu'on leur ſuppoſe ; on les appelle Eaux ferrugineuſes, ſulfureuſes, alkalines, &c. ſelon que le fer, le ſoufre, l'alkali, ou d'autres matières y dominent.

On penſoit autrefois que les principes des Eaux chaudes ſont très-différens de ceux des Eaux froides, mais grace à la Chymie de nos jours, il eſt prouvé par des obſervations bien faites, que toutes les Eaux minérales ſont indifféremment chaudes ou froides ; quelle que ſoit la nature des principes qu'elles tiennent en diſſolution, la différence que l'on trouve dans leur température ne vient ſouvent que de l'éloignement plus ou moins conſidérable qu'il y a entre le foyer qui les produit & l'ouverture par où elles ſourdent.

Le ſoufre, les bitumes, les ſels neutres, l'alkali, le vitriol martial & un eſprit minéral avoient toujours paſſé pour être les ſeules matières qui minéralisent les Eaux, telles que la Nature les fait sortir du sein de la terre; mais les Modernes, par les découvertes dont ils ont enrichi la Physique & la Chymie, ont pour ainsi dire fait de la Science des Eaux une Science toute nouvelle: nous entrerons quand il en sera tems dans les détails relatifs & nécessaires à ce sujet.

Il suit de la connoissance acquise des principes dominans dans les Eaux, qu'on peut les ranger sous dix classes, les *Eaux gaseuses*, les *Eaux alkalines*, les *Eaux terreuses* & les *Eaux ferrugineuses*; les *Eaux chaudes simples*, les *Eaux thermales gaseuses*, les *Eaux savonneuses*, les *Eaux sulfureuses*, les *Eaux bitumineuses* & les *Eaux salines*.

Les Eaux d'une même classe ne se ressemblent pas toutes; il y a, par exemple, un aussi grand nombre d'espèces d'Eaux martiales qu'il y a de manières dont le fer peut être dissous dans l'eau: il faut en dire autant des

Eaux alkalines, sulfureuses, salines, &c.

La classe des Eaux gaseuses simples est formée par les Eaux qui ne contiennent point d'autres principes minéralisans que l'air fixe. Comme ce principe joue un très-grand rôle dans les Eaux minérales, il importoit beauconp qu'il fût bien connu; aussi nous en sommes-nous occupé dans des généralités qui précèdent cette première classe d'Eaux gaseuses: je fais l'histoire abrégée de ce principe généralement connu sous le nom de gas; j'expose ce que les Auteurs en ont dit & pensé; je distingue l'air fixe de l'acide gaseux (l'un précipite en terre calcaire la chaux de sa dissolution, l'autre en fait un sel neutre); enfin le gas connu & ses propriétés détaillées, je passe aux différentes méthodes imaginées pour rendre l'eau gaseuse, de manière que par les moyens indiqués on peut imiter toutes sortes d'Eaux minérales spiritueuses.

Après ces généralités j'indique, ſous le titre d'Eaux gaſeuſes en particulier, quelles ſont les eſpèces d'Eaux minérales dans leſquelles le gas joue un rôle ; il y en a peu où il ne trouve ſa place, cependant les Eaux alkalines, les Eaux terreuſes, les Eaux martiales & certaines Eaux thermales ſont celles où l'on eſt le plus ſouvent forcé de le regarder comme principe dominant.

Dans la ſeconde claſſe je tâche de préſenter l'alkali ſous toutes ſes faces, comme cauſtique & non cauſtique, végétal, minéral, ſavonneux, terreux, &c. mais comme preſque toutes les Eaux alkalines ſont plus ou moins ſpiritueuſes, nous ſommes forcé de convenir que le plus ſouvent les alkalis des Eaux ſont neutraliſés par l'acide gaſeux ; & nous rapportons les expériences ſur leſquelles cette théorie eſt fondée.

Nous regardons les terres dans les Eaux à peu près du même œil que l'alkali. Après avoir examiné ce qu'elles ſont dans leur état de pureté & ce qu'elles peuvent devenir par leur mélange, nous croyons qu'on doit les conſidérer comme des ſels neutres gaſeux, ſoit que les Eaux ſoient ſpiritueuſes, ſoit qu'elles ne le ſoient pas; ce n'eſt pas que les terres n'ayent quelquefois d'autres diſſolvans comme l'alkali, les ſels neutres ou d'autres matières, mais telle eſt leur manière d'être la plus générale & la plus commune.

Les Eaux ferrugineuſes forment la claſſe d'Eaux qui doit le plus à la nouvelle théorie des Chymiſtes : le fer peut ſans intermède ſe diſſoudre dans l'eau la plus pure, l'eau diſtillée; mais nous eſtimons qu'il exiſte preſque toujours ſous forme ſaline dans les Eaux minérales dont la Médecine fait uſage. Nous diviſons nos Eaux ferrugineuſes par claſſes, ſelon la manière d'être du fer qui les minéraliſe. J'ai placé dans une note, des expériences qui ſemblent indiquer que l'on pourroit tirer quelques inductions sur la manière d'être du fer dans les Eaux par la nature de la couleur que leur donne la noix de galles ; mais je me garde bien de prononcer sur les conséquences que l'on pourroit tirer de ces expériences ; je ne les donne que comme des observations, sans autre valeur que celle que le Lecteur voudra bien y mettre.

J'ai fait une classe d'Eaux thermales simples. Ces Eaux n'ont d'autre principe minéralisant que la matière du feu, que je regarde comme un être distinct, & peut-être de toutes les Eaux thermales composées celui qui mérite le plus de considérations de la part des Médecins.

La classe des Eaux thermales spiritueuses ne diffère de la classe des Eaux acidules que par la température ; la théorie est la même pour les unes & pour les autres, à quelques légères différences près, que nous avons indiquées dans nos généralités ſur les Eaux gaſeuſes. Nous obſerverons cependant que preſque toutes les Eaux thermales ſpiritueuſes ſont ſavonneuſes & alkalines, au lieu que le plus grand nombre des Eaux acidules ſont martiales.

Sous le titre d'Eaux ſavonneuſes nous avons placé les Eaux que nous croyons devoir leurs qualités à une terre graſſe, mucide & diſſoluble. Ce n'eſt pas que les Eaux ne puiſſent emprunter leurs qualités ſavonneuſes d'autres matières, comme l'alkali, le bitume, l'hépar terreux ; mais on les retrouve dans leurs claſſes naturelles, où nous parlons du ſoufre, des bitumes, &c.

L'article des Eaux ſulfureuſes, comme celui des Eaux ferrugineuſes, nous a jetté dans de longues diſcuſſions & les ſujets en valoient la peine : ce ſont les Eaux qui étoient le moins bien connues & qui méritent de l'être davantage. Nous croyons qu'il y a des Eaux qui ſont minéraliſées par le phlogiſtique ſeul, comme il y en a qui le ſont par la matière ignée ſeule ; quelquefois ce phlogiſtique eſt uni à une terre ſquiteuſe, & d'autrefois à l'air fixe : nous penſons auſſi que les Médecins n'ont pas diſtingué avec aſſez de ſoin les Eaux minéraliſées par l'hépar alkalin, de celles qui le ſont par l'hépar terreux. Nous deſcendons dans les détails néceſſaires aux diſtinctions que nous adoptons pour chaque eſpèce d'Eaux ſulfureuſes.

Nous rangeons dans une claſſe à part les Eaux bitumineuſes ; nous les croyons infiniment plus rares que ne le diſoient les Anciens, & peut-être plus communes que ne le penſent les Modernes. L'expérience nous a prouvé que le ſavon bitumineux fait à grandes Eaux, eſt de beaucoup préférable au ſavon tout formé que l'on feroit diſſoudre dans l'eau, & que des différentes combinaiſons bitumineuſes que nous avons faites, c'eſt le gas qui diminue davantage le goût déſagréable du bitume.

Les Eaux qui charrient les ſels neutres proprement dits, compoſent notre claſſe des Eaux ſalines. La théorie de ces Eaux eſt ſi ſimple, qu'on auroit pu n'en dire qu'un mot; mais j'ai cru à propos de diſcuter pluſieurs points intéreſſans. Je dis quelque choſe du prétendu *eſprit occulte* des Eaux minérales: j'ai tenté quelques expériences ſur les pouvoirs réciproques des alkalis, des terres & des ſels neutres les uns ſur les autres; parce que ces points éclaircis autant qu'ils mériteroient de l'être, jetteroient encore un grand jour ſur les Eaux minérales.

Là ſe termine mon travail ſur les Eaux, & j'ajoute quelque choſe ſur les Boues & les Marcs.

Comme le but que je me ſuis propoſé dans cet Ouvrage ne conſiſtoit pas à préſenter une ſimple théorie décharnée des Eaux minérales, j'ai rapporté les Expériences qui ſoutiennent cet édifice, ſoit qu'elles m'ayent été fournies par les Auteurs les plus recommandables, ſoit que je les aie faites moi-même, on les trouvera chacune dans l'ordre que la matière exigeoit ; & j'ai placé à la ſuite de chaque claſſe d'Eaux les analyſes de celles qui m'ont ſemblé les mieux faites, au moins parmi celles qui ſont parvenues à ma connoiſſance. Je les donne pour modèle en attendant que cette partie de l'Art ſe perfectionne autant qu'elle le mérite & qu'on a droit de ſe le promettre : les connoiſſances en Chymie ſont aujourd'hui portées à un degré de perfection qui nous donnent tout à eſpérer, pourvu toutefois qu'on ne néglige pas la ſynthèſe ; car elle ſeule pourra convaincre qu'on ne ſe ſera pas trompé. Je fais des vœux pour que dans la ſuite aucun Auteur ne publie l'analyſe qu'il aura faite d'une Eau quelconque, ſans en avoir fait la recompoſition (1). J'invite auſſi tous ceux qui s'intéreſſent au progrès des Sciences & au bien de l'humanité, de ſeconder mes efforts pour perfectionner l'eſquiſſe que je leur préſente.

---

(1) Il y a plus de cent ans que l'Académie des Sciences chargea MM. Duclos & Bourdelin d'un travail ſur les Eaux minérales de la France. Il y a vingt ou vingt-cinq ans que MM. Venel & Bayen avoient entrepris la même tâche de la part du Gouvernement; nous n'avons qu'une portion de leur travail, & elle fait regretter que ces Auteurs n'ayent point achevé ce qu'ils avoient ſi heureuſement commencé. M. Rolin a été chargé depuis de la même miſſion. Nous devons obſerver cependant qu'on a acquis des connoiſſances phyſiques & chymiques qui font deſirer que cette entrepriſe ſoit recommencée, ſuivie & achevée : quatre perſonnes inſtruites ſeroient dans peu d'années en état de ſatisfaire entiérement le Public ſur cet objet.

DES

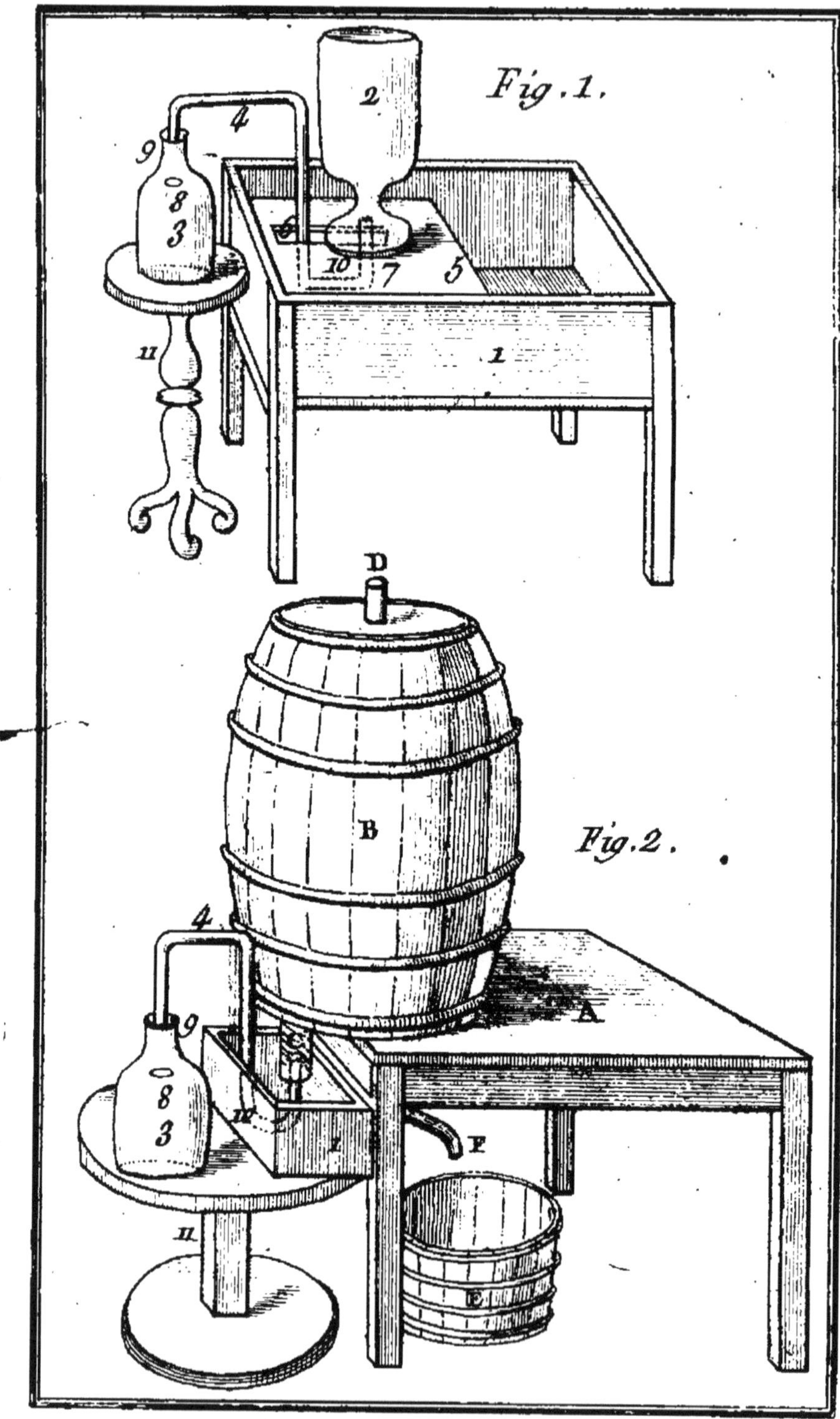
Fig. 1.
2
4
9
8
3
6
10
7
5
1
11
Fig. 2.
D
B
4
9
8
3
A
F
E
11

DES EAUX GASEUSES EN GÉNÉRAL.

IL n'est pas d'Eau Minérale qui ait autant excité la curiosité des Naturalistes & les recherches des Physiciens que les Eaux Gaseuses. Le principe d'où dépend le nom qu'elles portent, a toujours été un énigme inexplicable. On a imaginé beaucoup d'hypothèses ; chacun a proposé ses conjectures ; mais il étoit reservé à des Savans de nos jours, de rencontrer juste sur la théorie de ces Eaux. Des expériences exactes qui cadrent en tous points avec les opérations de la Nature, prouvent que l'on a atteint la vérité, & que l'on peut compter aujourd'hui sur les connoissances acquises du principe constitutif des Eaux de cette classe. Il se trouvera peut être encore des opposans à cette assertion ? c'est le ſort de preſque toutes les découvertes utiles: cela ne nous empêchera pas d'annoncer avec confiance que la lumière répandue ſur la matière dont nous allons nous occuper dans ce Chapitre, eſt une des choſes qui fera le plus d'honneur à la Phiſique & à la Médecine, & qui ſera une des plus utiles à l'humanité.

On a donné autrefois l'épithéte *acidule*, indiſtinctement à toutes les Eaux froides. On ne pouvoit faire une plus fauſſe application de ce terme, puiſqu'il y a nombre d'Eaux froides qui ne ſont point acidules (1). Les Eaux de cette claſſe ſont les ſeules qui pourroient à un aſſez juſte titre, porter ce nom, parce qu'elles ont en général un goût aigrelet qui les diſtingue ; mais comme le goût acidule eſt quelquefois peu ſenſible, & d'autrefois maſqué, ce nom n'eſt pas encore celui qui leur convient davantage. Depuis que l'on ſait que le goût vif & piquant, le *grater* enfin de ces Eaux dépend d'un principe éthéré fugitif; on les a nommé Eaux ſpiritueuſes, Eaux gaſeuſes, Eaux aërées, ſelon l'idée que l'on s'eſt formé de la nature de ce principe:

(1) Hoffmann ne vouloit pas que l'on confondit les Eaux froides, non ſpiritueuſes, avec les Eaux acidules: *Quæ* (aquæ) *principio illo ætereo carent, non ſunt dicendæ acidulæ.* (De Element. aquar. ſſ. xlvij. p. 139.)

nous les appellerons *Gaſeuſes* pour des raiſons dont il ſera bientôt fait mention.

Les ſources d'Eaux Gaſeuſes ſont en très-grand nombre : nous avons celles de Spa, de Buſſang, de Pougues, de Seltz, de Pyrmont, de Saint-Myon, de Swalbac, & une infinité d'autres: l'Auvergne & l'Alſace ſont les Provinces de France qui en fourniſſent davantage : elles ſont en général froides, & la plupart alkalines & ferrugineuſes : les Eaux chaudes de Vichy, celles du Mont-d'Or & d'autres thermales ſont également douées du même principe éthéré, & appartiennent à la même claſſe d'Eaux.

Les Eaux Gaſeuſes ſont inodores ; près de leurs ſources on entend une eſpèce de frémiſſement, un petit bruit qui vient des gouttes d'eau que le fluide élaſtique fait jaillir en pétillant. Ces Eaux ont une ſaveur vive & pénétrante ; elles enivrent quand on les boit à verres rapprochés ; mais elles perdent toutes ces qualités à meſure que leur principe fugitif s'échappe & s'évapore. Remuer la bouteille, la déboucher ſeulement, une douce chaleur, l'air libre ſuffiſent pour leur faire perdre le principe actif d'où dépend leur principale vertu (1).

(1) Hoffmann. *De elementis aquar. Miner. recte dijudicand. & examinand.* Et ſeips. *De ſpiritu aquar. min. præſertim Pyrmont.*

Quel eſt donc ce principe qui joue un ſi grand rôle dans les Eaux de cette claſſe ? Hoffman, dit M. Venel, a prétendu que les Eaux acidules contiennent un eſprit ſulphureux volatil ; d'autres avant lui reconnoiſſoient un eſprit ou une vapeur ſulphureuſe ; Baulduc, Seips & tous les Chymiſtes qui les ont ſuivis avoient adopté, à peu de choſe près, la même opinion (1).

Aucun des phénomênes attribués au gas des Eaux Minérales acidules, ne peut ſe déduire de l'acide ſulphureux volatil ; ils s'expliquent au contraire tous très-naturellement par les propriétés de l'air fixe tel que nous le concevons. M. Krouet, Médecin, dans ſon Analyſe des Eaux de Spa (2), avoit trouvé de l'air dans ces Eaux ; mais il admettoit avec cet air de l'eſprit. D'autres Auteurs de mérite (3) ont auſſi cru à un air ſurabondant, mais ils ont prétendu qu'il ne conſtituoit pas ſeul le principe éthéré des Eaux Minérales acidules ; ils ont penſé que cet air eſt combiné avec un

(1) Mémoires des Savans étrangers, tom. II.

(2) En 1713.

(3) De quelle maniere que l'on examine les Eaux de Daniel, on trouve qu'elles contiennent une terre ferrugineuſe & une partie ſpiritueuſe qui n'eſt qu'un air trés-élaſtique. (De Sauvages. Mémoire ſur les Eaux d'Alais & des environs).

esprit acide très-subtil (1), un esprit minéral de la nature de l'acide sulphureux volatil ; mais les expériences les plus décisives ne montrent rien de pareil.

Les acides font effervescence avec les Eaux Gaseuses, & l'effervescence est d'autant plus considérable, qu'il y a plus de principe évaporable : il ne faut pas avec Hoffman, Sclare & leurs Sectateurs, avoir recours à la supposition d'un alkali, pour donner la solution de ce problême; c'est l'air, dit M. Venel, qui, en s'échappant avec force, fait effervescence ; parce que les acides ont plus d'analogie avec l'eau, que l'eau avec l'air.

Pour entendre cette explication de feu M. Venel, & pour mettre au fait le Lecteur du sentiment de ce Professeur sur la manière d'être de l'air par surabondance dans les Eaux acidules, nous distinguerons avec lui, d'après le célèbre Hales, deux sortes d'air ; *l'air fixe* & *l'air élastique*. L'air fixe (1) n'est autre chose qu'une dissolution

---

(1) M. Schaw. Analyse des Eaux de Scharboroug.

(2) Æstus des anciens..... Spiritus Silvestre de Paracelse...... gas, gas Silvestre de Vanhelmont...... air artificiel ou air factice de Boyle...... air fixe de Hales...... air qui n'est pas de l'air de Boerrhaave..... la matière aërienne de Mariotte..... air méphitique de Rhuterfort...... acide méphitique de M. Bewly......

chimique de l'air, lequel n'eſt élaſtique qu'en maſſe: Pluſieurs Phyſiciens ont exprimé cet état de l'air par le terme de diſſolution. L'air élaſtique (1), l'air que nous reſpirons, eſt connu de tout le monde; il ne ſe trouve dans les corps qu'interpoſé dans leurs pores, entre les interſtices des parties qui le compoſent. L'air élaſtique n'eſt qu'abſorbé; l'air fixe y eſt en diſſolution. Retourner de l'état d'élaſticité à celui de fixité, ou de celui de fixité à celui d'élaſticité, c'eſt toujours, pour de l'air, être en maſſe ou diſſout.

L'Eau, ſelon notre Auteur, n'a pas la propriété de diſſoudre l'air en maſſe; il faut qu'il ſe trouve dans l'état de diſſolution pour qu'elle s'en charge : cela ſe paſſe ainſi dans les entrailles de la terre; & ſi l'on veut imiter la nature, on eſt obligé d'opérer préalablement cette diſſolution, & d'offrir au menſtrue (l'eau), le corps à

---

acide phoſphorique de M. Sage...... acide aërien de M. Bergmann.... air de compoſition de M. Jaquin.... acide craieu de MM. Buquet & Lavoiſier...... air fixe des uns, fluide élaſtique des autres, air imprégné, air dégagé, &c. &c. ſont autant de noms par leſquels on a déſigné la même matiere.

(1) L'air élaſtique....... l'air ambians....... l'air athmoſphérique..... l'air en maſſe...... l'air vital de tompſon...... l'air de poroſité de M. Jaquin... &c.

dissoudre (l'air) déjà tout divisé, soit par des substances en fermentation, soit par le mélange des matières en effervescence; parce que les vapeurs des corps en fermentation, & celles des matières en effervescence ne sont autre chose que de l'air ainsi divisé qui s'échappe de ces composés par le mouvement intestin qui s'y opère. Une effervescence n'est autre chose qu'une vraie précipitation d'air. Deux corps en s'unissant, ayant plus de rapport entr'eux, qu'avec l'air qu'ils contiennent, l'expulsent, le chassent, le précipitent; l'effervescence en est l'effet; elle est produite par l'air qui s'échappe de la même manière qu'un alkali fixe versé sur une dissolution de sel ammoniac, en précipite l'alkali volatil qui s'envole.

Cet air ainsi divisé est très-léger, très-fugitif; réduit à cet état, il s'unit aisément à l'eau, & il résulte de cette combinaison un composé neutre, une espèce de sel aërien qui donne à l'eau cette saveur aigrelette & piquante, ce *grater* enfin qui fait d'une eau simple & pure une Eau Minérale qui a toutes les propriétés des Eaux Minérales Gaseuses : mais les deux principes constitutifs de cette espèce de sel aërien sont si peu cohérents, l'un est si fixe & l'autre si fugitif, qu'ils font aisément divorse; l'air fixe s'échappe & se dissipe :

alors l'eau en perdant ce principe, perd en même-tems les vertus qui la distinguent (1).

Tel est en précis la théorie de feu M. Venel sur les Eaux qu'il nomme aérées : nous ne le suivrons pas dans ses détails, nous nous contenterons de renvoyer le Lecteur à ses deux excellents Mémoires insérés dans ceux des Savans Etrangers : cette matière ayant occupé depuis, presque tous les Physiciens de l'Europe, je tâcherai comme l'abeille, d'en extraire ce qui peut concourir davantage à l'objet que je me suis proposé dans mon travail.

Il y a long-tems, ainsi que le remarque très-judicieusement M. Lavoisier (2), que Vanhelmont, disciple de Paracelse, avoit fait observer qu'il existe un air fixé dans les corps, un fluide éthéré qui s'en échappe & rentre dans leur composition, un air

(1) *Notandum igitur quod necesse sit ut exquisitè obturentur lagenarum Mineralibus aquis repletarum orificia ; nisi enim hoc fiat, sapor & odor cum omni præstabili virtute perit.* (Hoffman. de Com. elementis ff. xj. pag. 154).

(2) Opuscules physique & Chymiques. Précis très-bien fait de ce qui a été publié sur l'air fixe. M. Lavoisier a joint à ses réflexions, des expériences nouvelles qui jettent le plus grand jour, sans ce qu'elles promettent encore, sur la théorie nouvelle des Chymistes.

enfin bien différent de celui que nous respirons ; si différent, dit Boyle, que l'un est nécessaire à la vie, & que l'autre tue sur le champ. Hales (1) est le premier qui ait dit que les Eaux Minérales spiritueuses contiennent une fois autant d'air, que l'eau commune, & il a soupçonné que c'étoit cet air qui leur donne le montant, & cette vivacité qui les distingue. L'air, selon cet Auteur immortel, entre dans la composition de la plus grande partie des corps ; il y existe sous forme solide, dépouillé de son élasticité ; il est le lien universel de la nature, le ciment des corps, la cause de la dûreté & de la pesanteur de plusieurs ; enfin l'air est un prothée tantôt fixe & tantôt volatil. Boerrhaave a confirmé les expériences de Hales ; il regardoit l'air comme indestructible, tantôt fixe & comme principe des corps, & tantôt comme élastique. M. Venel, marchant sur les traces de ces Savans, croit à l'incoercibilité de l'air & à ses métamorphoses, le regarde comme les principe constituant des Eaux Gaseuses, & s'est fait la théorie dont nous avons rendu compte.

Les Anglois, à qui la Physique aura tant d'obligation dans cette carrière nouvelle, auroient-ils perdu de leur gloire s'ils avoient

(1) Statique des Végétaux, chap. vj

fait mention du travail de M. Venel ? Il eſt certain que c'eſt ce Profeſſeur célèbre qui le premier (1) a réveillé l'attention ſur ce principe ſingulier que l'on connoit généralement ſous le nom d'air fixe (2). Il eſt vrai qu'il ne l'a examiné que relativement aux Eaux Minérales ; il eſt également vrai que M. Venel n'a pas tiré tout le parti qu'il au-

---

(1) En 1750...... je dois à la vérité de révéler qu'il exiſtoit à Paris un homme aſſez modeſte pour n'avoir pas publié la part qu'il avoit à la découverte qui fait aujourd'hui tant d'honneur à M. Venel. M. Rouelle le cadet, qu'une mort prématurée vient d'enlever aux progrès de la Chymie, a fait toutes les expériences que rapporte M. Venel. Si l'on veut ſe donner la peine de comparer les deux Mémoires que nous avons cités, on jugera aiſément que celui de théorie eſt de l'un, & celui des faits de l'autre : il ſuffit d'ailleurs de nommer M. d'Arcet (notre Confrère, & Profeſſeur au Collége Royal) de qui je tiens ce que j'avance, pour ſavoir quel degré de confiance on doit à ma réclamation.

(2) M. Venel avoit lui-même revendiqué l'honneur de la découverte par un Extrait qu'il fit de ſes Mémoires, quand parut ce qu'avoit écrit M. Prieſtley ſur l'air fixe & ſur la maniere d'en imprégner l'eau pour les voyages de long cours. On trouve la réponſe de M. Prieſtley dans le troiſième Tome (pag. 67.) de ſes Expériences ſur différentes eſpèces d'air : il dit que M. Venel n'avoit aucune idée de la différence qui ſe trouve entre l'air fixe & l'air commun. C'eſt au Lecteur à juger de la validité de cette réponſe.

roit pû de son sujet : en mérite-t'il moins le tribut de reconnoissance ! M. Venel, de son côté, n'auroit-il pas aussi manqué à la mémoire d'Hoffman ; puisqu'on trouve dans les Œuvres de ce célèbre écrivain le germe de la découverte & l'expérience qui fait la base de la théorie de l'air fixe relativement aux Eaux Minérales ? Ceux qui voudront se donner la peine de lire avec quelqu'attention ce qu'a écrit Hoffman sur les Eaux Minérales, & spécialement sur les acidules, ne pourront s'empêcher de rendre à ce Savant la justice qui lui est due (1). M.

---

(1) Tout le systême de M. Venel roule sur deux points. Le premier tend à prouver, & prouve en effet, que le mélange d'un acide avec un alkali produit un fluide absolument semblable à celui qui d'une eau pure & simple en fait une eau acidule Gaseuse. Le second tend à faire connoître la nature de ce principe des Eaux.

Le plus difficile de la découverte étoit, sans contredit, d'imaginer & de prouver, à la faveur de l'expérience, que la matière qui s'échappe d'un alkali par l'addition d'un acide, est la même que celle qui minéralise les Eaux acidules. Cette découverte est toute entiere dans Hoffman. (*De aquis medicatis per artificium parandis*, ſſ. viij). Si dans un vase à col étroit, plein d'eau bien pure, on met, dit Hoffman, de l'alkaly, & ensuite de l'acide vitriolique, & que l'on bouche promptement la bouteille pour retenir l'esprit qui se forme par l'effervescence, on se procurera une Eau artificielle semblable en tout aux Eaux acidules de

Schaw n'avoit il pas aussi frayé la route en décrivant les expériences qu'il a tentées,

---

source. *Prodiit hoc artificio sapor acidulis affinis cum bullis sub effusione altè salientibus, respondet quoque virtus & effectus ita, ut iisdem summo cum fructu in morbis, usus sum* ... Dans une autre section (ss. x.) du même Chapitre, Hoffman indique les moyens de rendre cette Eau plus composée par l'addition du fer, ou d'une terre absorbante ou d'un alkali &c. *Quilibet cui ita paratas in usum vocare arriserit reipsâ deprehendet, iisdem non modo crassiores illas terreo-salinas substantias inesse; sed etiam in iisdem æmulum delibatissimum æreo æthereo elasticum principium exactione & reactione acidi vitrioli & alkalini salis sub effervescentiâ exurgens, ac in nativis recundi, effectum quoque illarum esse saluberrimum.* Et ailleurs, (de conven. element ss. xx) *Quandò una martialis in phiolam vitream uncia scobis injicitur, & boni ac puri olei vitrioli portio instillatur, & his permixtis, tres aquæ partes aspe guntur, protinùs ingens cum spuma exoritur ebullitio, simulque vapor penetrans, qui vix pollice coerceri potest, sursùm fertur. Hic autem vapor sulphurei fætoris expers est, neque dubium est quin si liberalem hujus spiritûs copiam obtinere liceret, is, nostro minerali spiritui ratione virium & effectuum quàm simillimus futurus sit, &c. &c.*

Quant au second point, il a été aussi grandement discuté par Hoffman, mais il faut avouer que les expériences des Modernes ont jetté un jour sur cette matière, qui leur a valu le droit à la déconverte; on a en effet substitué des idées nettes & précises fondées sur des expériences exactes à des idées vagues & indéterminées d'esprit minéral, d'esprit volatil & autres expressions analogues.

& en indiquant celles qu'il y auroit à faire sur l'air surabondant des Eaux (1)? M Venel cependant, loin de rendre justice à ces Auteurs si dignes de sa réconnoissance, il s'est au contraire efforcé de les critiquer. Je ne prétends diminuer en rien ni du mérite, ni de la réputation de M. Venel; mais, à mon gré, c'eût été l'augmenter encore, que de rendre hommage aux Savans en faveur desquels nous avons osé réclamer (2).

L'éveil une fois donné sur l'air fixe, en France par M. Venel, & en Angleterre

---

(1) M. Schaw, dans son Analyse des Eaux de Scarboroug, dit avoir trouvé un air surabondant, il en a même traité dans un article à part sous ce titre : *De l'air des Eaux des Scaeboroug*..... On ne peut s'empêcher d'avouer que M. Schaw n'ait touché de bien près à la découverte; il étoit dans la bonne voie; il l'a enseignée; il a fait les expériences de la vessie, & il en a indiquè d'autres; il a tenté de réintroduire l'air échappé de son eau dans une autre; il propose d'exposer cet air ainsi retenu à des matières de différens ordres, afin de s'assurer de la vraie nature de ce *principe aërien*. Il semble, à chaque pas que l'on fait en lisant son Ouvrage, que l'on touche au but, prêt à l'atteindre, tout en le montrant, il invoque, avec cette espece d'air, un esprit acide minéral. (Méthode génér. d'anal. les Eaux Minér).

(2) Il vient de renaître de la poussière des Livres un Ouvrage du Docteur Ray, dans lequel on croit trouver la découverte des Modernes.

par M. Black, bientôt les Physiciens de la plupart des contrées de l'Europe se sont occupés, comme à l'envi, du même sujet. On a fait des expériences sans nombre ; on a cherché à connoître le caractère & à déterminer la nature de ce principe ; on l'a extrait des corps pour le réintroduire dans d'autres ; on l'a traité & conservé seul ; on l'a suivi dans ses rapports ; on l'a mesuré, pesé, combiné ; ensorte que le nouveau travail que l'on a fait sur l'air fixe pourroit, en quelque sorte, être regardé comme une continuation ou plutôt comme le complément de la statique de Hales.

M. Venel n'avoit eu en vue que les Eaux Minérales ; M. Black, par ses belles expériences sur la chaux, a démontré que l'air fixe étoit un principe des corps. L'élans donné à une nouvelle théorie, M. Priestley en a, pour ainsi dire, fait la sienne en suivant ce principe pas à pas dans une multitude d'expériences qui ont produit chacune autant de découvertes qui placent M. Priestley à côté de Hales. Les Physiciens prévenus, travaillans sur la même base de connoissance, se sont occupés du même sujet sous différens points de vue. M. Brownrig (1), sans connoître le travail de M.

(1) Mémoire sur les Eaux de Spa & de Pyrmont.

Venel, a démontré que le principe constitutif des Eaux de Pyrmont & des autres Eaux acidules, étoit le même que celui qui, d'après les expériences de Black, précipite en terre calcaire la chaux de sa dissolution dans l'eau. M Magbride, d'après une expérience de Pringle, en a fait beancoup d'autres qui tendent à prouver que l'air fixe est le plus puissant des antiseptiques (1). M. de Haller en avoit déjà dit quelque chose dans ses *Elémens de Phisiologie* (2); mais, avant tous, Boyle avoit reconnu que l'air qui se dégage des matières en fermentation & en effervescence, est un antiseptique puissant.

La Théorie de M. Brownrig, sur les Eaux acidules, & son Analyse des Eaux de Spa, déterminèrent M. Bewly à completter ce travail par la synthèse, il y réussit parfaitement; il composa une Eau acidule artificielle aussi bonne que celle de Pyrmont & de Spa (3). M. Lane, marchant sur les mêmes traces, se frayat une nouvelle

---

(1) Application de la doctrine de Black sur l'air fixe ou fixé, à l'explication des principaux phénomenes de l'économie animale.

(2) Lib. 2, Chap. 1.

(3) Voyez dans l'Ouvrage de M. Priestley, Tome III, l'Appendix n°. 1.

route (1) ; il apprit de l'expérience que l'air fixe est un dissolvant du fer (2), & que c'est à ce principe que l'on doit la présence de ce métal si commun dans les Eaux Gaseuses.

M. Cavendisch, après confirmation de la découverte, observa que ce fluide élémentaire a le même pouvoir sur la terre calcaire & la magnesie si abondantes dans les Eaux de cette classe ; le même M. Cavendisch a aussi découvert que l'air fixe, après avoir précipité la chaux de sa dissolution dans l'eau en terre calcaire, a la singulière propriété de redissoudre ce précipité (3). M. Rouelle a prouvé que les terres martialles se dissolvent par l'air fixe, comme la terre calcaire & le mars (4), & ses expé-

---

(1) Voyez le même Ouvrage. Expériences sur differ. espec. d'air, Tom. I.

(2) M. Priestley observe (pag. 280) que l'air fixe pur ne dissout point le fer, qu'il faut le secours de l'eau.

(3) Transactions philosophiques, années 1766 & 1767. Voyez aussi le Journal de M. l'Abbé Rosiers.

(4) Journal de Médecine, Mai 1773. M. Rouelle pense que comme il se trouve peu de fer en substance dans les entrailles de la terre, & que cependant les eaux martiales sont très-communes, il est fortement à présumer que c'est la dissolution des terres martiales qui, le plus souvent, minéralissent les eaux ferrugineuses.

riences ont été répétées & confirmées par M. Monnet (1). M. Rhuterfort assure que le Gas dissout les chaux métalliques (2); beaucoup d'autres habiles Physiciens, MM. Landriani, Fontana, Achard, Macquer, Lavosier, Buquet, &c. &c. ont également travaillé avec avantage sur l'air fixe: mais il n'y en a point qui ait autant multiplié les expériences, que M. Priestley; son travail est immense, & il faut avouer que ce Savant infatigable a ouvert le champ le plus vaste aux Observateurs de la Nature (3).

Une si belle suite d'expériences, traitées par tant de Savans, étoit bien faite pour assurer le domaine de l'air fixe; mais c'est le sort des découvertes, même les plus intéressantes, d'essuyer quelques atteintes: on a donc attaqué la nouvelle théorie des Chimistes; & cette attaque (4), fruit d'un génie peu commun, étoit faite pour trouver de l'appui: il s'est en conséquence formé deux sectes parmi les Physiciens. Les uns, sectateurs de Hales & de Black, font jouer

---

(1) Traité de la dissolution des Métaux, pag. 19.

(2) Recueil des Observations physiques, pag. 459.

(3) Expériences & Observations sur différentes especes d'air. Traduction fidèle par M. Gibelin.

(4) Thèorie de M. Meyer sur la calcination des terres calcaires, & sur la cause de la causticité de la chaux & de l'alkali. trad. fran., par M. Dreux.

le plus grand rôle dans la nature à l'air fixe; les autres partiſans de Meyer ſoutiennent pour un autre principe élémentaire, ſous le nom de *Cauſticum* ou *Acidum pingue* (1). Les uns & les autres mettent en avant leurs expériences & leurs ſentimens en oppoſition. De ce choc la lumière eſt ſortie ſans celle qu'il promet encore : pendant ce tems les eſprits tranquiles puiſeront dans les découvertes qu'un pareil travail ne peut manquer de produire. En attendant tout le f uit de cette heureuſe controverſe, le plus grand nombre des Phyſiciens, malgré l'oppoſition de M. Crans (2) & les obſervations de M. Smeth (3), continue de ſuivre avec M. Jaquin (4), zélé défenſeur des partiſans de l'air fixe, la route frayée par ſon inventeur.

Qu'eſt-ce donc que l'air fixe, quelle eſt ſa nature? Penſerons-nous, d'après Hales & Vanhelmont, avec Boerrhaave & beaucoup d'autres Phyſiciens, que l'air eſt un prothé, que l'air fixe n'eſt que l'air élaſti-

---

(1) Voyez le Journal de Phyſique, année 1777, pag. 30, & le Dict. de Chymie, au mot *cauſticum*, nouv. édit.

(2) Réfutation de la théorie de MM. Black, Magbride & Jaquin.

(3) Diſſertation ſur l'air fixe.

(4) Examen chymique de la doctrine de Meyer & de celle de Black.

que dans une division extrême de ses parties, & que c'est de cette division que dépend sa fixité pour rentrer dans tous ses droits sitôt qu'elle cesse ? M. Black a dit que, sans trop pouvoir déterminer la nature de ce principe, c'est un air différent de l'air commun répandu néanmoins dans l'atmosphère. M Rouelle, M. Baumé, & plusieurs autres Chimistes, prétendent que le nom d'air fixe ne convient pas à cette matière qui s'échappe des corps en fermentation (1), que c'est au contraire un air dégagé & imprégné de quelques molécules des substances d'où il sort (2) : cela est si vrai, disent ces Artistes célèbres, qu'en filtrant cet air à la manière de Hales ou de Priestley, on le dégage de ces matières étrangères, & qu'on en obtient de l'air pur. C'est aussi le sentiment de M. Smeth, que ce fluide est très-varié, & qu'il diffère suivant les matières d'où on le tire. Les

---

(1) Ce nom lui convient si peu que l'air de porosité est mille fois plus fixe que lui. En effet, la simple agitation d'une bouteille d'eau aërée donne la fuite à l'air fixe, & il ne faut rien moins que le secours de la machine pneumatique ou du feu pour en ôter l'air de porosité.

(2) M. Schaw dit que le gas des eaux est l'air chargé d'une matière qu'il volatilise. *Méth. gén. d'anal. les Eaux Minér.*

belles expériences de M. le Duc de Chaulnes & du Docteur Bewly sur l'air fixe, unis aux alkalis; celles de M. Lane & M. Rouelle sur le même air fixe, unis avec le fer & les terres martiales; celles de M. Cavendisch sur le pouvoir de ce principe sur les terres; enfin, les expériences très-multipliées de MM. Bergmman, Achard, Macquer, & de presque tous les Physiciens qui se sont occupés de cet objet, tendent à prouver que l'air fixe est un acide: seulement les uns, & c'est le plus grand nombre, pensent que c'est un acide d'une nature particulière, *acidum sui generis;* les autres croyent que l'air fixe est une vapeur acide qui tient de la nature des matières qui la donnent; M. Smeth la nomme gas *vinificationis*, gas *acetificationis*, gas *septicum*, gas *salineum*, gas *subterraneum*, *&c. &c.* (1).

C'est de cette incertitude sur la vraie na-

(1) On peut consulter sur cet objet, les expériences de M. Piestley sur différentes especes d'air, Tom. I, pag. 34, 39, 108, & l'Appendix, n°. 1 du Tome III. Les Transactions philos. ann. 1767. Le Journal de Médecine, Mai 1773 & Juin 1776. Le Diction. de Chymie, nouv. édit. au mot *Gas*. Les Opuscules physiques & Chymiques, pag. 115. Les Recherches physiques sur la salubrité de l'air Le précieux Recueil de M. l'Abbé Rosiers, & la plupart des Ouvrages dans lesquels il est fait mention de cette nouvelle branche de la physique.

ture de l'air fixe que naît cette multiplicité de noms chez les Auteurs pour désigner une même chose. Oserons-nous, après des autorités si respectables, proposer un sentiment à nous? Ce que nous avons à dire tend à prouver que l'air fixe pur n'est point un acide; & qu'il n'acquière cette qualité que par son union avec l'eau. L'air fixe, dans l'eau qu'il acidule, n'est donc plus un être simple, mais un composé; & voici sur quoi j'appuie mon assertion.

Quand on agite, dans un flacon, de l'air fixe avec l'eau que l'on veut minéraliser, (Voyez ci-après comment cette opération se fait) à mesure qu'il s'unit à l'eau & qu'il est dissout (1), il se fait dans la place qu'il occupoit un vuide semblable à celui que l'on formeroit avec la machine pneumatique; & à mesure qu'il perd son élasticité & sa qualité léthifère, il acquière une saveur acidule agréable & très-sensible. L'air fixe pur ne peut dissoudre le fer ni la terre calcaire, mais quand il est unis avec de l'eau il les dissout (2). Or, si l'air fixe par son

(1) Je dis avec M. l'Abbé Rosiers qu'il n'y a point de dissolution qu'il n'y ait en même tems une nouvelle combinaison entre le dissolvant & le corps dissout. *Traité de la fermentat. des Vins.*

(2) J'ai placé sur mon appareil à air fixe (Voyez ci-après la description de cet appareil) un flacon

union avec l'eau perd des qualités qu'il avoit & en acquiert de nouvelles, on ne peut se refuser, je crois, d'admettre que l'air fixe & l'eau forment ensemble un composé d'une nature particulière. Comme ce

---

qui plein d'eau en contenoit une livre. Je l'ai rempli d'air fixe jusqu'à ce qu'il n'y ait plus qu'une lame d'eau (à-peu-près deux gros) dans le goulot. J'ai ensuite porté par-dessous l'eau un bouchon de liege sur lequel j'avois mis une bonne pincée de limaille de fer. Mon flacon bien bouché, la limaille s'est trouvé recouverte d'une couche d'eau. J'ai ôté le flacon de dessus son appareil, & l'ai gardé ainsi pendant un mois, le cul en haut & le goulot en bas, afin que la limaille fut toujours couverte d'eau. J'avois soin de tems en tems de remuer & d'agiter le flacon, afin que l'air fixe en s'unissant à l'eau eût prise sur le fer. Mon intention en opérant ainsi, étoit de tenter si je pourrois me procurer un sel martial concret.

Au bout d'un mois, j'ai débouché mon flacon au-dessus d'un verre, afin de recevoir l'eau & le fer, & je portai vîte une lumiere dans le goulot pour savoir si l'air fixe l'éteindroit. Je fus bien étonné d'appercevoir une flamme douce, légère & bleuâtre; elle s'éteignit bientôt. Je présentai de nouveau ma bougie qui produisit le même effet. J'ai encore réussi une troisième fois. On observera qu'à chaque expérience, j'étois obligé d'enfoncer plus avant ma bougie dans le flacon. A la quatrième tentative, je ne trouvai plus que de l'air atmosphérique.

La limail s'étoit convertie en ocre; la lessive que j'en ait faite avec une très-petite quantité d'eau, n'a point donné prise à la noix de galles. Partie de cet ocre

composé est acide, & que cet acide est plus doux que les autres, qu'il a des propriétés particulieres, qu'il fait l'ame des vins (2), on pourroit peut-être le nommer *acide vineux*, pour le distinguer de l'acéteux & des autres acides; mais je préfère lui donner le nom d'*acide gaseux*, pour me rapprocher davantage du mot *gas*, qui est aujourd'hui celui d'adoption. L'air fixe, (ou gas) & l'acide gaseux, sont donc deux choses qu'il ne fandra plus confondre : tous les deux pourront se trouver ensemble jouissant chacun de leurs droits.

Cette manière de considérer l'air fixe me paroît d'autant mieux fondée, qu'on explique par-là, d'une façon très-plausible, un phénomène singulier en Chymie, la précipitation & la redissolution d'une même

---

étoit tellement inhérente au flacon que rien n'a pu la détacher. Ayant soumis à l'essais de la noix de galles l'eau que j'avois laissé pendant un mois dans le flacon, elle a à peine pris la teinte rose.

Il s'en faut, comme on vient de le voir, que j'ai obtenu ce que je cherchois. L'air fixe dans cette expérience devient inflammable, & le fer se trouve réduit en ocre : l'air fixe a donc décomposé le fer en lui prenant son phlogistique. Je m'abstiens des réflections auxquelles cette expérience peut donner lieu; seulement elle n'a pas peu contribué à me former l'idée que je propose sur la nature du principe des Eaux Gaseuses.

(1) De la fermentation des Vins.

matière par un même agent : je veux parler de la précipitation de la chaux par l'air fixe, & de la dissolution de la terre calcaire aussi par l'air fixe dans l'eau (1). En effet, quand on fait passer de l'air fixe dans une dissolution de chaux, comme cette chaux a avec lui plus d'affinité que l'eau, elle s'en empare & se précipite ; mais si l'on continue de donner à l'eau de l'air fixe au-delà de ce que la chaux peut en prendre, alors, par l'union de ce principe avec l'eau, il se forme un acide qui, à la manière des autres acides, est capable de dissoudre le précipité que l'on sait être de la terre calcaire. On ne sera donc plus étonné si quelquefois, lorsque l'on fait passer de l'air fixe dans l'eau chargée de quelques matieres, on la voit d'abord se troubler & bientôt s'éclaircir sans qu'il se fasse de dépôt.

Outre les matières que l'air fixe, soit seul, soit unis avec l'eau, peut dissoudre, auxquelles il peut être unis, de la nature desquelles il peut par conséquent participer ou changer les qualités, il doit naturellement s'ensuivre une infinité de phénomènes intéressans qu'il importeroit beaucoup de connoître & de bien développer ; mais il ne nous appartient pas de suivre cet objet

(1) Opuscules physique. Voyez l'article concernant M. Cavendish.

dans

dans ſes détails ; il nous éloigneroit d'ailleurs de notre but. Il nous ſuffira, pour le ſujet que nous nous ſommes propoſé de traiter, de faire aux Eaux gaſeuſes, conſidérées en général, l'application de la théorie que nous nous ſommes faite de leur principe conſtituant.

Les Eaux gaſeuſes ſont acidules, parce que le principe qui les minéraliſe eſt de nature acide (1) ; leur piquant, la force, leur montant, leur grater enfin, viennent des propriétés particulieres à cet acide ; il eſt ſpiritueux, léger, fugace, &c. (2).

Les Eaux gaſeuſes ſimples ſont inodores, parce que le gas & l'eau qui forment le ſel acide fluor ou l'eſprit des Eaux, n'eſt point odorant.

Les Eaux de cette claſſe ſont en général très-légères, ſouvent même plus que l'eau commune la plus pure, l'eau diſtillée : Hoffman en avoit fait la remar-

(1) Sans vouloir décider ſi l'air fixe pur & ſans aucun mélange eſt un acide, comme il eſt tel dans les Eaux, ſoit que ce ſoit choſe acquiſe ou non, nous le conſidérerons toujours comme un acide.

(2) Peut-être auſſi qu'outre la partie de l'air fixe qui eſt diſſoute & neutraliſée dans l'Eau, il y en a qui n'eſt qu'abſorbée, retenue & interpoſée entre les globules du liquide.

que (1); & il obſerve que, long-tems avant lui, Gueringius l'avoit dit.

Ces Eaux rendent plus gai, plus léger, quelquefois même elles enivrent ceux qui les boivent. Cela tient aux propriétés du gas, que la mobilité, la légéreté & le montant placent dans la claſſe des ſpiritueux. Le vin de Champagne porte aiſément à la tête pour les mêmes raiſons.

On voit à la ſurface des ſources d'Eaux Minérales gaſeuſes l'eau jaillir en gouttelettes qui pétillent en éclatant, & ces eaux bouillonnent. Ce bouillonnement vient du gas qui, après avoir circulé ſous terre avec l'eau ſans s'y diſſoudre juſqu'à ce qu'il trouve une iſſue libre, plus léger qu'elle & très-élaſtique, il s'échappe alors en maſſes qui ſe ſuccèdent & agitent l'eau en forme de bouillons. Les gouttelettes qui pétillent ſont produites par le dégagement du gas qui étoit en diſſolution dans l'eau.

Si l'on expoſe les Eaux gaſeuſes à l'air libre, elles perdent bientôt leur eſprit qui s'échappe de lui-même. Cela tient à ce que

---

(1) *Curioſum eſt quod acidulæ illæ quæ ſpiritibus refertæ ſunt aliis aquis quæ carent ſpiritu longè læviores ſint adeò ut pondere etiam aquæ communi diſtillatæ cedent.* (De Elementis Aquarum. §. xvj.)

l'acide volatil des Eaux eſt compoſé de deux principes peu cohérens enſemble, & de la facilité avec laquelle l'air fixe ſe dégage, reprend ſon élaſticité & ſe volatiliſe; d'ailleurs, la grande affinité de ce principe avec l'air ambiant, favoriſe cette diſſipation d'eſprit: on juge de-là combien il eſt eſſentiel de boire ces Eaux à leurs ſources, & combien il eſt difficile de les tranſporter, ſans qu'elles perdent cet eſprit & leurs vertus: c'eſt pour la même raiſon qu'on ne doit jamais faire chauffer ces Eaux pour les boire, & que ſi on les met dans des bouteilles, elles doivent être exactement pleines.

Dans la plupart des Eaux gaſeuſes compoſées, à meſure que le principe ſpiritueux s'évapore, il ſe fait différens précipités terreux, ferrugineux, &c. c'eſt parce que l'acide volatil, qui étoit leur diſſolvant, les abandonne.

Quand on agite une bouteille qui contient de ces Eaux, le bouchon ſaute à la maniere du vin de Champagne; quelquefois même les bouteilles ſe caſſent: cela vient de ce que notre acide ſe décompoſe par l'agitation; l'air fixe abandonnant ſa baſe, il reprend l'élaſticité qu'elle lui avoit ôtée; & cet effet eſt d'autant plus marqué, que le mouvement (& par conſéquent le dégagement de l'air fixe) eſt prompt.

Si l'on verſe un acide dans une Eau gaſeuſe, il produit effervescence : cela tient à ce que cet acide ayant plus d'affinité avec l'eau que l'eau avec l'air fixe, il ſe fait une décompoſition de l'acide gaſeux : l'air fixe précipité s'envole & fait effervescence.

Hoffman avoit obſervé qu'il y a des Eaux acidules ſpiritueuſes ſimples, dans leſquelles il n'y a aucune eſpece de ſel, que le gas ſeul les compoſe, & qu'elles ſont abſolument pures & ne diffèrent en rien de l'eau commune quand elles ont perdu ce principe ſpiritueux. M. Venel affirme le contraire, & a prétendu qu'il n'y a que les Eaux ſalines qui puiſſent être aërées, fondé ſur une fauſſe opinion, qu'il faut que l'effervescence ſe faſſe dans l'eau, pour qu'elle puiſſe ſe charger du produit, ſoit qu'elle s'opère dans les entrailles de la terre, ſoit dans le laboratoire des Phyſiciens.

Notre ſentiment en cela eſt bien oppoſé à celui de M. Venel : on peut, en effet, très-raiſonnablement préſumer, d'après les expériences de MM. Cavendiſch, Prieſtley & la plûpart des Modernes, que le plus ſouvent le gas, dont les eaux ſont imprégnées, n'a point été formé dans l'eau même; mais qu'il vient de plus ou moins loin, d'une ou pluſieurs origines, par des conduits ou fentes, enfin par des tubes souterreins.

L'on rencontre souvent de la magnésie, de la terre calcaire, & même de l'alkali dans la même eau où il y a du fer. Ce phénomène a bien embarrassé les Chimistes jusqu'à la nouvelle théorie des Eaux; mais depuis que MM. Lane, Cavendisch, Priestley, Monnet, Rouelle & autres célebres Physiciens ont donné le mot de l'énigme, on n'est plus arrêté par la difficulté jusqu'alors insurmontable (1). Ne pourroit-on pas reprocher à ces Auteurs d'avoir glissé un peu légérement sur l'explication d'Hoffman (2)?

Le gas des Eaux n'est pas toujours pur & sans mêlange; il est quelquefois uni avec d'autres matieres volatiles ou qu'il volati-

---

(1) Voyez notre article des Eaux Martiales, surtout la troisième & quatrième classe: nous nous flattons d'avoir encore ajouté à ce qu'ont dit tous ces Savans avant nous.

(2) *Mirum quidem & paradoxon! Verùm enim verò experientia & quotidiana observatio docet sal alkalinum & vitriolicum unà existere posse; neque observationi refragatur ratio, siquidem uno actu mineralis spiritus aquis innexus, partim cum alkalina terra concurrit partim terræ martiali allabitur.* (De Elementis aquarum. §. xxviij.)

lise (1) : il est très-probable que toutes les Eaux spiritueuses (2), même celles qui n'ont point le goût acidule, sont douées du même principe actif des Eaux gaseuses (3). M. Venel a dit (4) que les Eaux sulphureuses ne contiennent point d'acide

---

(1) Si on veut obtenir le gas pur, il ne faut se servir pour saturer la terre absorbante dont on le tire, que de l'acide vitriolique : ce n'est pas qu'on ne puisse l'obtenir de même avec l'acide marin ou l'acide nîtreux ; mais il est à craindre qu'il ne s'élève en même-tems que le gas des particules de ces mêmes acides. (*Traité de la dissolution des Métaux*, *pag. 12.*) La plupart des Physiciens qui se sont occupés de l'air fixe, pensent comme M. Monnet sur ce point ; cependant M. Buquet a lu dans une Assemblée de l'Académie des Sciences, (*Avril 1773*), un Mémoire dans lequel il rend compte des expériences qu'il a faites sur cet objet : elles tendent à prouver que le fluide élastique précipité de la craie ou de l'alkali, soit par l'acide vitriolique, le marin ou le nîtreux, est absolument le même & identique avec le fluide qui émane des substances en fermentation. M. Hey a la même façon de penser.

(2) Il ne faut pas, avec certains Auteurs, appeller spiritueuses toutes les Eaux qui ont de l'odeur ou tout autre principe évaporable : il y a des Eaux sulphureuses qui ne sont point spiritueuses. *Cette remarque est de M. Monnet.*

(3) Voyez les Elémens de Chymie de l'Académie de Dijon ; aussi le Dictionnaire de Chymie : *Eaux Minérales.*

(4) Mém. des Savans Etrangers.

ſulphureux volatil, & que c'eſt l'air ſurabondant qui fait leur eſprit : Hoffman avoit dit la choſe, quand il a dit que l'eſprit des Eaux étoit le même dans les thermales & dans les acidules (1) ; ſeulement il eſt dans celles-là très-ſouvent mêlé ou combiné avec d'autres matieres qui le maſquent & empêchent de le reconnoître : il eſt d'ailleurs, le plus ſouvent, en moindre quantité, & par conſéquent moins ſenſible dans les Eaux chaudes que dans les froides (2).

Nous avons appris de l'expérience que ſi on laiſſe échapper le gas des Eaux acidules, elles perdent auſſi-tôt leur goût & leur vertu : le même guide a également démontré que, ſi l'on redonne à ces Eaux le gas qu'elles ont perdu, elles reprennent

(1) *Neque verò tantùm acidulæ, ſed etiam Thermeæ Minerali hoc ſpiritu afflatæ ſunt.* (De Conven. Element. §. xiv) Et ailleurs (§. xxix.) *Eximiam & ſummam ratione Elementorum Thermas inter & acidulas ſubeſſe affinitatem & convenientiam arbitror ; in eo tamèn inter acidulas & Thermas differentia intercedit, quod in his utpotè frigidis volatile hoc elementum diutius coherceatur, in illis verò ob calorem celerius in auras disjiciatur.*

(2) M. Cavendiſch a remarqué que l'eau ſe charge d'autant plus d'air fixe, qu'elle eſt moins chaude. (*Tranſact. Philoſoph. an. 1767.*)

toutes les qualités & les propriétés qu'elles avoient auparavant, & ne different nullement de ce qu'elles étoient au sortir de la source. Or, si nous savons enlever & redonner à volonté aux Eaux de cette classe le principe qui les minéralise, nous pouvons, je crois, nous flatter d'avoir atteint au but desiré. En effet, on se procure une Eau gaseuse simple artificielle absolument semblable à une Eau gaseuse simple de source, si à de l'Eau pure on donne une quantité suffisante de gas pour la rendre spiritueuse au même degré que celle que l'on se propose imiter : si dans cette Eau factice on met du fer, ou de la magnésie, ou de la terre calcaire, ou des terres martialles, ou de l'alkali, ou quelques autres substances, comme le gas a une action marquée sur ces matieres, on forme autant d'especes d'Eaux gaseuses composées, dans lesquelles on peut choisir, suivant l'espece d'Eau de source que l'on se propose imiter.

Nous avons dit que les matieres en effervescence & celles qui sont en fermentation donnent le fluide éthéré des Eaux Minérales gaseuses : mais comment le retenir ; comment l'eau s'en charge-t elle ; comment les combiner pour se procurer des Eaux Minérales artificielles ? Rien de plus simple & de plus facile en même-tems. M. Priestley, dans une petite Brochure qu'il avoit fait imprimer sur la maniere d'imprégner l'Eau d'air fixe, pour les voyages de long cours, indique un procédé simple : il consiste à recevoir dans une vessie le gas produit par une effervescence, & à le faire passer dans une bouteille d'eau qui le reçoit : la manipulation en est aisée. On peut voir dans l'Ouvrage même la description de cette méthode, ou dans un autre Essai du même Auteur sur les différentes especes d'air (1). M. Macbride se sert tout simplement de deux bouteilles qui communiquent de l'une à l'autre par le moyen d'un tube (2). Cet appareil est simple ; mais il ne convient que pour certaines expériences. Celui de M. Nooth, rectifié par M. Perker, est d'une jolie invention (3) ; mais il servira plus à l'ornement des cabinets qu'aux expériences, à cause de sa fragilité & de son prix, & parce qu'on lui supplée aisément par d'autres appareils qui ont les mêmes avantages sans avoir les mêmes inconvéniens. On a

(1) M. Cavendisch a démontré que l'Eau peut absorber un volume d'air fixe plus qu'égal au sien. (*Transactions Philosophiques de Londres*, 1766.)

(2) Application de la Doctrine de Black à l'explication des principaux phénomènes de l'économie animale.

(3) Priestley, Tom. III.

imaginé plusieurs autres moyens d'aciduser l'eau avec les gas ; mais mon intention n'est pas de faire ici l'histoire des différens appareils inventés pour les expériences sur l'air fixe ; il nous suffira de faire connoître convenablement ceux qui nous paroissent les plus commodes & les plus utiles pour l'objet que nous nous sommes proposé. On trouvera, d'ailleurs, dans le Journal de Physique de M. l'Abbé Rosiers, & dans l'Ouvrage de M. Lavoisier ( ), de quoi se satisfaire entierement sur cet objet.

L'appareil dont je me sers est, pour ainsi dire, entre les mains de tout le monde, tant il est simple, commode & de facile construction; il est composé d'une espece de réservoir plombé, ou tout simplement de bois 1, d'un bocal 2, d'un flacon 3, & d'un tube de communication 4 que je nomme conducteur, parce qu'en effet il sert à conduire le gas du vase où il se forme dans celui où est l'eau à minéraliser. (*Voyez Fig. 1.*)

On donne au réservoir quelle forme on veut ; ses dimensions sont également arbitraires : celui dont je me sers est oblong, arrondi à ses extrémités, & il contient

---

(1) Opuscules Physiques & Chymiques.

huit à dix pintes d'eau ; il eſt tout ſimplement de bois & a été fait par un tonnelier. La moitié de ce réſervoir eſt recouverte par une tablette 5, d'un demi-pouce d'épaiſſeur, & ſolidement fixée à deux pouces de ſon bord, de façon que quand le réſervoir eſt plein d'eau, cette tablette eſt ſous l'eau de la profondeur d'environ deux pouces. Dans cette tablette exiſte une échancrure 6, de deux pouces de long ſur ſix lignes de large ; elle eſt pratiquée à peu de diſtance du bord du réſervoir.

Le bocal tient environ trois chopines, & ſon embouchure 7 eſt aſſez évaſée pour que le bocal puiſſe ſe tenir ſeul étant renverſé : c'eſt dans ce vaſe que l'on minéraliſe l'eau.

Le flacon tient à-peu-près une chopine ; il eſt deſtiné à recevoir les matieres à effervefcence ; il a une ouverture ronde 8, de quelques lignes de diamètre, à quelque diſtance de ſon col, pour l'uſage que nous lui aſſignerons bientôt.

Le conducteur eſt un tube de verre recourbé, à-peu près dans le même ſens que l'S romaine, d'une forme telle qu'il puiſſe communiquer du flacon au bocal. L'un des bouts de ce tube recourbé traverſe un bouchon de liége 9, deſtiné à boucher le goulot du flacon ; l'autre bout 10, a une direction contraire pour pouvoir s'insinuer dans le col du bocal & y transmettre le gas.

Les pieces de l'appareil connues, voici comment on les dispose. On remplit le réservoir d'eau, de façon qu'elle surnage la tablette d'environ un pouce : on place sur la tablette le bocal exactement plein d'eau, le cul en haut & l'embouchure en bas; ce bocal doit être situé sur l'échancrure de la tablette, afin que le conducteur puisse y atteindre. Le bocal ainsi placé, l'eau qu'il contient ne s'épanche pas, parce que le goulot trempe dans l'eau : on a appris en physique la cause de cet effet & la maniere dont il faut s'y prendre pour porter ainsi une bouteille sous l'eau sans rien verser (1).

On place le flacon sur un support 11, contre le réservoir & tout vis-à-vis l'échan-

---

(1) On remplit exactement le vase, puis on le couvre d'une lame de papier ou d'une carte, sur laquelle on appuie avec la paume de sa main, tandis qu'on renverse le bocal; cela fait, on ôte légérement sa main, la carte tient seule & empêche l'eau de s'écouler : on plonge dans l'eau le goulot du bocal, alors on ôte la lame de papier, & le bocal reste plein. Si l'on veut se mouiller la main, on se passe de la carte. Il est encore plus commode de se servir d'une plaque de bois ronde de trois pouces environ de diamètre & doublée de buffle, avec laquelle on fait tout ce que nous venons de dire.

crure de la tablette ; ce flacon est armé du conducteur, dont l'extrémité libre baigne dans l'eau pour venir se rendre à l'entrée du bocal ; c'est pour cet effet que l'on a pratiqué l'échancrure de la tablette.

Les choses ainsi disposées, on verse de l'acide de vitriol affoibli (1) sur la craie (2), par la petite ouverture pratiquée à cet effet près le col du flacon : aussi-tôt il se fait un bouillonnement considérable par le dégagement du gas ; on bouche bien vîte avec le doigt ou avec de la cire verte le trou par où se verse l'acide (3) ; le gas ne trouvant

---

(1) On met ordinairement douze à quinze parties d'eau pour une d'acide.

(2) On met dans le flacon de la craie ce que l'on veut ; mais il faut de l'espace pour l'effervescence & pour le développement du gas ; il faut aussi, par économie, pouvoir saturer toute la craie : c'est pour ces raisons que l'on ne met de la craie que jusqu'au quart, ou tiers ou moitié du flacon. On observera aussi que la craie en poudre fine produit une effervescence trop vive, trop tumultueuse & trop passagère ; on ne doit donc l'employer que grossiérement pilée. M. le Docteur Franklin recommande l'usage du marbre pulvérisé au lieu de la craie, parce que l'effervescence en est plus douce, plus égale & qu'elle se soutient plus long-tems. (*Essais sur différ. espèces d'air*, *T. III*, *p. 117.*)

(3) Pendant le court intervale de tems qui sépare le moment où l'on cesse de verser l'acide, de celui où l'on bouche l'ouverture, il s'échappe du fluide aéri-

nulle autre issue est forcé d'enfiler le conducteur qui le conduit dans le bocal. On voit ce fluide éthéré monter en bouillonnant dans l'eau & se porter au haut du flacon où il se fait place : l'eau sort du flacon en proportion de la place que le gas occupe dans le fond du bocal.

Quand le bocal est rempli de gas au tiers ou à moitié, (on détourne ou l'on ôte le conducteur,) on le bouche bien sous l'eau; on l'ôte de dessus l'appareil, & l'on a de quoi faire de l'Eau gaseuse; il suffit pour cela d'agiter fortement & en tous sens, pendant quelques minutes, l'eau avec le gas qui sont dans le bocal. Après cette opération on peut goûter l'eau; on lui trouve le goût, le grater & toutes les propriétés qui distinguent les Eaux Minérales gaseuses. On rend l'eau plus ou moins acidule & spiritueuse, suivant la quantité de gas qu'on lui donne (1). Nous croyons inutile

---

forme; mais ce n'est point un mal, au contraire, parce que l'air atmosphérique qui remplissoit le vuide du flacon avant l'effervescence, est alors expulsé par le gas qui, par ce moyen, se trouve pur.

(1) J'ai observé que le gas, quand l'effervescence est vive & forte, est plus prompt à s'unir à l'eau que quand l'effervescence languit : une égale quantité de gas dans deux vases, avec une égale quantité d'eau à minéraliser, l'une sera plus acidule & plus spiritueuse

d'avertir que quand l'effervefcence diminué avant qu'il y ait dans le bocal la quantité de gas néceffaire, on verfe de nouveau de l'acide, ou l'on ajoute de la nouvelle craie, fuivant le befoin ; quelquefois il fuffit d'agiter le flacon pour dégager une certaine quantité de gas. Un inftant de réflexion fur tout ce procédé inftruira de plufieurs petites chofes de détail, dont il feroit fuperflu d'entretenir le lecteur.

Si au lieu d'une pinte d'Eau Minérale gafeufe, on en veut dix, vingt ou davantage, on recommence l'opération autant de fois qu'il eft néceffaire ; on peut même, pour gagner fur le tems, multiplier les appareils ; ils font d'une fi petite dépenfe qu'on s'y détermine aifément. Une perfonne qui auroit un peu d'ufage, & il eft bientôt acquis, peut feule conduire à la fois un certain nombre de ces petites manufactures hydrauliques ; ce n'eft qu'un jeu ; & les chofes en train, un domeftique

---

que l'autre fi l'effervefcence eft plus vive, à quoi cela tient-il ? M. Macquer, dans la crainte qu'ont quelques Phyficiens que le gas n'emporte avec lui des particules de l'acide qui le dégage, propofe pour fureté de faire paffer au travers de la craie en poudre le gas à mefure qu'il fe forme. (*Dict. de Chymie, nouv. Edit. au mot* GAS.)

un peu intelligent peut les conduire aussi-bien que le Physicien le plus exercé aux expériences. Si cependant on veut opérer plus en grand, au lieu d'un bocal on peut prendre un tonneau ; la maniere d'opérer est fondée sur la même théorie ; & abstraction faite du volume & des masses, elle s'exécute de même.

On place sur une table solide & fixée A, (*Fig.* 2.) un tonneau debout B, de façon que son fond la déborde de quelques pouces, pour y placer une canule, ou tube, de bois C, de trois ou quatre pouces de longueur. On pratique un trou dans la partie supérieure du tonneau par où on le remplit d'eau D. Le reste de l'appareil est absolument le même que celui que nous avons décrit ci-devant. Il suffit de jetter un coup-d'œil sur les deux figures que nous avons fait graver pour l'intelligence de la chose : nous observerons seulement que les vases & autres pieces sont de dimensions absolument arbitraires (1).

On opère de la même manière que pour

---

(1) *Nota.* Le réservoir est plus petit que celui du premier appareil & n'a point de tablette, parce que le tonneau porte sur une autre assise A. Nous avons figuré le cuvier E, qui reçoit l'eau perdue à mesure qu'elle s'échappe du réservoir par une gouttière F.

le petit appareil (1) ; à mesure que le gas monte dans le tonneau, l'eau qu'il déplace sort dans la même proportion ; on juge par la quantité de l'eau sortie de la quantité du gas qui tient sa place. Quand il y a assez de gas dans le tonneau ; qu'il est au quart, au tiers ou à moitié plein, suivant que l'on desire que l'eau soit plus ou moins spiritueuse ; on retire le conducteur & on bouche bien exactement la canule sous l'eau. Cela fait, on renverse le tonneau sur la table ; deux hommes forts l'agitent fortement pendant un certain tems ; huit ou dix minutes suffisent, & l'eau se trouve acidulée.

On se procure par ces moyens autant d'Eaux Minérales gaseuses qu'on le veut. Si au lieu d'une eau acidule simple, on veut imiter des eaux plus composées, on met dans l'eau du tonneau, avant que de lui donner du gas, les matieres que l'on sait exister dans les eaux de source : si les ma-

(1) La seule différence vient de ce qu'on ne peut manier un tonneau comme un bocal ; on s'y prend de la manière suivante pour le remplir d'eau. On bouche la canule C, puis on remplit le tonneau par son ouverture supérieure D : le tonneau exactement plein, on bouche bien cette ouverture ; puis, la canule baignant dans l'eau du vase qui sert de réservoir, on la débouche pour y placer le conducteur 4.

tières que l'on y met sont solubles, comme les sels neutres, l'alkali, &c, on a égard à ce qu'il en sortira avec l'eau, à mesure que le gas la déplace : si au contraire elles ne sont pas solubles, ou qu'elles le soient peu, comme le fer & les terres, elles se déposent au fond du tonneau, & l'on ne doit avoir égard alors, dans son calcul sur la quantité des matieres, qu'à la quantité d'eau qui restera dans le tonneau avec le gas. A mesure que le mêlange se fait, quand on agite le tonneau, les matieres se dissolvent par l'acide gaseux : de cette manière on a des Eaux Minérales composées gaseuses qui ne cèdent en rien aux Eaux des sources: tout y est remplacé, jusqu'au mouvement circulatoire par celui qu'on donne à l'eau. On peut également mettre les matieres dont l'eau doit être composée, dans l'eau, après qu'on lui a donné son gas; mais je préfère les mettre avant. On a soin de donner à l'eau qui doit être composée, plus de gas qu'à une eau simple, toutes choses égales d'ailleurs; parce que les matieres composantes employant une certaine quantité de gas, l'eau en seroit moins spiritueuse. Nous verrons, quand nous en viendrons aux détails, que cette assertion est fondée sur l'expérience.

Les matières actuellement en fermentation fournissent un autre moyen de donner à l'eau l'esprit éthéré qui forme les Eaux gaseuses; l'affinité qui existe entre l'eau & l'air fixe, dit M. Priestley, est si grande, que, si l'on place de l'eau présentant une surface considérable dans un atmosphère d'air fixe, elle ne manque pas d'absorber de l'air & d'acquérir par-là le goût acidule agréable & les principales propriétés des Eaux de Pyrmont (1) : mettez, continue ce Savant, un vase ouvert plein d'eau dans l'atmosphère d'une cuve à bière en fermentation, elle y devient en peu de tems semblable aux eaux aërées : on accélère la combinaison en versant l'eau du vase dans un autre sans le sortir de ce même atmosphère d'air fixe (2); en quelques minutes on parvient, par ce procédé, à la charger de deux fois son volume d'air. On peut encore produire le même effet en remplissant un bocal d'air fixe dans une brasserie & en la renversant dans une jatte pleine d'eau; in-

(1) Essai, &c. Tom. I, pag. 75.

(2) Il règne constamment une couche de neuf pouces d'épaisseur d'air fixe sur les cuves où la bière fermente, & comme il se trouve continuellement renouvellé par celui que fournit la bière, il est peu mêlé dans cette épaisseur à l'air de l'athmosphère. (*M. Priestley, Tom. I.*)

sensiblement l'eau absorbe & dissout l'air fixe, & monte à mesure dans le bocal.

Ce moyen est excellent pour saturer l'eau d'air fixe, mais il est lent; il est essentiel, quand on veut faire des Eaux gaseuses artificielles, d'aller vîte, ou de pouvoir opérer en grand par économie de tems & d'argent : c'est ce qui a engagé M. le Duc de Chaulnes, dont le profond savoir répond aux dignités de son rang, à chercher un moyen d'y atteindre; il y a réussi à souhait, & son appareil est aussi simple qu'ingénieux. On parvient par sa méthode (1) à saturer d'air fixe vingt-cinq ou trente pintes d'eau, & même plus à-la fois & en moins d'une minute. « J'imaginois » bien, ce sont les paroles de M. le Duc de » Chaulnes, qu'il suffiroit, pour remplir » l'objet desiré, de faire présenter à l'eau » des surfaces plus étendues & plus souvent » renouvellées. J'employai donc, pour es- » sayer, un simple moussoir à chocolat, » avec lequel je battis l'eau dans un vase » qui en contenoit environ deux pintes.

(1) Nouvelle méthode pour saturer d'air fixe à la fois & en moins d'une minute, vingt-cinq ou trente pintes d'eau & même plus, insérée dans le Journal de Physique. (Avril 1777, pag. 287, aussi à la fin du troisième Volume de l'*Essai de M. Priestley.*)

» Cette quantité devint auſſi impregnée & » auſſi piquante en deux minutes, qu'elle » le devient par un quart-d'heure de tranſ- » vaſion. Aſſuré de la réuſſite de cet expé- » dient, je ſongeois alors à me procurer à » la fois une plus grande quantité de cette » liqueur. Je fis ſcier à cet effet par ſon mi- » lieu un quart de muid tenant environ » ſoixante-dix pintes, & je fis faire chez le » premier Tourneur un bâton long d'en- » viron deux pieds, traverſé à l'une de ſes » extrémités & parallèlement au fond du » baquet ſur la longueur d'environ trois ou » quatre pouces à différentes hauteurs par » quatre bâtons qui formoient une étoile à » huit rayons; ces rayons étoient eux- » mêmes traverſés verticalement au fond » du baquet par des brins d'oſier différem- » ment inclinés, & d'environ ſix pouces » de longueur. Il réſultoit de cette machine » un mouſſoir très-propre à imprimer la plus » grande agitation & la plus grande divi- » ſion à une maſſe d'eau cylindrique, de la » largeur du baquet, & d'environ huit pou- » ces de hauteur (1). L'expérience réuſſit à

(1) « J'avois d'abord ſimplement employé une ma- » nivelle, pour faire tourner le mouſſoir; mais j'ai été » obligé depuis, d'y ſubſtituer une poignée comme » celle des béquilles : par ce moyen on le gouverne

» tel point, qu'il ne fallut pas agiter l'eau » plus d'une minute; puiſqu'elle fut ſatu» rée du gaz dans lequel on avoit ſeſpendu » le baquet par le moyen de quatre cordes » attachées à des trous percés dans ſes » bords; & d'une perche poſée en travers » ſur ceux de la cuve.

» Cette cuve où j'operois avoit environ » quatre pieds de profondeur au-deſſus de » la ſurface de la liqueur, & fourniſſoit par » conſéquent un eſpace rempli d'air fixe, » plus que ſuffiſant pour y travailler avec » commodité; mais pluſieurs de ces cuves » n'ont que neuf ou dix pouces de libres, » depuis la ſurface de la biere à leur ouver» ture: on peut employer alors, au lieu » d'un baquet, un de ces vaſes de fayance » dont on ſe ſert communément pour ſe » laver les pieds; ils ſont propres, & peu» vent s'enfoncer dans la biere ſans incon» vénient; ils ſont lourds, & s'enfoncent » par conſéquent avec beaucoup de facilité » dans la liqueur juſqu'à ce que les bords

---

» très-aiſément, & on imprime facilement une agita» tion rapide à l'eau & alternativement à droite & à » gauche, ce qui fouette & agite beaucoup mieux l'eau » qui s'impregne d'autant plus vîte, qu'elle eſt plus » diviſée; un ſimple tournoyement rond n'eſt pas ſuf» fiſant pour l'impregner. »

» ſoient preſque de niveau avec ſa ſurface : » il ſe trouve toujours alors aſſez d'air fixe » dans la cuve pour achever l'opération, » & les anſes dont ils ſont communément » garnis, ſuppléent aux trous qu'on perce » dans les baquets de bois pour les ſuſpen» » dre. Tous les lieux où l'ont fait fermen» » ter du vin, du poiré, du cidre, &c ſont » également bons ; puiſque toutes les ma» » tières en fermentation produiſent égale» » ment le principe des Eaux Minérales ga» » ſeuſes ».

L'expérience a démontré que l'eau, ainſi impregnée d'air fixe, ne diffère en rien des Eaux gaſeuſes ſimples de ſources : elle diſſout également le fer ou les terres martiales qu'on lui préſente, la magnéſie & les terres calcaires. L'alkali ſi commun dans les Eaux gaſeuſes de ſources y eſt adouci, & pour ainſi dire neutraliſé ; il eſt le même dans les eaux artificielles. Les ſels neutres quand ils s'y rencontrent ſont auſſi plus doux, & cependant ils acquièrent encore plus de vertus par l'eſprit gaſeux qui les vivifie. La terre argilleuſe prend auſſi une nouvelle vie, & donne à ſon tour à l'eſprit qui l'anime, un lien qui le retient en plus grande quantité dans les eaux ; elles acquierent auſſi, par ce moyen, la propriété de ſe conſerver plus long-tems, &

de pouvoir être transportées avec plus d'avantage.

Les différentes méthodes d'impregner l'eau d'air fixe dont nous nous sommes occupé jusqu'à présent, ont toutes ceci de commun, de présenter à l'eau le gas tout formé. Il en est une autre indiquée par Hoffman, attribuée à M. Venel qui se l'est appropriée ; elle consiste à former le gas dans l'eau même à minéraliser.

Cette méthode consiste à mettre dans l'eau des matières propres à y faire effervescence : celles qui ont servi d'exemple à M. Venel, sont l'alkali minéral & l'acide marin. La rencontre de ces deux agens dans l'eau, produit une effervescence qui n'est autre chose que le dégagement de l'air fixe ; l'eau s'en charge, se combine avec lui à mesure qu'il se forme. La méthode est assurément bien simple ; mais il y a quelques conditions à remplir ; 1°. l'effervescence doit se faire dans l'eau ; car si l'on verse simplement de l'eau sur des matières en effervescence, l'expérience ne réussit point (1) ; 2°. l'effervescence doit se faire lentement, parce que la cohérence du sel aérien avec l'eau est trop légère, pour qu'il ne se fasse pas un précipité fugitif,

(1) Ceci est sujet à quelques exceptions.

si

si le mouvement inteſtin étoit trop violent: auſſi plus l'efferveſcence eſt lente & ſoutenue, plus l'Eau eſt gaſeuſe. Il eſt certain cependant, continue M. Venel, qu'on peut parer à cet inconvénient en opérant à vaſe fermé; on ſeroit même tenté de croire que cette précaution eſt toujours néceſſaire; elle ne l'eſt cependant pas: il eſt vrai que par la ſuffocation on charge davantage l'eau de gas; la différence cependant n'eſt pas ſi grande qu'on pourroit bien le croire; il ſuffit de faire le mélange petit à petit dans un vaſe qui ait une ouverture étroite, dans un lieu frais & tempéré, & ſans l'agiter en aucune façon (1). Une troiſième remarque eſſentielle, c'eſt que les diſſolutions ſont en général d'autant plus ſubtiles, & par conſéquent d'autant plus longtems ſuſpendues, qu'elles ſe font à plus grande eau.

Il y a autant de manières de compoſer des Eaux gaſeuſes artificielles, ſelon la méthode de M. Venel, qu'il peut ſe rencon-

(1) M. Venel aſſure que l'on ne vient point à bout de faire une eau aérée, ſi l'on agite la bouteille; & c'eſt ſur cette raiſon qu'il s'eſt fondé pour infirmer l'expérience d'Hoffman, pour cela ſeul qu'il avoit recommandé d'agiter le vaſe dans lequel ſe fait le mélange. (Voyez les Mémoires déjà cités dans ceux des Savans Etrangers, Tom. II.)

trer d'eſpèce de ſels neutres dans les Eaux Minérales de ſource. L'acide vitriolique, l'acide marin, ou tout autre acide, avec l'alkali une terre ou toute autre matière avec laquelle ils feroient efferveſcence, produiront le même effet. Il ſuffit que la rencontre de ces ſubſtances puiſſent former une aſſez grande quantité de gas pour animer l'eau autant qu'elle doit l'être. M. Rouelle, d'après l'expérience de Venel, a pris deux gros d'alkali fixe minéral & ſix gros d'eſprit de ſel, qui ſont la quantité néceſſaire pour la ſaturation ; il les a mis dans une bouteille d'eau, qu'il a promptement bouchée ; au bout de vingt-quatre heures, l'eau étoit aérée (1). J'ai mis, dit M. Monnet (2), une demi-once d'huile de tartre par défaillance dans une bouteille de pinte, j'ai rempli cette bouteille d'eau commune, j'y ai verſé enſuite à peu près deux gros d'eſprit de vitriol ; j'ai bouché exactement la bouteille avec un bouchon de liége ; l'ayant ſecouée pluſieurs fois, je l'ai renverſée, & l'ai laiſſée quelque tems en repos : j'ai trouvé que mon eau étoit devenue fortement gaſeuſe. J'ai eſſayé cette eau, pour ſavoir s'il n'y auroit pas excès d'aci-

(1) Journal de Médecine, Mai 1773.

(2) Traité de la diſſolution des Métaux, pag. 15.

de, le sirop violat n'en fut pas changé; j'y mis de la limaille de fer qui la rendit sensiblement ferrugineuse. M. Monnet a varié l'expérience; il a mis dans une pinte d'eau une once de craie en poudre; puis il a versé peu à peu de l'acide vitriolique, en prenant garde de ne pas outre-passer le point de saturation : il boucha bien la bouteille, & au bout de quatre jours il trouva l'eau très-gaseuse. De la limaille de fer, mise dans cette eau mixte, fait une eau calibée forte & agréable, semblable aux eaux naturelles qui tiennent le fer en dissolution par le moyen de l'air fixe seulement & sans acide.

La méthode de M. Hulme, pour imprégner l'eau d'air fixe, consiste dans le mélange de deux liquides; l'un est la solution de l'alkali fixe, l'autre est l'eau acidulée par l'acide du vitriol. Ces liquides, au lieu d'être pris séparément, doivent être mêlés ensemble par degrés & avec précaution, pour prévenir l'effervescence ou la dissipation de l'air fixe autant qu'il est possible. Pour cette raison, la meilleure manière d'opérer c'est de faire couler lentement la seconde liqueur sur un des côtés du vaisseau où l'on la verse: elles agiront ainsi en silence l'une sur l'autre, & l'air fixe dégagé se répandra immédiatement dans les parties adjacentes de l'eau auxquelles il s'incorporera, jusqu'à ce que le fluide entier soit pleinement saturé. M. Hulme met 14 ou 15 grains de tartre par chaque trois onces d'eau.

Quand une Eau Minérale gaseuse, soit naturelle, soit artificielle, a perdu ce goût vif & montant qui la distingue; si on y verse quelques gouttes d'acides, elles le recouvrent sur le champ si ces eaux contiennent de l'alkali on de la terre absorbante; si elles n'en ont point, on peut leur en donner, avant que de faire usage des acides: l'alkali & la terre des eaux étant susceptible d'une plus vive effervescence que les autres, on les préférera pour cet effet; on aura la même attention pour l'acide vitriolique, parce qu'il a aussi le même avantage sur les autres acides.

Je n'entrerai point dans de plus longs détails sur cette méthode de composer les Eaux gaseuses; j'observerai seulement qu'elle a souvent cet inconvénient, savoir que l'Eau Minérale factice que l'on se procure par ce moyen, se trouve contenir plus de sel, ou qu'elle a moins de gas que l'Eau Minérale de source, que l'on se propose d'imiter.

Telles sont les différentes méthodes que l'on peut mettre en usage, pour donner à l'eau le même principe éthéré qui la minéralise dans le sein de la terre, & qui forme la classe nombreuse des Eaux gaseuses. Ceux qui desireront de plus amples connoissances, auront recours aux Ouvrages qui traitent de l'air fixe, parmi lesquels ceux de M. Priestley tiennent le premier rang. Comme tout le monde ne peut pas tout lire, on trouvera dans celui de M. Lavoisier (1) de quoi se satisfaire amplement : M. l'Abbé Rosiers, dans son Recueil précieux d'Observations Physiques, ne laisse rien ignorer de tout ce qui se passe dans cette nouvelle carrière des Sciences ; outre cette obligation que l'on doit à ce zélé Fauteur des Sciences naturelles, il a la gloire d'avoir réveillé l'engourdissement des François sur cette matière ébauchée par M. Venel, que les Anglois se sont appropriée, & dont ils auroient dû faire la leur ; c'est M. l'Abbé Rosiers qui nous a donné les Traductions des premiers essais faits sur cette matière, parce que le premier il en a senti l'importance & connu la valeur. On me permettra cette légère digression ; c'est un tribut que je paye bien volontiers à la reconnoissance au nom de mes compatriotes & au mien.

(1) Opuscules Physiques & Chymiques.

Maintenant que nous savons ce que c'est qu'une Eau gaseuse, & que nous avons appris de l'expérience les moyens d'imiter la Nature dans cette espèce de travail, il faut passer du général au particulier.

DES EAUX GASEUSES

EN PARTICULIER.

NOUS rangerons dans cinq classes les Eaux Minérales où le Gas doit être considéré comme principe minéralisant, les Eaux gaseuses simples, les Eaux Alkalines, les Eaux Terreuses, les Eaux Ferrugineuses, les Thermales spiritueuses, & même les Eaux Salines.

Les Eaux gaseuses simples sont celles qui n'ont d'autres principes minéralisans que le gas; elles sont acidules & spiritueuses; abandonnées à elles-mêmes ou exposées à la chaleur, elles perdent bientôt leur principe volatil & leurs vertus. Je suis persuadé que le nombre des Eaux gaseuses simples de sources est grand; mais nous attendrons pour les nommer, les nouvelles analyses qui se feront d'après la Théorie des Modernes.

Pour imiter les Eaux Simples spiritueuſes, il ſuffit d'imprégner de l'eau commune d'air fixe, en plus ou moins grande quantité, ſuivant que les Eaux à imiter ſont plus ou moins ſpiritueuſes. Nous en avons indiqué les moyens dans nos généralités ; rien de plus ſimple & de plus facile en même-tems : ſi nous avons fait mention ici de ces Eaux, c'étoit pour ſuivre l'ordre des matières que nous nous ſommes preſcrit ; car nous nous étions aſſez étendu ſur ce point pour ne plus y revenir.

Nous allons de ſuite traiter des Eaux Alkalines, puis des Eaux Terreuſes, & enſuite des Eaux Ferrugineuſes ; mais comme chacune de ces claſſes d'Eaux Minérales exige de nous des détails plus ou moins étendus, nous avons eu ſoin de les placer & de les ſubdiviſer ſous des titres qui les diſtinguent. On trouvera la claſſe des Eaux chaudes ſpiritueuſes & celles des Eaux Salines, dans la famille des Eaux Thermales.

DES EAUX

ALKALINES.

Les Eaux Alkalines ſe reconnoiſſent par la ſaveur piquante & par un goût lixiviel qui leur eſt propre, par l'efferveſcence qu'y excitent les acides, par la couleur verdâtre qu'y prend le ſyrop de violette & par la décompoſition des ſels à baſe terreuſe qu'on leur préſente.

On ne doit cependant pas décider qu'une eau contient de l'alkali, parce qu'elle fera efferveſcence avec un acide; la terre abſorbante & la terre calcaire ont le même privilége, & les Eaux acidules, même celles qui ne poſſèdent nul atome d'alkali, font également efferveſcence avec les acides: il ne faut pas croire non plus qu'une Eau n'eſt point alkaline, parce qu'elle n'a pas la ſaveur piquante & le goût lixiviel de l'alkali; puiſque preſque toujours le goût en eſt maſqué par un principe évaporable, le Gas, qui donne à l'eau & aux alkalis des propriétés particulières, dont il ſera bientôt fait mention. Comment donc reconnoître ſi une Eau eſt Alkaline?

M. Monnet regarde comme infallible l'épreuve des sels à base terreuse, par la décomposition qu'ils y éprouvent & par le précipité qui s'y forme (1) ; mais cette expérience n'est nullement décisive, surtout pour les Eaux Alkalines gaseuses, puisqu'on peut souvent y mêler impunément, ainsi que nous le prouverons, des sels à base terreuse & des sels à base métallique.

Pour s'assurer si une Eau Minérale spiritueuse est Alkaline, il faut exposer l'eau sur le feu ; à mesure que le gas s'évapore, l'odeur & le goût lixiviel percent ; quand il est totalement dissipé, le bouillonnement fini, que l'eau est tranquille, si alors on met de l'huile de chaux, ou un autre sel à base terreuse, il s'y décompose, & prouve par-là qu'il existe un alkali : lorsque l'on pousse l'évaporation à sec, il est plus sûr encore que l'on a à faire à de l'alkali, si en versant sur ce résidu de l'huile vitriolique, on obtient du sel de glauber ou un tartre vitriolé.

Les Eaux Alkalines sont froides ou chaudes ; elles sont presque toutes plus ou moins gaseuses, plus ou moins vives & pétillantes ; si on les expose sur le feu, elles s'agitent si

(1) Traité des Eaux Minérales, Art. des Eaux Alkalines.

fortement qu'elles semblent bouillir; quand ce bouillonnement est fini, l'eau reste aussi tranquille que l'eau commune. Ces phénomènes, il est vrai, ont lieu pour toutes les Eaux spiritueuses; mais ils semblent plus marqués dans celles-ci.

On trouve des Eaux qui contiennent l'alkali bien cristallisé, & tel qu'on le retire des lessives de soude; mais elles sont rares : j'en ai retiré de pareil, dit M. Monnet, de quelques sources en Auvergne (1). Le plus communément les Eaux les donnent dans un état lixiviel; telles sont les Eaux du Mont-d'Or, de Bourbon & beaucoup d'autres. Il y a certaines Eaux dans lesquelles l'alkali est tellement masqué & déguisé, qu'il ne faut pas s'étonner si quantité d'Examinateurs d'Eaux Minérales n'ont pû connoître la nature de ce sel; il a un œil si terreux, qu'en effet il est assez méconnoissable; il ne se cristallise point, on ne l'obtient des Eaux que par l'évaporation jusqu'à siccité : à la vérité une fois desséché, il demeure toujours sec & de couleur plus ou moins jaunâtre (2).

(1) Traité des Eaux Minérales, pag. 46.

(2) Traité des Eaux Minérales, p. 47 & suivantes; & l'Hydrologie de Vallerius, *De aquis alkal. terreis.*

L'alkali des Eaux est en général plus doux que l'alkali ordinaire, ce qui a fait distinguer par quelques Auteurs (d'après Hoffman) l'alkali des Eaux Minérales, des autres alkalis. Cette douceur lui vient le plus souvent de son union avec l'acide gaseux avec lequel il forme un composé neutre, que nous nommerons sel gaseux alkalin, ou simplement, d'après M. Bewly, sel neutre méphitique (1). Selon qu'il est plus ou moins pur, plus ou moins parfait, du règne végétal ou du règne minéral, l'alkali retient d'une manière plus ou moins intime cet acide qu'il s'est approprié, en circulant ensemble dans l'eau : quelquefois aussi l'acide gaseux se trouve en plus ou moins grande quantité, suivant la température de l'eau & d'autres circonstances qui peuvent le faire varier dans ses proportions & sa pureté. Toutes ces causes apportent dans l'alkali des eaux, des variétés & des nuances qui le donnent sous diverses formes ; ce qui fait qu'il ne se présente pas toujours le même dans les différentes expériences que l'on employe pour le reconnoître.

Les expériences des Modernes ayant dé-

(1) Tom. III, App. n°. I, de l'Ouvrage de M. Priestley, sur les différentes especes d'air.

montré qu'entre l'alkali cauſtique & l'alkali du commerce, il n'y a de différence qu'en ce que celui-ci eſt uni à de l'air fixe, & que celui-là eſt pur, on devroit rencontrer dans les eaux l'alkali ſous toutes les nuances intermédiaires qui peuvent avoir lieu entre ces extrêmes : mais il eſt rare, je ne ſais pas même s'il y en a des exemples, de trouver des eaux où l'alkali ſoit cauſtique ; il a tant d'affinité avec un ſi grand nombre de matières, & il a dans cet état tant de pouvoir ſur elles, qu'il eſt toujours marié ou combiné avec quelques ſubſtances terreuſes, ſalines, graſſes ou mucides (1).

M. Monnet penſe qu'il y a des Eaux Minérales qui charient l'alkali végétal ; il en a démontré dans les Eaux de Spa (2); & il annonce qu'il y a de ces Eaux plus qu'on ne penſe (3) : Lanciſy en avoit fait la remarque (4). Les Auteurs qui ont travaillé ſur les Eaux Minérales de ſource, ont peu

---

(1) Le Natrum eſt un compoſé d'alkali & de terre, ſouvent mêlé avec du ſel marin ; mais toujours de façon que l'alkali prédomine. *Min. de Vallerius.*

(2) Analyſe des Eaux de Spa.

(3) Traité des Eaux Minérales, Art. des Eaux Alkalines.

(4) Lanciſy. De font. Med. Roman.

approfondi ce ſujet de diſcuſſion ; ils regardent comme foſſille l'alkali, toutes les fois qu'ils l'ont rencontré dans leurs analyſes : mais n'eſt-ce pas faute d'un examen aſſez ſcrupuleux ?

Sans vouloir décider lequel de l'alkali végétal ou de l'alkali minéral ſe trouve le plus communément compoſer les Eaux Minérales ; il eſt certain qu'il y en a de l'une & l'autre eſpèce, & que dans toutes, ou preſque toutes, les alkalis, dont on connoît le piquant & le mordant, reçoivent de leur union avec l'acide gaſeux (1) un correctif qui, en les neutraliſant, les adoucit & les approprie, pour ainſi dire, à tous les tempérammens & à toutes les circonſtances où il pourroit être dangereux de faire emploi de l'alkali du commerce. Enſorte qu'on peut, d'après M. Bewly, M. le Duc de Chaulnes & tous les Chymiſtes modernes, les conſidérer comme une ſorte de ſel moyen dont les qualités ſont infiniment précieuſes à la Médecine : en effet, les alkalis des Eaux & ceux des boutiques diffèrent autant par leurs propriétés, que par leur nature ;

(1) On ſe rappellera que nous diſtinguons l'acide gaſeux de l'air fixe.

mais pour en faire mieux sentir toute la différence, consultons l'expérience.

EXPÉRIENCE PREMIÈRE. J'ai mis un demi gros d'alkali minéral dans une chopine d'eau de la Seine & une égale quantité d'alkali végétal dans une autre chopine de pareille eau; l'eau s'est troublée dans l'une & l'autre expérience, (ce qui prouve que l'eau de la Seine contient quelque sel à base terreuse) mais celle où étoit le sel de tartre fut éclaircie, & le dépôt a été fait dans l'espace de six heures; au lieu que l'eau où étoit le sel de soude a été vingt-quatre heures à le faire. On distinguoit aisément au goût la différence de ces deux Eaux Alkalines. Ceci a été fait pour servir d'objet de comparaison.

EXPÉR. IIe. J'ai versé sur demi-gros d'alkaly minéral une chopine d'eau de la Seine que j'avois rendue gaseuse. L'eau est restée parfaitement claire & limpide, sa transparence n'a nullement été troublée; elle étoit acidule & n'avoit plus rien d'alkalin au goût; elle n'a point changé la couleur du sirop de violette, ni décomposé l'huile de chaux.

EXPÉR. IIIe. Ayant versé sur demi-gros d'alkali végétal une pareille quantité d'eau de la Seine également saturée d'air fixe, l'eau est devenue louche, laiteuse, & il s'est formé un dépôt blanc; elle montroit à peine au goût qu'elle contenoit du Gas, sa saveur étoit celle d'un alkali douceâtre, elle a verdi le sirop de violette & a décomposé l'huile de chaux.

L'Eau Mercurielle rend l'eau laiteuse dans l'une & l'autre expérience; mais d'une manière plus sensible dans celle où est le sel de tartre, que dans l'autre où est le sel de soude.

EXPÉR. IVe. Comme l'alkali dans cette troisieme expérience avoit absorbé tout l'acide gaseux, je présumai que si cette Eau Alkaline artificielle avoit décomposé l'eau de chaux & coloré en verd le sirop de violette, ce que n'avoit pas fait l'alkali de la seconde expérience, c'est que l'alkali végétal n'étoit pas entiérement saturé d'acide. En conséquence j'ai redonné à cette même eau tout le gas qu'elle a pu absorber & retenir (il en faut une quantité assez considérable); cette eau alors n'a plus changé la couleur de sirop de violette & n'a plus décomposé l'huile de chaux; la saveur de l'alkali étoit masquée par le goût acidule; elle avoit même, ainsi que l'eau de la troisième expérience, le vif & le pétillant des Eaux gaseuses plus marqué & plus sensible que dans les Eaux non Alkalines quoique gaseuses. M. Bewly avoit fait la même remarque : lorſque j'ai diſſout, dit ce Savant, une quantité médiocre de ſel alkali, comme, par exemple, trois ou quatre grains dans chaque once d'eau, l'Eau de Pyrmont artificielle que je fais enſuite avec cette foible diſſolution alkaline, a d'ordinaire plus de ſaveur & me paroît même plus agréable au goût que celle qui ſe fait avec de l'eau ſimple (1). M. Bewly avoit auſſi remarqué que ſi l'on diſſout d'avance une certaine quantité d'alkali fixe dans l'eau, on peut lui faire recevoir deux ou trois fois ſon volume d'air fixe ou même davantage (2).

M. Monnet a auſſi fait obſerver que ſi dans une Eau gaſeuſe l'on mêle de l'alkali, il en abſorbe le goût au point que l'on diroit qu'elle n'eſt plus gaſeuſe (3).

Il réſulte de ces expériences, 1°. que l'alkali minéral & l'alkali végétal s'uniſſent dans l'eau avec l'acide gaſeux qu'ils y rencontrent ; 2°. que l'union de ces deux ſubſtances (l'acide & l'alkali) forme un compoſé neutre, que l'on peut appeller ſel alkalin minéral, ou ſel alkalin végétal ga-

(1) Tom. III, Append. n°. I, de l'Ouvrage de M. Prieſtley.

(2) Ibidem.

(3) Traité de la diſſolution des Métaux.

ſeux, ſuivant la nature de l'alkali qui forme la baſe de ces ſels neutres ; 3°. que l'alkali végétal abſorbe une quantité d'acide bien plus grande, que l'alkali minéral (1) ; 4°. que les Eaux Alkalines gaſeuſes contiennent de l'alkali neutraliſé & de l'acide gaſeux libre qui les rend ſpiritueuſes ; 5°. enfin que les expériences indiquées donnent les moyens de faire des Eaux Alkalines, ſoit qu'elles ſoient ſpiritueuſes, ſoit qu'elles ne le ſoient pas.

On ne ſera donc plus étonné de rencontrer enſemble dans les Eaux Minérales de l'alkali & un ſel à baſe terreuſe, un alkali & un ſel martial, ou autres matières auſſi peu faites pour ſe trouver de ſociété ; parce que ce prétendu alkali étant neutraliſé, il ne jouit plus des droits des alkalis ordinaires ; il a perdu ſa qualité de précipitant à l'égard des ſels à baſe terreuſe & la propriété qu'il avoit de colorer en verd le ſirop de violette : cette différence de l'alkali des eaux avec l'alkali ordinaire, auroit dû mettre ſur la voie & découvrir le ſecret de la Nature ; mais ce ſel neutre gaſeux ſe décompoſe ſi aiſément, la baſe en eſt tellement fixe & l'acide ſi volatil, qu'ils font

(1) Cette obſervation nous paroît bien capable de jetter du jour ſur la nature de ces demi-ſels.

aiſément divorce ; ce qui a toujours donné l'échange aux plus habiles Analyſeurs d'Eaux Minérales. Cette Théorie ſimple, lumineuſe & vraie des Eaux Alkalines, trouvera encore de l'appui dans d'autres expériences très-intéreſſantes, dont nous rendrons compte à l'article des Eaux Martiales acidules ; nous verrons l'alkali, la terre abſorbante, le vitriol martial, le ſel martial gaſeux & d'autres matières auſſi peu faites en apparence pour aller enſemble dans les Eaux, ſans qu'il y ait de décompoſition ; nous verrons auſſi dans le détail des analyſes, que l'Art ſuit en tout la marche de la Nature ; mais nous avons voulu auparavant, pour plus de préciſion, faire précéder ce qui concerne la Théorie des Eaux terreuſes.

DES EAUX
TERRESUSES.

LES terres ont toujours passé pour être insolubles dans l'eau : rien de plus commun cependant que de rencontrer de la terre en dissolution dans les Eaux Minérales, surtout dans les Eaux alkalines & les Eaux gaseuses, nous en avons déjà fait la remarque. On avoit cru jusqu'à la nouvelle théorie des Chymistes que cela tenoit à l'extrême division dont les terres sont susceptibles (1), & M. Monnet dans son Traité des Eaux Minérales, avoit destiné un article à l'appuis de cette assertion (2). Aujourd'hui que la Chymie a éclairci cette matiere, on admet une toute autre cause de cette dissolution, & M. Monnet lui-même a adopté la nouvelle théorie, avec cette restriction cependant que la terre est en partie saluble dans l'eau par une simple di-

(1) M. Schaw en avoit dit autant du fer. Méth. gén. d'anal. les Eaux min.

(2) De la solubilité de la terre dans les eaux.

vision méchanique de ses parties (1), & cette restriction est fondée.

Nous considérons la terre comme l'alkaly sous trois états différens : où la terre est simple & pure, où elle est combinée avec l'air fixe, où elle est unie avec un acide, soit l'acide vitriolique, soit l'acide marin, soit l'acide gaseux, &c., nous sentirons bientôt l'importance de cette division.

Jusqu'à ces derniers tems on avoit regardé la terre calcaire (nous la prenons pour exemple parce que c'est elle que l'on rencontre le plus communément dans les Eaux) comme un corps à peu-près simple : mais on a prouvé par des expériences aussi multipliées qu'intéressantes, que cette matiere est un composé de terre & de gas; que dans cet état elle ne peut se dissoudre, & que si on la prive de ce gas, elle devient un des corps de la nature les plus solubles dans l'eau. La chaux est cette terre calcaire pure & simple dont on a expulsé l'air fixe par le moyen du feu. Je rapporterois ici les preuves de cette assertion, si elle ne passoit pour une vérité admise aujourd'hui par tous les Physiciens; d'ailleurs on peut consulter leurs Ouvrages. On en trouve un Précis qui fait infiniment d'honneur à son

---

Traité de la dissolution des Métaux.

Auteur dans le Dictionnaire de Chymie, au mot causticité.

La terre calcaire est donc comme l'alkaly, à mesure qu'on les prive davantage de l'air fixe, ils acquierent l'un & l'autre de la causticité, & ils sont d'autant plus solubles qu'ils approchent davantage de cet état de pureté : alors ils ne font plus d'effervescence avec les acides, & on en sent aisément la raison; l'effervescence étant le produit du dégagement du gas, cet effet ne peut avoir lieu puisque la terre & l'alkaly en sont absolument privés.

Les terres sont originairement simples (1).

(1) Les volcans peuvent être considérés comme des fours à chaux immenses, dont un des effets est de rappeller les terres à leur état de causticité & de solubilité..... Jusqu'ici on n'a pu donner une explication bien plausible de la chaleur des Eaux Minérales. Si l'on ne connoissoit des volcans presqu'aussi anciens que le monde, on n'imagineroit pas comment des brasiers souterreins aussi considérables pourroient se former & s'entretenir. Or puisqu'il existe des foyers aussi considérables, il ne nous paroîtroit pas déraisonnable de penser que les eaux qui circulent dans les environs, dans des pierres & dans des terres aussi échauffées, puissent s'échauffer elles-mêmes & s'entretenir à des dégrés de chaleur relatifs à la proximité & à la force du feu, & mesurés par la distance du lieu où l'eau s'échauffe à celui où elle sourde : d'ailleurs la quantité énorme de terre & de pierre réduites en chaux par ces feux terri-

Or, puisque dans cet état de pureté elles sont solubles, & très-solubles dans l'eau, il n'est plus difficile d'expliquer comment, & de dire pourquoi l'on rencontre si communément des terres en dissolution dans les Eaux Minérales (1). Cependant l'observation ne cadre pas tout-à-fait avec cette façon d'envisager les terres dans les Eaux;

bles, est bien capable de favoriser, seconder & entretenir cette chaleur des Eaux.... Peut-être les terres calcinées sont-elles les ambrions des alkalis qu'elles composent, par leur union avec quelques principes dont on ne connoît point encore la nature? M. Fontana vient d'esquisser cette matière, & a commencé à faire pressentir la nature des terres qui font la base de l'un & l'autre alkali fixe : terre qui n'est pas la même dans l'alkali végétal & dans l'alkali minéral (1). Si ces terres calcinées, au lieu de se marier avec les principes (quels qu'ils soient) capables de former les alkalis, rencontrent de l'air fixe, ou de l'alkali caustique, ou des sels neutres, ou des acides, alors elles acquièrent de nouvelles formes & de nouvelles propriétés : les Eaux, en leur servant de conducteurs, favorisent ces différentes combinaisons & amènent avec elles les matières qui conservent ou qui ont acquis de la solubilité.

(1) Quoique nous disions les terres, il ne faut entendre ce que nous venons de dire que de la terre calcaire. La magnésie calcinée, quoique privée de son gas, n'est ni caustique, ni soluble, au moins à un degré bien sensible : quant à l'argille, nous en parlerons à l'article des Eaux savoneuses.

(1) Journal de Physiq. Novembre 1778.

en effet, si cette théorie simple étoit la bonne, on ne devroit pas rencontrer des terres dans les Eaux gaseuses; cependant c'est principalement dans celles-là, dans les Eaux alkalines douces, & dans les eaux ferrugineuses qu'elles sont les plus communes, & en plus grande quantité; d'ailleurs, les eaux dans lesquelles se trouve la terre en dissolution, loin d'avoir plus de mordant, plus de piquant, & quelque chose qui approche de la causticité, sont au contraire plus douces. Nous ne pouvons donc nous en tenir à cette seule cause de la salubilité de la terre calcaire dans les Eaux Minérales.

M. Black avoit démontré que la chaux est une terre dans l'état de simplicité, & que la terre calcaire n'est autre chose que la chaux unie à de l'air fixe qui lui a ôté son mordant & sa solubilité. M. Cavendisch observa ensuite que l'air fixe, après avoir précipité en terre calcaire la chaux de sa dissolution, peut la redissoudre; il a eu pour garant l'expérience, & pour partisans de son opinion tous les Physiciens modernes.

Un principe qui ôte & redonne la solubilité à un même corps, avoit été jusqu'à nos jours un être de raison en Chymie. L'expérience a parlé; on s'est rendu. Mais cette expérience même ne peut-elle pas être confidérée fous deux points de vue ? J'ai fur cet objet ôfé avoir une opinion à moi ; & j'en ai donné les motifs dans les généralités fur les Eaux gafeufes : c'eft au Lecteur à juger fi je fuis fondé. Il nous fuffira ici de rapporter les conclufions que nous avons adoptées. Le gas n'eft point un acide, mais un être fimple, un principe ; il précipite en terre calcaire la chaux de fa diffolution : l'acide gafeux, au contraire, eft un compofé ; il diffout la terre calcaire qu'il neutralife, à la manière à peu près de tous les acides ; il forme également des fels neutres avec la chaux, l'alkali cauftique & l'alkali non cauftique : c'eft l'explication que nous adoptons pour la plupart des Eaux Minérales où la terre eft en diffolution.

Les Eaux Minérales dans lefquelles il y a des terres tenues en diffolution par l'acide gafeux font effervefcence avec les acides ; elles verdiffent le firop de violette (1) ; ex-

(1) On a plufieurs fois obfervé que la teinture délicate de tournefol donne prife à l'acide gafeux, & non le firop de violette. M. Achard a remarqué que dans certaines Eaux gafeufes la teinture de tournefol s'eft rougie, tandis que le firop de violette s'eft coloré en verd. Ce Savant prouve par l'expérience que quand cela arrive, c'eft une terre abforbante qui agit fur le firop, & non de l'alkali. (Opufcules Phyfiq.)

pofées

posées au courant de l'air libre, à mesure que l'acide volatil se dégage & s'évapore, l'Eau se couvre d'une pellicule terreuse qui s'épaissit, prend de la pesenteur & se précipite ; la pellicule se forme plus vîte & se précipite plus promptement si l'on expose ces Eaux sur le feu. Ce précipité terreux des Eaux Minérales fait avec les acides une effervescence plus vive & plus marquée, que les terres qui n'ont point appartenu aux Eaux. On distingue cette terre de l'alkali, parce qu'elle est insoluble dans l'Eau, & des autres terres par sa solubilité plus grande dans les acides, sur-tout dans celui du vinaigre, par le moyen duquel on la sépare avec aisance & des terres martiales & des autres matières terreuses (1). Les raisons de tous ces phénomènes sont aisées à saisir ; nous ne nous y arrêterons pas.

Les Eaux Minérales dans lesquelles les terres doivent leur dissolution à leur état de simplicité, ne sont point gaseuses ; elles ont une saveur particulière qui approche de celle d'une Eau de chaux très-légère ; elles ne font point effervescence avec les acides ; elles verdissent également la teinture bleue des végétaux ; il se fait

(1) Méthode d'analyser les Eaux Minér. Traité des Eaux Minér.

aussi une pellicule terreuse qui se précipite (1).

Comme les Eaux Terreuses sont rarement pures, les propriétés des matières dominantes empêchent que l'on reconnoisse les terres autrement qu'en les précipitant, & par un examen ultérieur. On distingue la terre calcaire de la magnésie, parce qu'en les dissolvant dans l'acide vitriolique, on obtient de la sélénite avec la première, & du sel d'epsom avec la seconde. La terre martiale a aussi ses caractères à part. On peut d'ailleurs consulter sur ces objets les ouvrages de Chymie, & spécialement ceux qui traitent de l'analyse des Eaux.

Il suit de ce que nous avons dit, que la terre calcaire peut exister dans les Eaux minérales de trois manières : ou elle y est dans un simple état de division mécanique, & alors elle ne peut s'y trouver qu'en petite quantité ; ou elle y est dans un état de causticité ; ou sous la forme d'un sel neutre gaseux, soit que les Eaux soient spiritueuses, soit qu'elles ne le soient pas.

(1) La terre ne se précipite pas ici par le même méchanisme que dans les Eaux où la terre est tenue en dissolution par l'acide gaseux : d'un côté cela s'opère parce que la terre perd son dissolvant, l'acide gaseux ; de l'autre, parce que l'air fixe ambiant de l'atmosphère s'unit à la terre & lui ôte sa solubilité.

Si dans une analyſe quelconque on obſerve qu'il exiſte dans l'Eau une quantité aſſez conſidérable de terre, ſoit la magnéſie ou la terre calcaire, & qu'elle faſſe efferveſcence avec les acides, on eſt en droit de conclure qu'elle y eſt ſous la forme d'un ſel neutre gaſeux, quand même il n'y auroit dans l'Eau aucun indice de gas, puiſque les terres qui ſont efferveſcence ne ſont pas ſolubles dans une ſorte de proportion ſans intermède, & qu'avec d'autres acides elles forment ou de la ſélénite, ou du ſel déliqueſcens, ou du ſel d'epſom, ſuivant la nature des baſes & des acides.

Je ne connois point d'Eau minérale purement terreuſe; j'ai cependant quelques raiſons pour penſer qu'il en exiſte; mais j'attendrai pour les nommer que de nouvelles recherches ayent confirmé la choſe. Si les terres n'exiſtent guère ſeules dans les Eaux minérales, en recompenſe elles ſe trouvent preſque dans toutes, avec d'autres matières minéraliſantes. Nous avons obſervé, dans notre article des Eaux ſalines, que les terres ſe diſſolvent mieux & ſe ſoutiennent mieux dans les Eaux où il y a des ſels neutres que dans l'Eau pure (1).

---

(1) De la réunion de pluſieurs terres il en réſulte auſſi un tout plus diſſoluble dans l'eau, que ne ſont les

Je finirai par une reflexion ; c'est que loin de croire les terres des Eaux pour ainsi dire superflues & inutiles, comme on l'a pensé jusqu'à présent, nous estimons au contraire qu'il seroit très-intéressant pour la Médecine, que l'on fît des recherches sur les propriétés des sels terreo-gaseux, & que l'on en recueillît les observations.

---

terres prises séparément. C'est ordinairement une terre argilleuse & une terre calcaire qui contractent ensemble cette union, & que l'on trouve en cet état dans les Eaux. (Traité des Eaux Minér. pag. 354.)

EXEMPLES

D'EAUX MINÉRALES

ALKALINES ET TERREUSES.

EAUX DE SELTZ. Les Eaux de Seltz sont celles dont l'analyse a servi de base aux Mémoires de M. Venel. Cette analyse prouve que les matières fixes qui composent ces eaux sont du sel marin, un peu d'alkali minéral & de la terre absorbante; & le principe spiritueux une espece de sel aërien (l'air fixe) qu'il regarde comme le produit de l'effervescence qui s'est faite dans l'eau par la rencontre de l'alkali minéral & de l'acide marin, lors de la formation du sel gemme dont ces eaux sont impregnées : nous nous dispensons de rapporter ici les expériences sur lesquelles M. Venel a fondé son jugement (1); il nous suffit d'en avoir indiqué les résultats.

(1) Nous nous sommes déjà expliqué fort au long sur ce point dans nos généralités sur les Eaux gaseuses. On peut d'ailleurs consulter l'original même dans les Mém. des Sav. Etrang. Tom. II.

Deux gros de ſel de ſoude dans une pinte d'Eau commune, & la quantité néceſſaire d'acide marin pour le ſaturer, compoſent une Eau gaſeuſe artificielle, qui a ſervi de baſe & de preuve à la théorie que Venel s'eſt faite du principe conſtituant des Eaux ſpiritueuſes: cette Eau ainſi préparée, ſoutient toutes les épreuves des Eaux de ſeltz, ſix pouces cubiques d'air, &c. &c.

Hoffman, pour compoſer l'Eau minérale acidule artificielle, qu'il a donnée pour exemple & pour modèle, s'étoit ſervi de l'acide vitriolique & de l'alkali minéral (1): il n'y a, comme on le voit, de différence entre l'Eau acidulée de Venel & celle d'Hoffman, qu'en ce que celle-ci a le ſel de glauber pour matière fixe, & celle-là le ſel marin. Le principe éthéré dans l'une & dans l'autre eſt le même, & produit par le même méchaniſme.

M. de Fourcy, dans une analyſe qu'il a faite des Eaux de Seltz (2), leur rend l'alkali minéral dont Venel les avoit privées & la ſubſtance martiale que Boulduc y avoit découverte à l'excluſion du ſel marin, qu'on n'y trouve, eſt-il dit, qu'en très-

(1) Hoffman. *De aquis Medic. per artem parandis.*

(2) Inſérée dans l'Ouvrage de M. Rolin, intitulé *Parallele des Eaux Minerales.*

petite quantité. M. de Fourcy admet par chaque deux livres d'eau quarante à quarante-cinq grains d'alkali minéral, quinze à ſeize grains de ſel marin ſous les deux baſes, & deux grains de ſubſtance ferrugineuſe.

Si l'on juge des Eaux de Seltz par l'uſage habituel que l'on en fait dans le pays, on ſe perſuadera aiſément que, comme celles de Buſſang, elles contiennent aſſez peu de matières fixes. Une eau acidulée, (de la manière que nous l'avons indiqué dans nos généralités,) dans laquelle on aura mis quelques grains de ſel marin & d'alkali & un ſoupçon de terre ferrugineuſe, équivaut aux Eaux de Seltz & les remplacera parfaitement.

EAUX DE S^t. MYON. Les Eaux de S. Myon ſont aigrelettes & ont la ſaveur vive & piquante des Eaux gaſeuſes. Si l'on mêle du ſirop de violette dans ces Eaux, il ne change de couleur qu'au bout d'un certain tems; puis il prend par degrés la couleur verte en commençant à la ſuperficie de l'eau. Ces Eaux expoſées ſur le feu s'agittent, le gas ſe dégage & s'échappe, l'eau ſe couvre d'une pellicule de terre calcaire, qui ſe précipite enſuite juſqu'à ce qu'il n'y ait plus ou preſque plus de principe terreux en diſſolution. L'évaporation portée à ficcité, le résidu est une matière sèche, blanche & pulvérulente ; il pèse (par pinte d'eau) quarante-huit grains, dont trente-deux se sont dissous dans l'eau distillée : des seize grains insolubles dans l'eau, huit ont été dissous par le vinaigre distillé ; les huit autres n'étoient pas solubles dans les acides. Des recherches subséquentes faites sur ce résidu, ont prouvé à M. Costel que chaque pinte des Eaux de S. Myon contiennent 28 à 30 grains de sel marin, douze grains de terre absorbante, quatre grains de terre vitrifiable & beaucoup d'esprit éthéré (1).

Trente grains d'alkali minéral (2), quatre grains de sel gemme & douze grains de terre absorbante, mis dans une pinte d'eau à laquelle on donne du gas, jusqu'à ce que l'eau soit acidule, composent une Eau Minérale artificielle qui est la même que les Eaux de source de S. Myon.

EAUX DE BARD. Les Eaux de Bard sont éminemment alkalines & gaseuses. M. Mon-

---

(1) Cette analyse est insérée dans le Traité analytique des Eaux Minérales de M. Rolin.

(2) Nous observerons que quand on compose une Eau Minérale alkaline gaseuse, il faut toujours mettre le sel dans l'eau avant que de lui donner le gas : on en sent aisément la raison.

net (1), outre le principe fugitif, a obtenu de dix pintes de ces Eaux évaporées environ cinq gros de matière fixe, dont moitié est de l'alkali minéral, & l'autre moitié, partie terre absorbante & partie sélénite. Les Eaux de Bard sont acidules, vives & pétillantes; lorsqu'elles ont perdu leur esprit, elles se troublent bientôt; en cet état elles paroissent au goût sensiblement alkalines & très désagréables.

Cinq pintes de ces Eaux ayant été soumises à l'ébullition, il s'est fait un dépôt considérable: ce dépôt lavé & séché pésoit deux gros; ayant versé dessus de l'eau forte, il resta un bon tiers de la totalité sans se dissoudre; c'étoit de la sélénite, le reste étoit de la terre absorbante.

L'eau décantée paroissoit au goût & à l'odorat une véritable lessive alkaline; on la fit évaporer de nouveau; à mesure qu'elle approchoit de sa fin, elle prenoit un goût plus fort de lessive & se coloroit; il se fit encore un précipité qui n'étoit presqu'entiérement que de la sélénite.

L'eau évaporée à siccité il resta une matière saline jaunâtre qui n'étoit que de l'alkali minéral, mais dans un état singulier:

(1) Traité des Eaux Minérales.

de lixiviel (1) ; il pesa deux gros & demi.

Ces Eaux, dit M. Monnet, peuvent servir à donner une idée de toutes les Eaux Minérales de l'Auvergne ; elles sont toutes plus ou moins alkalines.

Un scrupule d'alkali, quinze grains de terre absorbante & huit à dix grains de sélénite dans une pinte d'eau que l'on charge ensuite de gas, jusqu'à l'aciduler, composent une Eau Minérale alkaline gaseuse artificielle absolument semblable aux Eaux de Bard : comme la sélénite est au moins inutile, on pourroit la supprimer.

EAUX DE LANGEAC. Les Eaux de Langeac, analysées par M. Costel (2), donnent un fluide élastique très-abondant ; elles colorent en vin rouge avec la noix de galles ; le sirop de violette ne verdit qu'à la longue & insensiblement, en commençant par la surface ; le fluide élastique dissipé, les acides font encore effervescence. Par l'évaporation il se fait une pellicule terreuse à la surface ; poussée à siccité, on obtient par chaque pinte d'eau trente-quatre grains

---

(1) Dans la saturation de cet alkali, observe notre Auteur, il se produit une si grande quantité de gas qu'il n'est pas possible de porter le nez dessus, sans en être fortement frappé.

(2) Traité analytiq. des Eaux Minér.

de matière fixe, douze grains de matière alkaline & jaune dans un état ſavoneux, autant de terre abſorbante, deux grains de terre argilleuſe & quelques grains de terre inſoluble dans les acides.

Avec douze grains d'alkali fixe, autant de terre abſorbante & deux grains d'argille dans une pinte d'eau que l'on charge d'une quantité de gas ſuffiſante pour l'aciduler, on ſe procure une Eau gaſeuſe artificielle qui vaut celle de Langeac.

EAUX DE CHATELDON. M. Desbreſt, Médecin de Cuſſet, nous a donné une analyſe très bien faite des Eaux de Chateldon (1). On y compte deux ſources, & toutes les deux ſont gaſeuſes La ſource des Vignes, outre l'eſprit éthéré, contient par pinte d'eau dix-huit grains de matière fixe, ſavoir douze grains de terre calcaire, quatre ou cinq grains d'alkali minéral & un peu de terre martiale : la ſource dite la Montagne, eſt un peu plus forte ; elle donne ſix grains par pinte de matière fixe de plus que celle des Vignes, ſavoir ſix grains de terre calcaire colorée par un peu de terre martiale, & ſix grains d'alkali ou natrum. M. Sage a auſſi analyſé ces Eaux,

(1) Traité analytiq. des Eaux Minérales.

& y a obſervé les mêmes principes que M. Desbreſt.

M. de Fourcy admet également dans ces Eaux de l'alkali & de la terre ; mais la terre, ſelon lui, eſt partie magnéſie, partie terre calcaire & partie terre martiale ; il a auſſi découvert un peu de ſel marin : vingt-deux grains de matière pour le tout, ſavoir trois grains de terre abſorbante de la nature de la magnéſie, quatre grains de terre calcaire, quatre grains d'alkali minéral, ſel marin quatre grains, & deux grains de terre martiale, tenus en diſſolution dans l'eau par un eſprit éthéré, dont elle eſt richement pourvue (1).

EAUX DE MEDAGUE. Les Eaux de Medague (analyſées par M. Chappel, Apothicaire de Clermont-Ferrand) ſont très-gaſeuſes : dix pintes de ces Eaux évaporées donnent ſept gros & ſeize grains de matière terreuſe ſaline, ſavoir cinq gros & demi d'alkali minéral mêlé d'un peu de ſel marin, & le reſte de la terre abſorbante mêlée d'un ſoupçon de terre martiale.

EAUX DE MONT-BRISSON. Les Eaux de Mont-Briſſon ont été analyſées par M. Richard de la Plade. Ces Eaux ſont acidules

(1) Voyez cette analyſe inſérée dans le Recueil de M. Rolin, ſous le titre de *Parallele des Eaux Minérales.*

& charient de l'alkali minéral & de la terre absorbante : quarante livres de ces Eaux ont donné cinq gros & huit grains de terre, & cinq gros & demi d'alkali (1).

EAUX DE SAIL. Les Eaux de Sail ont été analysées par le même Auteur. Outre l'esprit très-abondant, ces Eaux contiennent par pinte d'eau environ trente grains d'alkali minéral, une quinzaine de grains de terre absorbante, & un grain de terre martiale (2).

EAUX DE S. GALMIER. Les Eaux de S. Galmier sont aussi très-spiritueuses, & donnent pour trente livres d'eau, selon le même Auteur, trois gros & demi de terre absorbante, cinquante-cinq grains de sel séléniteux & un peu d'alkali végétal, deux grains par pinte (3).

EAUX DE SULTMACK. Les Eaux de Sultmack en Allemagne, outre le gas, ont un principe savoneux de l'alkali & de la terre calcaire. Vendres, dans le Diocèse de Béziers, fournit aussi des Eaux savoneuses acidules (4).

EAUX DE VALS. Il y a cinq sources d'Eau

---

(1) Traité analyt. Tom. II.
(2) Ibidem.
(3) Ibidem.
(4) Voyez notre article des Eaux savoneuses.

Minérale à Vals (1) ; quatre de ces sources ne different que du plus au moins ; la cinquième est vitriolique & appartient à la classe des Eaux martiales.

La source dite la Marie est acidule, vive & pétillante ; elle contient environ un demi gros d'alkali par pinte d'eau & elle donne l'indice d'un tant soit peu de fer.

La Marquise est également froide & limpide, mais plutôt salée qu'acidule au goût ; le résidu des Eaux de cette source est aussi de l'alkali, mais il est en plus grande quantité : on en obtient près d'un gros par pinte ; c'est celle dont on fait le plus d'usage.

L'Eau de la Saint Jean semble au goût plus salée & moins acidule, & on trouve sur les rochers des environs du sel cristallisé ; c'est de l'alkali.

La Camuse a plus de salure encore & n'a nulle acidité, & elle donne signe d'un peu plus de fer que les autres.

La Dominique a un goût tout particulier qui n'a rien d'acidule : nous nous en occuperons quand nous donnerons l'analyse des Eaux martiales vitrioliques gaseuses.

Si l'on veut bien faire attention à la manière dont la Nature a distribué les principes minéralisans dans les Eaux de Vals, on

(1) Traité analyt. des Eaux Minérales.

ne pourra méconnoître que le plus ou le moins d'acide gazeux forme toute la différence qui existe entre les Eaux alkalines gaseuses & les Eaux alkalines non gaseuses. La Marie a un goût acidule très-décidé, & la Marquise a un goût mi-salé & mi-acidule ; la S. Jean a encore moins d'acidité, il faut de l'attention pour s'en appercevoir, & le goût salé perce à mesure que l'acidule s'efface ; la Camuse a le goût plus salé que toutes les autres, & n'a décidément rien d'acidule. Si, dans cette graduation dans les goûts de ces Eaux, l'on fait attention à celle des doses de l'alkali qui les minéralise, on verra que la quantité en est moindre dans la première source, que dans les autres ; la Marie n'en donne en effet guères qu'un demi gros par pinte ; tandis que dans la Marquise, la S. Jean & la Camuse on en retire jusqu'à un gros & plus.

Il suit de ces observations, que la Nature ne fournissant qu'une certaine quantité de gas, il y a des sources où il est totalement ou presque totalement absorbé, combiné, neutralisé avec l'alkali ; tandis que dans les autres, outre la neutralisation de l'alkali, il reste encore assez de gas pour rendre l'eau spiritueuse : ensorte que l'acide gaseux dans les Eaux de Vals est absorbé &

neutralisé en tout ou en partie, selon la quantité de la base alkaline qui s'y rencontre.

Maintenant que nous avons parcouru la classe des Eaux alkalines, l'on est à même de décider que, à quelques nuances près, elles se ressemblent presque toutes. Il suit en effet des observations & des réflexions auxquelles les analyses que nous venons de rapporter donnent lieu, que sans avoir égard aux noms & aux lieux des sources des Eaux de cette classe, on pourroit s'en procurer d'artificielles qui les remplaceroient toutes. En effet, sans peser & calculer les principes de telles ou telles Eaux & sans s'appesantir sur des détails minutieux & de peu de valeur, on pourroit en composer un certain nombre qui équivaudroient à toutes; l'une seroit très-spiritueuse, l'autre le seroit moins, une troisième ne le seroit pas du tout; celle-ci seroit très-alkaline, celle-là le seroit moins; dans les unes on mettroit l'alkali minéral, dans les autres l'alkali végétal. En faisant le même emploi & la même distribution des terres, soit la magnésie, soit la terre calcaire, soit la terre martiale, on pourroit se procurer des Eaux gaseuses artificielles capables de suppléer, dans tous les cas, à la classe plus que nombreuse des Eaux alkalines & terreuses.

DES EAUX

FERRUGINEUSES.

Il n'y a point d'Eaux Minérales si communes, que celles dont nous allons nous occuper ; il y a peu de provinces qui n'en produisent nombre d'exemples, & il y a peu de remèdes aussi généralement efficaces.

Les Eaux ferrugineuses ont été examinées & analysées beaucoup de fois avec le plus grand soin, & par les plus habiles Artistes. Les Eaux ne se ressemblent pas toutes, elles diffèrent à raison du plus ou moins de fer qu'elles tiennent en dissolution, de la quantité & de la qualité des matières qui l'accompagnent, ou qui lui servent d'intermèdes. Beaucoup charient de la terre absorbante, quelques-unes de l'alkali, presque toutes différents sels qui les aiguisent & les rendent plus actives.

M. Monnet distingue deux classes d'Eaux ferrugineuses (1) ; celles de la première montrent le fer dans un état simple de dis-

(1) Traité des Eaux Minérales.

ſolution, ſans intermède quelconque. Les Eaux ferrugineuſes de la ſeconde claſſe ſont celles dans leſquelles le fer exiſte ſous forme ſaline ; il y doit ſa diſſolution à un acide que l'on avoit toujours cru être celui du vitriol, ce qui leur a valu le nom qu'elles conſervent encore d'Eaux martiales vitrioliques.

On a toujours cru la claſſe des Eaux vitrioliques très-étendue ; on ne penſoit pas même que le fer pût exiſter dans les eaux ſans l'intermède de cet acide : aujourd'hui on penſe tout le contraire ; on les dit auſſi rares qu'on les croyoit communes : la nouvelle théorie des Chymiſtes ſur l'air fixe nous a fait connoître le moyen le plus général qu'emploie la Nature pour la confection des Eaux minérales ferrugineuſes.

N'y auroit-il pas auſſi quelqu'autres matières, ſimples ou compoſées, qui ayant priſe ſur le fer, le rendroient ſoluble ? M. Monnet a découvert que pluſieurs ſels ont la propriété de diſſoudre le fer, & de s'en charger juſqu'à un certain point, le ſel d'epſom, le ſel végétal, le ſel de ſeignette, &c. &c. (1).

(1) Voyez les expériences que M. Monnet a tentées à ce ſujet, dans ſon Traité des Eaux Minér. Mém. ſur la propriété qu'a le vitriol de Mars d'entrer dans la for-

DES EAUX MARTIALES

NON SALINES.

COMME on croyoit vitrioliques toutes les Eaux martiales, on n'étoit point arrêté pour se rendre raison de la manière dont le fer se comporte dans les eaux, & les Chymistes se tiroient de presse par de fausses conjectures quand on les questionnoit sur les précipités de fer si faciles & si communs dans certaines eaux, & sur l'existence du vitriol dans d'autres, où se trouve en même tems de la terre absorbante ou de l'alkali. M. Monnet s'est occupé de ces objets dans son Traité des Eaux Minérales, & il a établi une nouvelle classe d'Eaux ferrugineuses, celle qui va nous occuper.

M. Monnet pense que le fer est soluble dans l'eau sans intermède, à la manière des sels. Sa cohérence aux molécules aqueuses qui le tiennent dissous est, il est vrai, si legère & si foible, que la chaleur, le tems ou l'air le précipitent aisément. Ces Eaux perdent presqu'aussi volontiers leur fer,

mation de quelques sels, aussi dans son Traité de la dissol. des Métaux, pag. 85, 88 & suiv.

que les Eaux gaseuses leur principe fugitif; il faut des précautions pour les unes comme pour les autres : ces Eaux sont essentiellement froides, & sont les seules dont on puisse en dire autant.

M. Monnet prouve son assertion par l'expérience, & trouve que l'Eau minérale artificielle qu'il se procure, en faisant dissoudre du fer dans de l'eau pure, ressemble à la plupart des Eaux ferrugineuses de source.

M. Monnet observe que le fer le plus parfait, celui qui a tout son phlogistique, se soutient mieux & plus long tems dans l'eau, mais qu'il a un peu plus de peine à s'y dissoudre : il suit de cette observation que l'æthiops de l'émery est préférable à l'æthiops fait à l'air ou à la rosée, pour faire une Eau martiale artificielle, quoique ces æthiops faits à l'air ou à la rosée se dissolvent plus aisément.

Le procédé de l'émeri prouve que dans les deux autres manières de faire l'æthiops, c'est l'air, ou quelque matière dans l'air, qui enlève & s'empare du phlogistique du fer. Il faut donc, pour avoir le fer dans toute son intégrité, le dissoudre dans l'eau même, de façon qu'il n'y ait aucune communication avec l'air. Une autre remarque importante à faire, c'est que la chaleur est un obstacle à la dissolution du fer dans l'eau

& qu'elle est capable de le précipiter quand il y est dissout (1). Il est donc essentiel, pour avoir une Eau martiale artificielle aussi bonne qu'elle puisse l'être, que le fer soit noyé dans l'eau, dans un vase bien bouché, & que l'eau soit dans un endroit frais. La dissolution faite, il faut, pour les mêmes raisons, garder cette Eau ferrugineuse artificielle dans des vases bouchés & dans un endroit frais. On prend, par exemple, de la limaille de fer neuve, bien fine & qui présente à l'eau le plus de surface possible, on la jette dans une cruche pleine d'eau que l'on bouche bien, on la met au frais & on l'agite de tems en tems, & bientôt, c'est à-dire dans deux fois vingt-quatre heures, on a une Eau ferrugineuse. Le fer est dans une dissolution parfaite, sans rien perdre de ses principes.

M. Monnet évalue à un grain au plus par pinte la quantité de fer que les Eaux martiales non salines contiennent; il y a même beaucoup d'eaux qui n'en donnent qu'un demi, qu'un quart de grain. Ce qui avoit empêché de déterminer cette quantité précise du fer dans les eaux, étoit la

(1) Voyez la manière dont M. Monnet explique ce phénomène, Traité des Eaux Minér. Nous ne nous arrêtons qu'aux faits.

difficulté de le séparer de la terre absorbante & de la sélénite avec lesquelles il est si souvent mêlé, parce qu'on ignoroit la méthode de l'en séparer (1).

On ne peut nier que le fer soit soluble dans l'eau, l'expérience le prouve démonstrativement : mais quelques partisans de l'air fixe pensent que l'eau n'attaque le fer qu'en raison du gas qu'elle contient ; & on trouve dans les expériences intéressantes que vient de publier M. Fontana, dans sa Lettre adressée à M. Priestley, de quoi fortifier cette opinion (2). Cependant on fait dissoudre du fer dans de l'eau distillée, & même cette eau offre, à l'essai de la noix de galles, une couleur différente de celle de la dissolution de fer dans de l'eau de rivière (3). Nous ne prétendons pas pour cela avancer que les Eaux ferrugineuses de source où le fer existe sans intermède soit communes ; au contraire, nous les croyons rares, 1°. parce que les Eaux de sources contiennent le plus souvent une dose de fer plus considérable que celle que l'art peut préparer avec du fer pur & de l'eau ; 2°. parce que le mars des Eaux est plus souvent

(1) Voyez la méth. d'anal.... Aussi la Théorie de l'Auteur, dans son Traité des Eaux Minér.

(2) Journal de Physique, Mai 1779.

(3) Voyez notre art. des Eaux vitriol.

une terre ferrugineuſe, qu'un fer auſſi parfait, auſſi phlogiſtiqué qu'il puiſſe l'être ; 3°. parce que l'air fixe qui ſe trouve dans l'eau la plus commune (a une doſe déterminée dans les expériences citées de M. Fontana) coopère à la diſſolution du fer ; 4°. & enfin parce que la Théorie que nous donnerons des Eaux martiales, même celles qui ne paroiſſent & ne ſont nullement ſpiritueuſes, nous paroît plus naturelle & plus conforme à ce qui ſe paſſe dans les Eaux ferrugineuſes d'uſage.

DES EAUX MARTIALES

VITRIOLIQUES.

RIEN de plus ſimple en apparence que la Théorie des Eaux martiales vitrioliques. Cependant cette partie de l'Hiſtoire Naturelle a mérité l'attention & les recherches de ceux qui ſont les plus exercés dans ce genre de travail : M. Monnet a prouvé que dans le ſiècle brillant de la Phyſique & de la Chymie, cette matière ſi ſimple en apparence étoit encore un cahos à débrouiller (1).

---

(1) Traité des Eaux Minér.

Il y a dans le ſein de la terre beaucoup de pyrites; il y en a preſque partout, & ce ſont elles qui, quand elles ſont tombées en efflorescence, minéraliſent l'eau qui en paſſant les leſſive (1); c'eſt au moins l'origine la plus ordinaire des Eaux qui compoſent cette claſſe.

Les Eaux martiales vitrioliques ne ſont cependant pas auſſi communes qu'on pourroit d'abord ſe l'imaginer : la facilité avec laquelle le vitriol ſe décompoſe, & la fréquence des matières terreuſes ou alkalines qui ont tant de droits à ſa décompoſition en ſont cauſe; enſorte que non-ſeulement l'alkali & la terre abſorbante, mais le tems ſeul, la chaleur même ſuffiſent pour faire perdre à l'eau le ſel martial qui la minéraliſe.

Malgré l'excluſion que donnent ces précipitans au vitriol martial dans les eaux qui les charient, l'analyſe ſemble cependant nous montrer des eaux dans leſquelles ces matières ſe trouvent de ſociété. Comment donc cela ſe fait-il? comment le vitriol peut-il éluder la décompoſition qu'il devroit naturellement ſubir?

Hoffman & Boulduc avoient ſenti la

(2) Les pyrites ne donnent point de vitriol & ne ſont pas ſolubles ſi elles n'ont pas ſubi l'efflorescence.

difficulté ; mais ils l'ont franchie par des explications hazardées & fautives : il faut avouer que la ſolution d'un pareil problème n'eſt point facile.

La difficulté, l'impoſſibilité même de ſéparer le vitriol de certains ſels dans l'analyſe des Eaux dont nous nous occupons, a fait ſoupçonner à M. Monnet qu'il pourroit bien y avoir entre ces ſels & le vitriol une convenance telle que les deux en s'uniſſant, ne fiſſent plus qu'un composé unique capable de ſoutenir contre les épreuves qui tendent à les obtenir ſéparément ; qu'il ſe pourroit auſſi que ce fût à cette combinaiſon ſaline que le vitriol doit dans ces Eaux la propriété ſingulière qu'il a de réſiſter aux atteintes de la terre abſorbante ou de l'alkali, ſi propres cependant à le décompoſer. Il s'agiſſoit d'appeller l'expérience à l'appui de cette opinion, afin de lui donner ſanction ou de l'abandonner. Les tentatives répetées que M. Monnet a faites à ce ſujet, n'ont ſervi qu'à le fortifier dans l'idée qu'il s'étoit formée de cette manière d'être du vitriol dans les Eaux (1). Il réſulte des expériences de cet infatigable

(1) Mém. ſur la propriété qu'a le vitriol de Mars d'entrer dans la formation de quelques ſels. Traité des Eaux Minér.

Chymiſte, 1°. que le ſel d'epſom & le vitriol s'uniſſent & ſe combinent enſemble avec la plus grande facilité ; 2°. que le vitriol martial a la propriété très-étendue de s'unir, de ſe combiner, même de ſe criſtalliſer avec d'autres ſels en des formes régulières, ſuivant les proportions où il entre ; 3°. que c'eſt l'union du vitriol parfait avec le ſel d'epſom qui a formé tout le difficile dans l'analyſe des Eaux Minérales vitrioliques ; cette matière ayant toujours été pour ceux qui avoient entrepris l'analyſe des Eaux, une énigme inexplicable (1).

Cette Théorie paroît ſi ſimple, ſi naturelle, qu'elle ſemble ne rien laiſſer à deſirer. J'ai, à la manière de M. Monnet, combiné différens ſels avec le vitriol, dont j'ai obtenu également des ſels ſurcompoſés & diverſement criſtalliſés, ſuivant la nature des ſels que j'employois & les proportions dans les mélanges : j'ai même obtenu ſans peine un ſel compoſé de vitriol & d'alun, quoique M. Monnet lui donne l'excluſion (2). Mais j'avoue à regret que de quelle manière que je m'y ſois pris, j'ai

(1) Ibidem. Analyſe des Eaux de Paſſy.

(2) Parlant du ſel de glauber avec lequel le vitriol ne ſe combine pas, « mes tentatives ont été encore plus infructueuſes avec l'alun ». (ibid. pag. [illegible]).

toujours vu ces ſels vitrioliques ſurcompoſés ſe décompoſer, ou à peu de choſe près, comme le vitriol ſimple, par la préſence de la terre abſorbante. J'ai longtems cru qu'il y avoit de ma faute, & cela m'a engagé à des expériences multipliées (1).

---

(1) Ces tentatives m'ont donné lieu d'obſerver que la noix de galles fait prendre aux Eaux martiales une couleur déterminée, ſuivant la manière d'être du fer dans ces Eaux ; enſorte que l'on pourroit juger de la nature du fer par celle de la couleur que la noix de galles fait prendre à l'eau : c'eſt au moins la conſéquence qui ſemble naître de l'obſervation.

1°. L'eau diſtillée dans laquelle on a fait diſſoudre de la limaille de fer ſans intermede, prend conſtamment la couleur roſe par l'addition de la noix de galles.

2°. Si au lieu d'eau diſtillée on s'eſt ſervi d'eau de la Seine, elle prend la couleur opale du plus bel œil. La couleur eſt plus lente à ſe former dans cette expérience que dans la précédente.

3°. L'eau de la Seine dans laquelle on a fait diſſoudre du vitriol de Mars (ou tout autre ſel martial) ſe colore en violet, ſi l'on fait l'eſſai avant que l'eau ſe ſoit troublée, & en rouge vineux, ſi l'on attend qu'elle ſe ſoit éclaircie (1). Si l'on mêle la noix de galles tandis que l'eau eſt encore trouble, elle prend la couleur pourpre.

4°. Dans la même expérience faite avec l'eau diſtillée au lieu d'eau de la Seine, la couleur que donne

(1) On ſait que le vitriol ſe diſſout aiſément dans l'eau ; mais bientôt il ſe décompoſe, l'eau devient jaune, & il faut à peu près vingt-quatre heures pour qu'elle s'éclairciſſe.

Quelques détails mettront le Lecteur à même de juger si je suis fondé à jetter du

---

la noix de galles est violette après que l'eau s'est éclaircie comme avant qu'elle se soit troublée; seulement la couleur, après que l'eau a déposé, est plus lente à se former.

5°. Si après avoir mis dans de l'eau de la Seine du vitriol martial ce qu'il en faut pour que la terre craieuse soit saturée, l'on remet du vitriol une seconde fois: cette eau se colore alors, & continue toujours de se colorer en violet.

6°. Si l'on sature la terre de l'eau de la Seine avec un acide & que l'on y ajoute du vitriol, elle se colore en violet comme dans l'expérience précédente.

7°. De l'eau de la Seine (1) versée dans l'eau de l'expérience, n°. 1, colorée par la noix de galles, ne change rien à la couleur rose existante, seulement elle l'affoiblit: elle ne change rien non plus à la couleur opale de l'expérience n°. 2.

8°. L'eau de la Seine versée dans une dissolution de vitriol colorée en violet par la noix de galles, augmente l'intansité de la couleur, laquelle devient dans l'instant même d'un bleu ardoisé, même noirâtre.

9°. L'eau de la Seine versée sur une dissolution de vitriol colorée en rouge vineux, ne la change point,

(1) La noix de galles colore en brun les Eaux de Passy, & la coloration ne se fait que lentement; mais si l'on y verse de l'eau de la Seine, elle se colore sur le champ & prend la couleur la plus foncée. C'est à M. le Veillard, propriétaire de ces Eaux, à qui l'on doit cette observation: il présuma que cet effet étoit dû à la terre craieuse de l'eau de la Seine; M. Macquer obtint les mêmes effets avec de l'eau dans laquelle il avoit mis de la terre absorbante, ou de l'alkali.

doute sur la Théorie que nous a donnée M. Monnet, de l'état du fer dans les Eaux martiales vitrioliques.

---

seulement elle paroît plus nette, plus décidée, puis elle s'affoiblit à mesure que l'on y ajoute de l'eau.

Enfin nous avons observé que l'eau de la Seine versée sur les dissolutions de vitriol dans l'eau, colorées par la noix de galles, a toujours augmenté d'intensité les couleurs violettes; mais qu'elle n'a pas occasionné le même effet sur les teintes vineuses, roses & opale.

Il me semble que des différentes expériences dont je viens de rendre compte, on peut tirer les conséquences suivantes; 1°. que la variété dans les couleurs indique une manière d'être du fer, qui n'est pas la même dans l'eau qui se teint en rouge vineux & dans celle qui se colore en violet, &c; 2°. que si l'eau que l'on essaye prend la couleur opale, on est en droit de penser que le fer y est dans un état de simple dissolution sans intermède, mais que l'eau n'est pas très-pure; 3°. que si la couleur est rose elle indique une dissolution de fer aussi sans intermède, mais dans une eau très-pure; 4°. que si elle colore en violet (bleu, bleu ardoisé. bleu noirâtre) le fer y est sous forme saline; 5°. que si la couleur est vineuse, ce n'est ni du vitriol, ni du fer pur qui est en dissolution dans l'eau; mais à notre avis, un précipité soluble d'un sel martial (1); solubilité qui lui vient probablement du gas qui se dégage; 6°. que la couleur hépatique indique qu'il existe

(1) Le précipité de vitriol par l'alkali fixe, est de la nature du vitriol à eaux meres; il est gras, savoneux & les lavages répétés ne peuvent lui enlever son gluteux; il est en partie soluble & communique la couleur vineuse à l'eau dans laquelle il est en dissolution, si l'on y mêle de la noix de galles. Il est

Au lieu du simple mélange des deux sels

en dissolution dans l'eau & du sel martial & du précipité soluble ; 7°. que plus la couleur violette est lente à se former, plus le sel martial est parfait & dans l'état le moins disposé à la décomposition : de même plus les couleurs rose & opale sont tardives à se former, plus le fer y est parfait, c'est-à-dire, avec le plus de phlogistique possible. La couleur vineuse paroît toujours aussi-tôt ou presqu'aussitôt que l'on mêle la noix de galles (1) ; 8°. enfin que plus la couleur, quelle qu'elle soit, est foncée, plus il y a de mars en dissolution.

En deux mots, toutes les fois que j'ai essayé un sel martial quelconque (soit le vitriol, soit le sel martial marin, soit le tartre martial soluble, ou les sels surcomposés selon la méthode de M. Monnet), tous ont donné constamment & dans tous les cas la même couleur, violette (plus ou moins foncée) quand il ne s'est point opéré de décomposition, & vineuse après la décomposition, &c, &c (2).

utile de remarquer que le précipité du vitriol fait par la terre absorbante, approche plus des saffrans que celui qui a été fait par l'alkali fixe, qu'il n'est point gras, visqueux, ni soluble. Qu'est-ce qui donne lieu au développement de l'argille dans le précipité par l'alkali ? Nous l'ignorons absolument, mais nous rapporterons plus loin une expérience qui prouve que la terre martiale est en grande partie argilleuse, puisqu'avec de l'acide vitriolique nous en avons tiré de l'alun.

(1) La couleur vineuse paroît ne différer de la couleur rose que par l'intensité : on pourroit donc les confondre quelquefois, si l'on n'avoit un signe distinctif. Le voici : la couleur vineuse paroît sur le champ, ou presqu'aussitôt qu'on mêle la noix de galles dans la dissolution ferrugineuse : la couleur rose exige un certain tems, même plusieurs heures avant que de se montrer.

(2) Pour plus de précision, je ne rapporte pas plusieurs expériences qui viennent à l'appui des mêmes conséquences.

(le vitriol & le ſel d'epſom) quoique réunis par la diſſolution & la criſtalliſation, j'ai pris de la limaille de fer neuve & bien fine, & de la magnéſie, dans les proportions indiquées (de trois à huit) par M. Monnet; je les ſaturai avec ſ. q. d'acide étendu d'eau; la diſſolution faite, j'en fis la leſſive. Après avoir filtré & évaporé, j'obtins des criſtaux d'un gris verdâtre, plus légers & plus ſolubles que le vitriol: quatre grains de cette matière ſaline dans deux livres d'eau de la Seine, ſe ſont diſſouts à la manière du vitriol. Avant que l'eau ſe trouble elle a un goût de fer marqué, elle pince un peu la gorge, le palais & la langue (propriété inhérente au vitriol), elle prend la couleur violet foncé par le mélange de la noix de galles, & verdit le ſirop de violette; mais après que l'eau s'eſt éclaircie, elle n'a plus le goût de fer, elle ne ſe colore ni avec la noix de galles, ni avec le ſirop violat, & on obſerve un dépôt abondant de matière floconeuſe, légère & très-jaune. La couleur & la légéreté de cette matière ſaline, ſa ſolubilité plus grande, ſon paſſage par le filtre & la forme de ſes criſtaux, prouvent cependant d'une manière inconteſtable, que la magnéſie, le fer & l'acide forment un ſel unique ſurcompoſé ſelon le procédé de ſon Auteur.

J'obſerverai cependant que la diſſolution de ce ſel martial ſurcompoſé ſe colore plus longtems en violet par la noix de galles, qu'une ſimple diſſolution de vitriol, & que quand elle prend la teinte vineuſe, bientôt elle ne ſe colore plus du tout.

Au lieu d'une ſimple diſſolution, j'ai mis les matières en digeſtions; j'ai changé ici les propo tions: j'ai pris de la limaille & de la magnéſie à parties égales, & j'ai verſé ſur ces matières ſ. q. d'acide vitriolique pour les diſſoudre (1); après huit jours de digeſtion, j'ai leſſivé ce compoſé, j'ai filtré & évaporé juſqu'à ſiccité. Il s'eſt formé des maſſes ſalines applaties, dures & friables, ayant la couleur, la forme & l'apparence de la pierre à cautère ou peu s'en faut. Ce ſel ſe diſſout plus promptement dans l'eau que le vitriol, & la jaunit moins; la noix de galles lui donne une couleur violette, ſi foncée qu'elle en eſt noire; le ſirop violat verdit ſur le champ; & le goût martial en eſt très ſenſible, ſans avoir le mordant du vitriol. Il réſulte de cet eſſai que ce ſel ſurcompoſé eſt plus ſoluble, plus doux que le vitriol, & qu'il

(1) Une once de limaille de fer, autant de magnéſie & deux gros d'acide vitriolique, m'ont donné plus de ſix gros de matière ſaline criſtalliſée.

a des propriétés qui résultent & du sel d'epsom & du vitriol; mais malgré ces avantages, il ne peut soutenir la présence de la terre absorbante sans se décomposer, car ayant mis dix grains de cette matière saline dans une pinte d'eau de la Seine, je pensois au moins qu'après la saturation de la terre crayeuse de cette eau, il resteroit encore assez de notre sel exempt de la décomposition pour faire une eau factice ; mais après que l'eau a été éclaircie, l'ayant essayée avec la noix de galles, elle n'a pas donné le moindre signe de la présence du mars.

J'ai pris deux gros de précipité de vitriol (fait par l'alkali fixe), & une once de sel d'epsom : je les ai bien mêlés par la trituration en les humectant avec de l'eau ; j'en ai fait une espèce de bouillie claire que j'ai mise en digestion pendant deux heures & demie au bain de sable, puis j'ai lessivé & filtré. Presque tout a passé par le filtre, & j'ai obtenu par l'évaporation des crystaux très solubles. Ayant mis deux grains de cette matière saline dans deux livres d'eau de la Seine, la dissolution s'en est faite sur le champ. Cette eau factice fait peu de dépot ; elle a un goût ferrugineux douceâtre, & analogue à celui des Eaux de Passy ; elle est comme elle lente à se colorer par la noix de galles ; elle verdit légèrement le syrop de violette : je n'ai rien trouvé qui approchât davantage de ce que je cherchois ; encore ce sel est-il sujet à la décomposition.

Je ne suivrai pas plus loin le détail des expériences que j'ai faites pour lutter contre le pouvoir des précipitans. Quelle tentative que j'aye faite, je le répète, je n'ai jamais pu y réussir : j'observerai seulement que les sels vitrioliques surcomposés, se soutiennent un peu mieux dans l'eau, & que la manière dont M. Monnet a envisagé la chose, peut conduire à des découvertes utiles. Nous allons proposer quelques autres expériences, elles ne nous écarteront pas de notre sujet.

J'ai mêlé & trituré ensemble, avec un peu d'eau, un gros de vitriol martial & six gros de terre absorbante ; j'ai mis ce mélange en digestion sur le feu pendant un quart-d'heure seulement : cette matière lavée, filtrée & évaporée, j'ai obtenu à peu près un demi gros d'une substance saline. J'en ai mis deux grains dans une pinte d'eau de la Seine ; j'ai trouvé à cette eau un goût d'encre douceâtre, un moëlleux que je n'avois pas encore rencontré & une odeur de fer très-décidée.

Le même mélange fait à froid, sans le

ſecours de la digeſtion & diſſout dans l'eau, lui donne un goût de fer aſſez moëlleux & qui n'a pas le mordant du vitriol ; il ſe diſſout promptement, & l'eau ſe colore ſur le champ en violet par l'addition de la noix de galles.

J'ai mis, dans une aſſiette vernissée, & délayé avec ſuffiſante quantité d'eau pour en faire une ſorte de bouillie, de la limaille de fer neuve & de l'alun en poudre, de chacun une once ; il s'eſt fait un travail ſpontané, une ſorte de fermentation qui a duré plus de quinze jours ; j'avois ſoin d'humecter de tems à autres ce mélange, à meſure que la maſſe ſe deſſéchoit. Il s'eſt formé dans le pourtour de ces ſubſtances en fermentation, des criſtaux d'un gris ſale & verdâtre ; & à meſure que j'enlevois de ce ſel vitriolique, il s'en reformoit d'autre.

J'ai fait diſſoudre quelques grains de ce ſel brut dans une pinte d'eau : tout ſe paſſe à peu près de même que quand on y diſſout du vitriol ordinaire, avec cette différence cependant que le goût en eſt plus douceâtre & plus moëlleux, & qu'il a quelque choſe d'auſtère & d'aſtringent. Cette Eau martiale artificielle ſe colore en brun foncé par l'addition de la noix de galles.

J'ai aussi mêlé de la terre glaise en poudre & du vitriol martial avec suffisante quantité d'eau pour en faire une pâte liquide, que j'ai abandonnée quelque tems à l'air libre ; il s'est effleuri dans le pourtour de l'assiette où j'avois fait ce mélange des cristaux légers d'un sel blanc & soyeux très-beau ; mais au bout de vingt-quatre heures, les cristaux, en continuant de se former, se salissent & prennent une teinte légérement verdâtre.

Le premier de ces sels dissous dans l'eau ne la colore nullement par l'addition de la noix de galles ; mais le second lui donne la couleur violet-foncée ; l'eau a un goût ferrugineux douceâtre, & non le mordant du vitriol : c'est un sel d'abord purement alumineux, qui devient ensuite ferrugineux. On sait combien aisément le vitriol se décompose de lui même dans l'eau & à l'air humide ; ici l'air en se chargeant de l'acide vitriolique libre, le promène sur la surface du mélange où il accroche les molécules argilleuses humides, d'où résulte le beau sel blanc alumineux qui se forme d'abord & se dépose sur les bords de l'assiette qui le retiennent : le plus subtil de la terre enlevé, l'acide accroche ensuite les parties ferrugineuses qu'il avoit abandonnées, & forme le second sel. Peut-être aussi qu'outre la décompoſition ſpontanée, il s'opère une décompoſition méchanique ſelon les loix des affinités. On lit dans un Diſcours très-bien fait de M. d'Arcet, Profeſſeur de Chymie au College Royal, quelque choſe de relatif à ce que nous venons d'expoſer (1). « La pierre ſckiteuſe eſt la plus expoſée à » l'alternative de l'eau & de l'air, par con-» ſéquent à la décompoſition : décompoſi-» tion ſouvent fécondée par la grande abon-» dance des pyrites dont elle eſt ſouvent » chargée. On voit dans les beaux jours » une efflorescence vitriolique & ſaline dont » tous ces rochers (de pierre ſckiteuſe) » ſont couverts, & que la pluie emporte » avec la terre qui réſulte de cette décom-» poſition. »

J'ai fait diſſoudre deux gros de vitriol ordinaire, bien beau & bien pur, dans un verre d'eau commune; j'y ai enſuite verſé une vingtaine de gouttes d'acide vitriolique : l'eau ne s'eſt nullement troublée, & il ne s'eſt fait aucun dépôt, ainſi qu'il arrive au vitriol ordinaire. On pourroit appeller ce ſel martial, un vitriol parfait (2).

---

(1) Obſervat. ſur les Mont. Pyrénées, p. 31 & 33.

(2) Le fer dans cet état de ſel parfait, ne donne point priſe ſur lui à la noix de galles. C'eſt une exception à la loi générale.

J'ai mis quelques gouttes de cette eau fortement chargée de vitriol dans une pinte d'eau de la Seine, & j'ai, de cette manière, composé une excellente Eau ferrugineuse : elle a le goût & l'odeur du fer sans stipticité ni mordant, à moins qu'on n'ait forcé la dose.

Dans la crainte que la liqueur martiale susdite ne fût avec excès d'acide, je l'ai soumise à l'évaporation à l'air libre sans feu ; il s'est formé des cristaux d'un très-beau verd & bien réguliers (1). J'ai mis un grain de ce sel dans deux livres d'eau de la Seine, qui ne s'est nullement troublée & qui n'avoit point le piquant du vitriol.

J'ai mis deux gros de vitriol martial dans un demi-septier d'eau commune ; elle s'est jaunie & a formé un dépôt très considérable de terre ocrée légère. L'eau éclaircie, j'en ai mis quelques gouttes dans de l'eau de la Seine ; le vitriol ne s'y décompose point, ou très foiblement : cela forme une excellente Eau ferrugineuse, qui ne pince point la langue & la gorge comme le vitriol ordinaire ; au contraire, elle laisse

(1) Les cristaux enlevés, il est restée une espèce d'eau mère incristallisable, & qui a été plus d'un mois sans se dessécher.

quelque chose d'onctueux sur les lèvres (1).

J'ai pris une bonne pincée de précipité de vitriol par l'alkali fixe ; je l'ai mis dans un verre, j'ai versé dessus ce précipité de l'acide vitriolique ; il s'en fait une effervescence assez considérable pour m'engager à ne verser mon acide que par goutte, dans la crainte que la chaleur ne fît casser mon verre ; à peine si j'ai versé assez d'acide pour humecter la matière : j'y ajoutai, avec les mêmes précautions, à peu près une égale quantité d'eau, pendant lequel tems il s'est formé pareille effervescence. J'ai abandonné ce mélange en consistance de sirop pendant quelques jours ; l'ayant examiné, j'apperçus dans le fond du verre une espèce de culot salin baignant dans une liqueur roussâtre ; je décantai la liqueur, & j'eus un morceau unique de sel cristallisé du poids de douze grains. Ce sel ressembloit parfaitement à de l'alun par sa forme, par sa couleur, par son goût & par son degré de solubilité. J'en fis calciner la

(1) Ces expériences semblent prouver que le mordant du vitriol vient de l'excès que ce sel a dans sa base ; puisque si on laisse précipiter cet excédent, ou qu'on le sature avec l'acide vitriolique, il perd le piquant & le mordant qu'il avoit, & donne à l'eau le goût moëleux propre aux Eaux de source.

moitié, & j'ai observé tout ce qui se passe dans la calcination de l'alun ; à cela près que les bulles d'air & d'eau qui s'échappent en bouillonnans, avoient une teinte légérement ocrée, l'indice d'un peu de fer.

Cette expérience ne m'étonna pas peu ; je la répétai pour savoir si j'obtiendrois le même produit. Je pris quarante grains du même précipité, & ai conduit mon expérience comme ci-dessus : quatre jours après, j'ai trouvé dans le fond du verre des cristaux baignans dans une liqueur martiale. C'étoit également de l'alun ; seulement au lieu de se former en une masse unique, comme dans l'expérience précédente, j'eus des cristaux en assez grand nombre (les plus gros étoient du volume d'une lentille) ils pesoient un demi-gros : j'en ai laissé quelques-uns exposés à l'air, ils se sont converts d'un peu de rouille, l'indice de la petite portion de fer dont nous avons parlé, lequel s'effleurit, & reste en ocre à la superficie de l'alun.

La liqueur dans laquelle s'est cristallisé l'alun étoit fort trouble & de couleur ocrée ; elle avoit de l'onctuosité & un œil gras, ne ressemblant pas mal à ce qu'on appelle Eau-mère vitriolique.

J'ai mis quelques gouttes de cette liqueur dans une pinte d'eau de la Seine, qui a prit un goût de fer un peu austère & stiptique; mais sans pincer la gorge, ni le palais: cette Eau est très-potable & peut être rangée dans la classe des bonnes Eaux Minérales; la noix de galles la teint d'un beau bleu d'azur, l'huile de chaux ne la trouble point, ni l'eau mercurielle, l'huile de tartre à peine y montre du pouvoir.

Il résulte des expériences que nous avons tentées sur le précipité de vitriol, que la terre martiale n'est pour la majeure partie que de l'argille, puisque quarante grains de précipité m'ont donné à peu près trente-six grains d'alun, par le moyen de l'acide vitriolique. Ne seroit-ce pas cette même terre argilleuse qui, par son développement, formeroit, conjointement avec la terre ocreuse & de l'acide, la matière des Eaux mères? Je veux dire par là, qu'il pourroit bien n'y avoir de différence entre le vitriol cristallisable & la matière des Eaux-mères-vitrioliques, que dans la désunion & peut-être la disproportion dans les principes qui font la baze de ce sel. M. Monnet pense que ce qu'on appelle Eau-mère-vitriolique, n'est autre chose que le fer privé de son phlogistique & uni à l'acide vitriolique (1):

(1) Mém. où l'on démontre la nature des Eaux mères vitrioliques.

c'étoit un pas ſans doute vers la vérité ; mais il reſtoit toujours à ſavoir dans quel état eſt le fer dépourvu de ſon phlogiſtique.

DES EAUX MARTIALES

GASEUSES.

M. LANE eſt le premier qui ait annoncé que l'air fixe eſt le diſſolvant du fer, & M. Brownrigg, d'après M. Cavendiſch, a prouvé par des expériences très-bien faites ſur les Eaux de Pyrmont & de Spa, que dans ces ſources, & par analogie, dans toutes les Eaux gaſeuſes qui contiennent du fer, c'eſt à l'air fixe que ce minéral doit ſa diſſolubilité & ſa préſence dans les Eaux minérales.

M. Bewly ne s'eſt pas contenté de répéter les mêmes expériences du Docteur Brownrigg, pour s'aſſurer que l'on avoit rencontré juſte ; il a voulu encore une preuve plus déciſive, l'analyſe par la ſynthèſe ; & ſon Eau martiale artificielle en tout ſemblable aux Eaux qui lui ont ſervi d'objet de comparaiſon, eſt une démonſtration rigoureuſe de l'état du fer dans les Eaux acidules (1).

Tous les Phyſiciens qui ſe ſont occupé de l'air fixe, ont appuyé cette vérité de leurs expériences; & il ne reſte plus aujourd'hui aucun doute ſur cet objet. Il eſt donc bien conſtant & avoué qu'une Eau martiale gaſeuſe eſt une Eau minérale dans laquelle le fer ſe trouve diſſout par l'air fixe, qui, parce qu'il ſurabonde, rend l'eau acidule & ſpiritueuſe.

Quoique le fer ſoit dans les Eaux gaſeuſes ſous la forme d'un ſel neutre métallique (2), il ne faut pas être étonné ſi la terre abſorbante, l'alkali, l'huile de chaux, ou tout autre précipitant, verſé dans ces Eaux, ne décompoſent pas ce ſel & n'en précipitent pas la baze. L'expérience nous a appris que l'on pouvoit le plus ſouvent mêler impunément ces précipitans dans une Eau martiale gaſeuſe, ſans qu'il s'y opérât aucun changement, aucun trouble, aucune décompoſition; bien plus, c'eſt que le vitriol lui-même, ſi ſuſceptible de

(1) Voyez les Lettres de M. Bewly, inſérées dans le Tom. III, de l'Ouvrage de M. Prieſtley, *Jam citatum & numquam ſat laudandum.*

(2) Nous nommerons ſel martial gaſeux l'union du fer avec l'acide gaſeux.

décompoſition, y élude l'action de ces précipitans : la choſe doit paroître étonnante, ſans doute ! l'expérience va conſtater les vérités que nous annonçons & lever en même-tems le nœud de la difficulté qui nous a donné tant de peine dans nos recherches ſur les Eaux vitrioliques, pour concilier la préſence du fer avec de la terre ou de l'alkali dans les Eaux Minérales (1).

EXPÉRIENCE PREMIÈRE. J'ai mis dans une bouteille d'eau de la Seine chargée d'air fixe, quelques grains de limaille de fer. Ayant ſoumis, preſque ſur le champ, cette eau à l'eſſai de la noix de galles, pour m'aſſurer de l'action de l'acide gaſeux ſur le fer, voici ce que j'ai obſervé : à ce premier eſſai l'eau s'eſt colorée, & la teinte en étoit légère & vineuſe ; douze heures après, ayant eſſayé de nouveau cette eau, la couleur étoit beaucoup plus foncée ; vingt-quatre heures après la couleur étoit encore plus forte, on ne pouvoit mieux la comparer qu'à un verre de vin rouge de Champagne, à s'y tromper ; quarante-huit heures après la couleur étoit ſi foncée, qu'elle en paroiſſoit pourpre ; huit jours après la couleur étoit la même. Le goût de

(1) Voyez notre article des Eaux martiales vitrioliques.

cette eau décèle le fer à ne pas s'y méprendre, l'odorat même le distingue très-sensiblement; le goût acidule étoit dominant. Le sirop de violette ne change point de couleur dans cette eau (1); l'huile de tartre par défaillance, ni l'huile de chaux, n'y produisent aucun changement, aucun trouble, aucune décomposition; mais l'Eau mercurielle la rend d'un laiteux verdâtre fort opaque (2); l'alkali phlogistiqué la rend d'un laiteux sale & foncé, & il se fait quelques heures après un dépôt gris-blanc: ayant versé de l'eau de la Seine dans portion de cette Eau martiale colorée par la noix de galles, elle n'a accéléré ni foncé la couleur. Ayant exposé de cette eau sur le feu, il s'est formé une infinité de petites bulles & une sorte de travail qui n'est que l'effet du dégagement de l'air fixe; l'eau a été quelques minutes avant que de se troubler, puis elle a déposé une terre ocrée, fine & non feuilletée: ayant décanté l'eau

(1) Dans une autre expérience le sirop a verdi.

(2) J'ai vu, dans des expériences analogues, l'Eau mercurielle ne former qu'un épais brouillard de quelques lignes d'épaisseur à la surface de l'eau, & ce brouillard s'éclaircir petit à petit; ensorte que, quelques heures après, l'eau se trouvoit claire sans dépôt & sans nuage: on voit bien que ces variations sont les effets de l'acide volatil.

de dessus ce dépôt, elle s'est trouvée sans goût, ni odeur. Une autre partie de cette eau ayant été exposée en plein air & abandonnée à elle-même dans des vases à évaporer, elle a été plusieurs jours sans se troubler; mais elle montroit à sa surface une pellicule légère & très fine de couleurs variantes; puis elle est devenue rousseâtre & a déposé; alors elle n'avoit plus ni goût, ni saveur: l'évaporation achevée, toute la surface des soucoupes étoit comme étamée d'une lame extrêmement mince, de terre fine très-polie, représentant les couleurs de l'iris.

On voit par cette expérience, 1°. que le fer se dissout dans une eau animée par l'acide gaseux, que cette dissolution se fait par degré, & qu'il faut à peu près quarante-huit heures pour que l'acide ait saturé autant de fer qu'il le peut; 2°. que ce sel martial gaseux se conserve dans l'eau autant de tems qu'on le veut en tenant les bouteilles bien bouchées, de façon que l'acide volatil ne puisse pas se dégager & se dissiper; 3°. que si on expose cette eau à l'air libre, le fer perd son dissolvant & l'eau son esprit, & par conséquent ses propriétés; 4°. qu'on peut juger par l'intensité de la couleur qu'y occasionne le mélange de la noix de galles, de la quantité de fer que l'eau contient; 5°. que le sel martial de ces eaux a la propriété d'éluder l'action des précipitans, puisque ni l'huile de tartre, ni celle de chaux ne l'ont troublée; 6°. enfin que le goût & la saveur de cette eau indiquent qu'elle est salutaire, bienfaisante & en tout semblable aux meilleures Eaux martiales de sources: j'évalue à un grain le fer que cette Eau tenoit en dissolution (1).

EXPÉR. IIe. J'ai répété la même expérience; seulement au lieu d'eau de Seine, je me suis servi d'eau distillée, pour servir d'objet de comparaison. A l'essai de la noix de galles, cette nouvelle Eau martiale artificielle est quelques minutes avant que de se colorer, puis elle prend la teinte violette plus ou moins foncée, suivant qu'il y a plus ou moins de tems que la dissolution se fait; comme dans l'expérience précédente, il faut à peu près quarante-huit heures pour que l'eau se charge d'autant de fer qu'elle peut en dissoudre avec le secours

---

(1) M. Lane s'exprime ainsi: après avoir impregné d'air l'eau commune, on y met de la limaille de fer & on bouche bien le vaisseau; en cinq ou six heures de tems, cette eau se trouve autant chargée de fer qu'il est possible qu'elle le soit; c'est-à-dire, un grain, ou cinq quarts de grain par pinte.

de ſon acide. Ayant verſé de l'eau de la Seine dans un verre de cette eau, dans laquelle je venois de mettre de la poudre de noix de galles, l'eau s'eſt colorée ſur le champ & la couleur a paſſé promptement au violet foncé. Le ſirop de violette mêlé dans un autre verre de cette eau, ſa couleur n'en a point été changée. L'huile de tartre par défaillance la rend verdâtre ; l'huile de chaux & l'eau mercurielle n'y ont produit aucun changement. Cette Eau martiale artificielle ſe conſerve moins de tems que celle de la première expérience : à cela près, abandonnée à l'air libre, ou expoſée ſur le feu, on obſerve les mêmes phénomènes dans l'une & dans l'autre.

Cette ſeconde expérience prouve que le fer ſe diſſout également dans l'eau diſtillée impregnée d'air fixe, que dans l'eau de la Seine ; mais qu'elle ſe conſerve moins longtems & dépoſe plus aiſément ſon mars. On a du obſerver que la couleur que produit dans ces deux Eaux (*Expér.* 1 & *Expér.* 2) le mélange de la noix de galles n'eſt pas la même ; que dans l'une elle eſt vineuſe, & dans l'autre violette ; l'eau de la Seine qui augmente & accélère la coloration dans notre ſeconde expérience, n'opère rien de ſemblable dans la première ; l'huile de

tartre

tartre a auſſi priſe ſur le ſel martial, & non l'eau mercurielle; ce qui eſt l'inverſe de ce qui ſe paſſe dans notre Eau artificielle faite avec l'eau de la Seine. L'huile de chaux ne montre aucun pouvoir ſur l'eau de notre deuxième expérience; tandis que l'eau de la Seine en a. Ces obſervations feroient le ſujet de longues digreſſions, que nous abandonnons à d'autres loiſirs.

EXPÉR. III. Au lieu de limaille de fer, je me ſuis ſervi, d'après M. Rouelle (1), de différentes ſortes de mines de fer; je les ai ſoumiſes au même diſſolvant (l'acide gaſeux) & dans l'eau de la Seine, & dans l'eau diſtillée: j'ai eu à peu près les mêmes réſultats que dans les expériences précédentes, ſeulement il y a des mines qui ſe diſſolvent plus facilement & en plus grande quantité, que d'autres.

EXPÉR. IV. J'ai mis un grain de vitriol martial dans une livre d'eau de la Seine chargée d'air fixe: l'eau eſt reſtée claire & limpide, comme l'eau la plus pure; on ſait cependant combien ce ſel martial ſe décompoſe aiſément, même dans l'eau diſtillée: au bout de vingt-quatre heures j'ai ſoumis cette eau claire à l'eſſai de la noix de galles, elle a été quelques minutes à ſe colo-

(1) Journal de Médecine, Mai 1773.

rer, puis elle a pris une teinte légérement vineuse, quarante-huit heures après, la couleur a été décidément vineuse (1), l'addition de l'eau de la Seine n'a augmenté, ni accéléré la coloration; l'alkali phlogistiqué a occasionné un précipité bleu; le sirop de violette n'y change point de couleur; l'huile de tartre y produit une teinte légérement verdâtre, à peine si la transparence de l'eau en souffre; l'huile de chaux n'y occasionne aucun changement; l'eau mercurielle la rend laiteuse. Cette eau a l'odeur marquée du fer, & le goût douceâtre ferrugineux des eaux de source, nul piquant à la gorge, ni sur la langue, quoique la dose du vitriol soit considérable, un grain par chopine d'eau; exposée & abandonnée à l'air libre, il se forme une pellicule mince de couleur variante à sa surface, à mesure que l'air fixe se dégage & s'évapore; au bout de vingt-quatre heures cette eau s'est troublée & a déposé son fer; exposée sur le feu les changemens sont plus prompts, elle se trouble après quelques minutes, on voit les bulles d'air se dégager &, à mesure qu'elles se dissipent,

(1) Dans une autre expérience, l'eau a pris d'abord la couleur vineuse qui, dans quelques minutes, a passé au pourpre.

laiſſer une pellicule à la ſurface & occaſionner un dépôt jaunâtre.

Il nous ſouvient que dans toutes les expériences que nous avons faites au ſujet du vitriol, pour lutter contre ſa décompoſition ſpontanée & pour le dépouiller du mordant & du piquant qui lui eſt propre, nos tentatives ont été preſque toutes infructueuſes, & c'eſt à force de tatonner que quelquefois nous avons eu des réſultats ſatisfaiſans (1). Ici nous avons le double avantage de voir que le vitriol ſe ſoutient intègre dans l'eau de la Seine, malgré la terre crayeuſe & les ſels à baſe terreuſe qu'elle charie; il y a plus, c'eſt que l'huile de tartre par défaillance y produit à peine une légère opacité (2), & que l'huile de chaux n'y occaſionne abſolument aucun changement: le ſecond avantage que le vitriol reçoit de l'air fixe, c'eſt qu'il perd ſon mordant & ſon acrimonie, il y eſt dulcifié au point que le goût de cette Eau martiale vitriolique artificielle,

(1) Voyez l'article des Eaux martiales vitrioliques.

(2) Nous appuyerions moins ſur les conſéquences que nous tirons de nos expériences, ſi nous ne nous étions ſervi que d'alkali, parce que nous connoiſſons le pouvoir qu'il a comme diſſolvant ſur le fer.

est d'un moëleux remarquable; cette saveur douceâtre & l'odeur marquée du fer, prouve pour la bonté de cette composition. Il faut convenir que cette expérience est bien précieuse pour le sujet qui nous occupe, elle prouve combien la Physique & la Médecine auront gagné de la découverte de l'air fixe.

EXPÉR. V^e. J'ai répété la même expérience (n°. 4.); seulement je me suis servi du sel martial marin, au lieu du vitriol. L'odeur du fer est égalemen ttrès-marquée dans cette eau, & le goût en est douceâtre & très ferrugineux, sans avoir le piquant du vitriol; l'eau reste aussi très-claire & ne se trouble nullement; mise à l'essai de la noix de galles, elle est quelques secondes à se colorer, puis elle prend la couleur hépatique; l'addition de l'eau de la Seine ne change rien à cette coloration; soumise aux réactifs, cette eau offre les mêmes phénomènes que celle avec laquelle nous la comparons.

EXPÉR. VI. J'ai mis un grain de vitriol ordinaire dans une livre d'eau distillée acidulée, au lieu d'eau de la Seine, pour servir d'objet de comparaison entre l'eau artificielle de cette expérience & celle de la quatrième. Cette eau est restée claire comme cristal; au bout de vingt-quatre heures j'en ai fait l'essai; elle a un goût de fer moëlleux, douceâtre & très-marqué; on distingue aussi très-aisément par l'odorat que cette eau est ferrugineuse; avec la noix de galles, elle est quelques secondes à se colorer & ne prend que lentement & par degré la couleur violette; l'eau de la Seine en accélère & augmente singuliérement la coloration qui a passé, dans le moment même, du violet léger au bleu; le sirop de violette mêlé dans cette eau n'est point altéré dans sa couleur; l'huile de tartre par défaillance la verdit; l'huile de chaux n'y fait rien; l'eau mercurielle a semblé vouloir y former un léger nuage laiteux à peine sensible, l'ayant agité avec une paille, l'eau s'est éclaircie; avec l'alkali phlogistiqué, elle se trouble & il se forme un dépôt bleu.

Cette Eau martiale artificielle diffère de celle de la 4e. expérience en ce qu'elle prend la couleur violette, au lieu de la couleur vineuse, à l'essai de la noix de galles; en ce que l'eau de la Seine a prise sur elle, ainsi que l'huile de tartre, & en ce qu'elle se conserve moins longtems. Toutes ces observations prouvent qu'il est préférable en général de composer les Eaux martiales artificielles avec l'eau de la Seine, plutôt qu'avec l'eau distillée, puisqu'elles se conservent plus longtems & qu'elles ne sont pas également sujettes à la décomposition.

EXPÉR. VIIe. Ayant répété cette sixième expérience, en substituant le sel martial marin au vitriol, l'eau reste également claire & a le même gout ; elle est plus longtems que la précédente à se colorer avec la noix de galles, puis elle prend la couleur violette ; l'eau de la Seine accélère egalement cette coloration & rend la couleur plus foncée ; l'huile de tartre la verdit ; l'huile de chaux n'y produit aucun changement ; l'eau mercurielle la rend également laiteuse ; avec l'alkali phlogistiqué, elle se trouble & forme un dépôt jaune.

Nous observons ici, (& toutes les fois que nous avons substitué le sel martial déliquescent au vitriol) que le sel martial marin se conserve plus longtems dans l'eau & forme, par conséquent, des eaux plus durables.

EXPÉR. VIIIe. J'ai mis dans une demi-bouteille douze grains d'alkali minéral, je l'ai remplie d'eau commune (de la Seine) que j'avois chargée d'air fixe, puis j'y ai ajouté un grain de vitriol ; huit heures après ce mélange, l'eau étoit claire & sans dépôt, elle ne s'étoit nullement troublée ; elle étoit douceâtre au goût & très-ferrugineuse, nul mordant sur la langue, ni sur là gorge ; avec la noix de galles, elle a pris ſur le champ la couleur violet-foncée ; elle ne change nullement la couleur du ſirop de violette ; l'huile de tartre, ni l'huile de chaux ne la troublent ; l'eau mercurielle la rend d'un laiteux jaunâtre. Il m'a ſemblé qu'en faiſant une attention ſcrupuleuſe au goût de cette eau, outre celui du mars ; elle avoit un arrière-goût un tant-ſoit-peu amer..... Au bout de trente-ſix heures, j'ai obſervé dans la même demi-bouteille un léger dépôt de terre ocrée très légère & fuligineuſe (1), mais l'eau étoit très-claire, & fut ſur le champ colorée en brun par l'addition de la noix de galles ; elle verdit alors légérement le ſirop de violette.

La différence qui ſe trouve entre nos premiers eſſais de cette eau, au bout de huit heures, & nos ſeconds au bout de

(1) Il y a une différence remarquable, ſenſible & facile à ſaiſir entre la terre martiale qui ſe précipite de la diſſolution du fer par l'air fixe & celle du vitriol : l'une eſt légère, foléculeuſe, n'adhère point ou preſque point aux parois, ni au fond des vaſes, c'eſt celle du vitriol ; l'autre eſt fine, pulvérulente, plus peſante & ſe fixe tellement aux parois des vaſes, que le plus ſouvent les lotions répétées ne peuvent parvenir à les nétoyer ; celle-ci a auſſi la propriété de ſurnager l'eau ſous la forme d'une pellicule mince, réfléchiſſant les belles couleurs de l'iris.

trente-ſix heures, dépend ſans doute de la perte d'une partie de l'air fixe qui s'eſt diſſipé par le mouvement de la bouteille, & à cauſe du vuide qui étoit reſté dans cette même demi bouteille entre le premier & le ſecond eſſai.

La preuve que la choſe s'eſt paſſée de la ſorte, c'eſt qu'après les trente-ſix heures, on ne pouvoit plus diſtinguer au goût s'il y avoit ou non de l'air fixe dans cette eau. J'avoue que je ne fus pas peu étonné de voir dans une chopine d'eau de la Seine, chargée de douze grains d'alkali minéral, le vitriol ſe ſoutenir ſans ſe décompoſer, lui qui eſt ſi ſuſceptible de décompoſition ; cela prouve bien le pouvoir ſingulier de l'acide gaſeux ſur les compoſés martiaux : ſans doute que l'alkali neutraliſé par cet acide, ne jouit plus de ſon droit de précipitant à l'égard du ſel martial ; on eſt forcé de le croire, puiſque le ſirop de violette ne change point de couleur dans cette eau (1) ; peut-être auſſi que l'acide gaſeux, qui ſemble avoir plus d'affinité avec le fer que l'acide vitriolique qui l'abandonne ſi volontiers, s'empare du mars à meſure que celui-ci ſe reporte ſur l'alkali, & le neutraliſe ; enfin quelles que ſoient les raiſons de ce phéno-

(1) Voyez l'article des Eaux gaſeuſes alkalines.

mène, toujours est-il que le fait est très-important. Le vitriol se trouve dulcifié & soutient la présence des terres & de l'alkali dans l'eau, ce qui nous donne le nœud de la plus grande difficulté qui se rencontre dans la recherche des principes des Eaux ferrugineuses.

EXPÉR. IX. J'ai répété la même expérience (n°. 8.) en me servant de l'alkali végétal (le sel de tartre), au lieu de l'alkali cristallisé de la soude ; l'eau est restée quelque tems claire & sans se troubler, puis elle a pris teinte d'un laiteux jaunâtre ; il a fallu près de quarante-huit heures pour qu'elle s'éclaircît, le dépôt étoit ocré ; malgré cela notre eau conservoit un goût de fer marqué & douceâtre ; elle a pris sur le champ la couleur brune ardoisée par l'addition de la noix de galles ; elle ne change point la couleur du sirop de violette ; l'huile de tartre par défaillance lui donne un petit œil léger de couleur jaune verdâtre ; l'huile de chaux n'y produit aucun changement ; l'eau mercurielle la rend laiteuse.

Nous avons observé, quand nous avons traité des Eaux alkalines gaseuses, la différence notable qui existe entre l'alkali végétal & celui de la soude relativement à l'air fixe. C'est sans doute de-là que vient la différence principale que nous avons observé entre la huitième & la neuvième expérience. Une portion du fer s'est précipitée dans la neuvième, parce qu'il ne s'est pas trouvé une quantité suffisante d'acide gaseux (presque tout absorbé par l'alkali) pour le dissoudre à mesure qu'il s'échappe de son acide vitriolique. Malgré cet effet, l'Eau minérale artificielle de la neuvième expérience est très-ferrugineuse, inattaquable par l'huile de chaux, & très-peu par l'huile de tartre.

EXPÉR. X^e^. J'ai versé sur douze grains de sel de soude, chopine d'eau commune imprégnée d'air fixe, & j'y ai ajouté un grain de sel martial marin : l'eau n'a point paru vouloir se troubler ; cependant douze heures après ce mélange, j'observai un léger dépôt fuligineux d'une terre ocrée trèslégère. Cette eau a le goût moëlleux & l'odeur marquée des Eaux minérales ferrugineuses ; la noix de galles la teint sur le champ d'un brun ardoisé ; elle verdit le sirop de violette ; elle donne prise à l'huile de tartre par défaillance ; l'huile de chaux n'y produit aucun changement ; mais l'eau mercurielle la trouble & la rend d'un laiteux sale.

Le sel martial marin qui, chaque fois que j'ai eu occasion de le soumettre aux expériences, a toujours résisté à la décomposition davantage que le vitriol, donne ici plus de prise ſur lui. Je ne chercherai point à en donner la raiſon ; on a pu obſerver que dans la ſuite d'expériences dont je rends compte, on ſe trouve preſque toujours dans des routes toutes nouvelles.

EXPÉR. XIe. J'ai répété la même expérience (n°. 10.) ; ſeulement je me ſuis ſervi de l'alkali végétal, au lieu de l'alkali minéral : l'eau s'eſt jaunie ; le dépôt fait, elle conſerve encore le goût des Eaux ferrugineuſes ; elle ſe colore promptement en brun par la noix de galles ; l'eau de la Seine accélère cette coloration & la rend plus foncée ; elle verdit le ſirop de violette ; elle blanchit avec l'huile de tartre, & l'eau mercurielle la rend laiteuſe ; l'huile de chaux n'a aucune action ſur elle ; le dépôt eſt une terre ocrée, légère & fuligineuſe.

Nous ferons ici la même remarque que nous avons déjà faite ſur l'expérience neuvième : l'alkali végétal abſorbant plus d'air fixe que l'alkali de l'expérience précédente, le fer qui abandonne l'acide marin, ne trouvant pas aſſez d'acide gaſeux pour le diſſoudre en totalité, ſe précipite en partie.

On eſt en droit de conclure, d'après ces expériences, que le fer, outre l'acide vitriolique & les autres acides connus depuis longtems, a encore un autre dissolvant. Rien donc ne peut arrêter dans la théorie des Eaux ferrugineuses, depuis que nous savons pourquoi & comment le sel martial n'exclut ni la terre absorbante, ni les autres précipitans.

Mais il ne suffit pas d'avoir déterminé par l'expérience la manière d'être du fer dans les Eaux gaseuses ; il nous reste encore à prouver que, même dans les Eaux martiales non-gaseuses, c'est également pour la plupart à l'acide gaseux que le fer y doit sa présence.

DES EAUX MARTIALES

NON GASEUSES.

On a vu dans les Eaux martiales spiritueuses, l'acide gaseux remplir la double fonction & de dissolvant & de spiritueux. En effet, nous avons appris de l'expérience que c'est le même principe qui tient le fer en dissolution & qui donne aux Eaux ce caractère animé, ce vif & ce pétillant qui les distingue : mais toutes les Eaux gaseuses ne sont pas animées & spiritueuses au même degré ; il y en a qui le sont autant qu'il est possible qu'elles le soient ; il y en a d'autres qui le ſont moins; il y a même des Eaux qui ne le ſont pas du tout, quoique le fer y doive également ſa préſence à l'acide gaſeux. Notre but dans ce Chapitre eſt d'établir cette vérité, ſavoir que dans les Eaux minérales non gaſeuſes, comme dans les martiales gaſeuſes, l'acide gaſeux eſt également le diſſolvant du fer; enſorte qu'il n'y a, ſelon nous, de différence entre les unes & les autres, qu'en ce que dans les Eaux martiales ſpiritueuſes, outre le ſel martial gaſeux, il y a de l'acide volatil par ſurabondance, & que dans les martiales non gaſeuſes, il n'y en a que ce qu'il en faut pour ſaturer le fer & le diſſoudre. On pourroit nommer Eaux à air fixe ſpiritueuſes les unes, & Eaux à air fixe non ſpiritueuſes les autres, pour faire ſentir le rapport qu'elles ont entr'elles.

Les Anciens n'avoient-ils pas ſenti ce rapport qu'ont enſemble les Eaux minérales froides, en les déſignant toutes ſous le nom générique d'Eaux acidules? Ils s'étoient ſans doute apperçu d'une choſe que l'obſervation a conſtatée, ſavoir qu'il y a des Eaux qui, dans le même baſſin, ſont tantôt acidules & tantôt ne le ſont pas, ſuivant les tems, les ſaiſons, la chaleur, les pluies, ou d'autres incidens; ce qui les avoit autoriſé à les ranger toutes dans une même classe. Mais si cette observation fait honneur à la sagacité des anciens, il n'en est pas moins vrai qu'il en est résulté une confusion contre laquelle Hoffman s'étoit déjà élevé formellement, lorsqu'il annonce cette vérité, *quæ* (aquæ frigidæ) *non sunt spirituosæ, non dicendæ sunt acidulæ.*

Quoique les Eaux martiales acidules & les Eaux martiales non acidules semblent ne différer que par le plus ou le moins & appartenir à une même classe d'eau, elles méritent cependant très-fort d'être distinguées ; en effet, l'acide gaseux dans les Eaux non acidules, ne doit pas plus être considéré à part que l'acide vitriolique, ou l'acide marin, dans les Eaux qui contiendroient du sel gemme, ou du sel de glauber : les acides, dans tous ces cas, sont neutralisés par des bases & acquièrent par-là des qualités nouvelles, qui dépendent & des acides & de leurs bases. Il est vrai que l'acide gaseux étant volatil & très-fugace, il se dégage facilement de sa base & se fait plus aisément sentir (1) ; c'est même pour cette raison que souvent, dans les Eaux minérales,

(1) On peut comparer le sel martial gaseux au sel formé de l'alkali fixe avec l'acide sulphureux volatil ; l'un & l'autre sont peu cohérens dans leur principe, à cause de la mobilité de leurs acides.

le fer peut aiſément ſe reconnoître à l'odorat, & qu'il a plus de ſaveur, quoique moins de piquant; mais il ne faut pas pour cela confondre les Eaux martiales gaſeuſes avec les Eaux martiales non gaſeuſes, puiſqu'elles diffèrent autant par leurs propriétés, que par leur ſaveur: c'eſt ainſi que l'eau chaude diffère de l'eau commune, en ce que la matière ignée eſt neutraliſée dans celle-ci, tandis qu'elle ſurabonde dans celle-là.

J'ai répété ici les mêmes expériences que pour les Eaux martiales gaſeuſes, ſeulement j'ai laiſſé diſſiper l'acide ſurabondant après la ſaturation du fer, & j'ai obtenu par ce moyen ſimple des Eaux martiales non acidules, abſolument ſemblables aux Eaux de ſource.

EXPÉRIENCE PREMIÈRE. J'ai mis dans des bouteilles d'eau de la Seine acidulée par l'air fixe (1), une pincée de limaille de fer, & les ai bien bouchées; je les ai laiſſées quarante-huit heures, parce qu'il faut

---

(1) Je charge volontiers mon eau d'acide par ſurabondance, pour plus de facilité & parce que le fer ſe diſſout mieux & en plus grande quantité, je laiſſe enſuite évaporer le ſuperflu, ſeulement, de l'acide volatil: cette méthode m'a ſemblée bonne.

à-peu-près ce tems-là pour que l'acide gaseux dissolve tout le fer qu'il peut neutraliser dans une quantité d'eau donnée ; après ce tems j'ai simplement débouché les bouteilles pour donner champ libre au gas surabondant qui s'évapore insensiblement ; au bout de douze heures, l'eau avoit encore quelque chose d'acidule au goût, mais il falloit y prêter attention ; après dix-huit heures, on n'apperçoit plus au goût que la saveur des Eaux ferrugineuses non gaseuses ; alors j'ai bouché les bouteilles avec soin, pour conserver mon sel martial dans toute son intégrité & éluder la décomposition dont il est susceptible à l'air libre.

Du moment où j'ai débouché les bouteilles à celui où je les ai rebouchées, il s'est déposé un peu de terre martiale, mais en bien petite quantité.

J'ai analysé cette Eau martiale artificielle ; voici ce que j'ai observé : elle a le goût & la saveur des Eaux martiales non acidules, l'odorat même y décèle le fer ; la poudre de noix de galles lui donne une couleur de vin rouge-foncé, cette couleur ne vient qu'après quelques minutes ; le sirop de violette y prend, au bout d'un certain tems, une teinte verte ; l'huile de tartre par défaillance ne la trouble point, ni l'huile de chaux; mais l'eau mercurielle la blanchit.

Exposée à l'air libre, au bout de vingt-quatre heures elle se trouble & prend une couleur ocrée; il se forme par degré une pellicule bien mince de couleur variante à la superficie de l'eau; il se fait en même-tems un petit dépôt, puis elle reste claire jusqu'à parfaite évaporation; alors il reste un étamage de couleur variante & argentin sur la soucoupe: exposée sur le feu on apperçoit une espèce de petit mouvement intestin dans l'eau, & il se forme une infinité de petites hidatides à sa surface; ces hidatides se crèvent & jaillissent des gouttelettes d'eau en pétillant; quand ces petites bulles commencent à diminuer en nombre & en force, l'eau se trouble, devient jaunâtre, puis elle redevient tranquille, mais elle est alors bien à moitié de son évaporation; on observe à sa surface une lame terreuse de couleur variante, & après l'évaporation parfaite, un dépôt ocré sur lequel l'aimant ne montroit nul pouvoir (1).

(1) Dans le nombre d'expériences que nous avons faites sur la dissolution du fer par l'acide gaseux, nous avons observé relativement aux dépôts, que quelquefois l'aimant attiroit quelques particules de fer, & que d'autres fois il n'en attiroit point du tout, quoique nous nous soyons toujours servi de la même limaille.

Cette expérience prouve incontestablement, 1°. que le fer est soluble dans l'eau acidulée par l'air fixe; 2°. que l'acide gaseux dans les eaux non acidules est également le dissolvant du fer, comme dans les eaux spiritueuses, puisqu'il n'y a de différence entre la première expérience de nos Eaux martiales gaseuses & la première de nos Eaux martiales non gaseuses, qu'en ce que nous avons ici laissé dissiper la partie surabondante de l'acide, pour ne conserver que celle qui est neutralisée par le fer; 3°. que quoique l'eau dépose un peu de son fer, tandis qu'on l'a laissée exposée à l'air libre, elle en conserve assez pour qu'elle reste très-ferrugineuse; 4°. que cette eau a tout le goût & la saveur des Eaux ferrugineuses de source; 5°. que portion du fer dissout par l'air fixe est quelquefois attirable par l'aimant; 6°. que l'huile de tartre & l'huile de chaux ne décomposent point ce sel martial, ce qui lève la difficulté toujours renaissante de la présence de l'alkali & des terres dans les Eaux martiales. Si le sel martial gaseux élude le pouvoir de l'alkali ordinaire & de la terre absorbante qu'on lui présente, nous sommes encore bien plus rassurés pour l'alkali & les terres des Eaux minérales, d'après ce que nous avons dit & prouvé ci-devant, à l'article des Eaux alkalines & des Eaux terreuſes, ſavoir, que ces matières circulent dans les eaux en qualité de ſels neutres gaſeux; loin donc qu'elles ſe nuiſent en circulant enſemble, comme on l'avoit toujours penſé, juſqu'à cette nouvelle théorie, elles ſe prêtent un mutuel ſecours, n'ayant pour toutes qu'un même diſſolvant; 7°. que la manière dont les Eaux minérales perdent leur fer, ſoit à l'air libre, ſoit par la chaleur du feu & les bulles qui s'échappent, ſont une preuve concluante que c'eſt l'acide gaſeux qui les minéraliſoit; 8°. enfin que la pellicule martiale de couleur variante, eſt auſſi une indice que le fer étoit diſſout dans l'eau par un acide volatil qui, en s'évaporant, enlève à la ſurface cette terre qui, ſans cela, tomberoit par ſon propre poids.

EXPÉR. IIᵉ. J'ai chargé d'air fixe une bouteille d'eau diſtillée & j'y ai jetté une pincée de limaille de fer: au bout de quarante-huit heures, j'ai débouché la bouteille & l'ai laiſſée ainſi pendant douze heures avant que de la ſoumettre à l'eſſai, puis j'en ai fait l'analyſe. Cette eau ne ſe colore qu'après quelques momens par le mélange de la noix de galles, mais y ayant ajouté de l'eau de la Seine, elle s'eſt colorée ſur le champ, & a paſſé auſſitôt au violet foncé; le ſirop de violette y conſerve ſa couleur ; l'huile de tartre par défaillance la rend verdâtre ; l'huile de chaux ne la trouble pas.

Cette eau abandonnée à l'air libre perd aſſez promptement ſon fer, plus vite que l'eau de la première expérience ; au bout de quelques heures elle ſe jaunit & fait dépôt partie à la ſurface de l'eau ſous la forme d'une pellicule variante, & partie au fond du vaſe en forme d'étamage, repréſentant également les couleurs de l'iris.

Expoſée ſur le feu, on apperçoit un mouvement dans l'eau & de très-petites bulles qui viennent ſe crever en pétillant à la ſurface ; auſſitôt que l'eau eſt chaude, elle ſe trouble & prend la couleur d'ocre, il ſe forme une pellicule à ſa ſurface & il ſe fait un dépôt ; quand les bulles ſont diſſipées, alors l'eau redevient tranquille & claire ; ſi on la goûte dans cet état & qu'on en faſſe l'eſſai avec la noix de galles, on n'y retrouve plus aucune indice du fer.

Il ſuit de cet expoſé, 1°. que le fer s'eſt très-bien diſſout dans cette eau diſtillée ; 2°. que ſi on laiſſe évaporer l'acide volatil par ſurabondance, au lieu d'une Eau martiale gaſeuſe, on a une Eau martiale non acidule ; 3°. qu'il n'y a de différence entre les Eaux martiales ſpiritueuſes & les Eaux martiales non ſpiritueuſes, que celle que nous leur avons assignée; 4°. que cette eau se colore en violet avec la noix de galles, au lieu de la couleur vineuse que prend l'eau de la première expérience; 5°. que l'addition de l'eau de la Seine accélère & rend cette couleur plus foncée; 6°. que tte eau perd plus aisément son mars & qu'elle se conserve moins longtems que la précédente; 7°. que l'huile de tartre a prise sur ce sel martial, mais que l'huile de chaux ne montre aucun pouvoir.

EXPÉR. IIIe. J'ai mis deux grains de vitriol martial dans une pinte d'eau de la Seine acidulée par l'air fixe : au bout de quarante-huit heures j'ai débouché la bouteille, & après douze heures de cette communication avec l'air extérieur, j'ai soumis à l'essai cette Eau vitriolique artificielle; il s'étoit formé un petit dépôt ocré au fond de la bouteille.

Cette Eau martiale vitriolique a un goût de fer plus fort, plus marqué & plus odorant que les Eaux martiales non vitrioliques; la saveur en est douceâtre & moëlleuse, je n'ai rien observé du mordant & du piquant propre au vitriol; avec la noix de galles elle a pris presque sur le champ une couleur pourpre, & l'addition de l'eau de la Seine n'y a occasionné aucun changement; l'alkali phlogistiqué y a formé lentement un dépôt bleu; le sirop de violette, au bout de quelques heures, a pri la teinte verte; l'huile de tartre par défail lancè lui donne un petit œil verdâtre bien léger; l'huile de chaux ne la trouble pas.

Exposée à l'air libre, elle a été trois jours sans se troubler, puis elle a déposé son fer, comme font toutes les Eaux à air fixe, à leur surface & au fond du vase; après s'être éclaircie, elle ne donnoit plus aucun indice de fer, mais il lui restoit quelque chose de piquant au goût; après l'évaporation parfaite, c'est-à dire au bout d'une quinzaine de jours, le dépôt ne présenta nullement du vitriol, mais de l'ocre tout pur.

Exposée sur le feu, on apperçoit un mouvement & des bulles qui viennent former à la surface de l'eau des hidatides qui se crèvent en pétillant; quand une bonne partie de l'esprit est dissipée, l'eau se trouble & se jaunit; le dépôt se fait partie au fond du vase & partie à la surface; l'eau éclaircie ne donne plus aucun signe du fer qu'elle contenoit, & le dépôt ne le présente pas sous la forme du vitriol, c'est de l'ocre & rien de plus, avec les matières propres à l'eau de la Seine.

On voit par cette expérience, 1°. que le vitriol se soutient très bien dans l'eau de la Seine par l'intermède de l'air fixe, même après avoir laissé perdre le goût acidule de cette eau ; 2°. qu'il acquiert un moëlleux & une douceur qui le distingue singuliérement du vitriol pur & simple ; 3°. qu'il n'y a de différence entre les Eaux martiales vitrioliques gaseuses & les Eaux vitrioliques non spiritueuses, que le plus ou le moins d'air fixe, ainsi que nous nous en sommes expliqués ; 4°. que le vitriol se décompose dans l'analyse, puisqu'on ne le trouve plus à la fin de l'évaporation & que le précipité n'est que de l'ocre.

D'après ces expériences & beaucoup d'autres toutes analogues, que nous nous dispensons de rapporter, on ne peut disconvenir, 1°. que l'acide gaseux ne soit le dissolvant du fer dans les Eaux non spiritueuses, comme dans les Eaux acidules, puisque le fer sans intermède ne peut de lui-même se dissoudre en quantité suffisante pour donner aux eaux un goût aussi marqué que celui qu'on observe dans la plupart des eaux de source (1), ni se colorer dans l'eau jusqu'au rouge vineux, même pourpre ou violet, par l'addition de la noix de galles, comme le font presque toutes les Eaux minérales ferrugineuses, & que d'ail-

(1) Voyez notre article des Eaux martiales où le fer existe dans l'eau sans aucun intermède. Prem. classe.

leurs le vitriol a un piquant & un mordant qui le distingue toujours, outre la facilité avec laquelle il se décompose de lui même; 2°. que le vitriol reçoit de l'air fixe les propriétés qu'il a de se soutenir mieux dans l'eau, d'éluder en partie l'action des précipitans à nud, la douceur, le moëlleux & l'odeur plus sensible qu'il y acquiert; 3°. que dans les Eaux martiales vitrioliques, comme dans celles qui charrient le sel martial galeux, on ne doit pas s'étonner si l'on voit ces sels minéraux si susceptibles de décomposition, presque toujours mêlés & associés avec de l'alkali ou des terres, sans cependant se décomposer.

Après avoir fait parler l'expérience & la raison, si nous consultons la Nature, nous trouvons dans sa marche la confirmation de notre théorie: nous ne rapporterons que quelques exemples, pour ne pas répéter ici ce que nous avons abandonné aux détails des analyses des Eaux de source, dont nous nous occuperons bientôt.

Les deux premières sources de Forges, selon M. Marteau, qui a examiné ces Eaux de très-près & avec le plus grand soin, ont un goût légérement acidule, tandis que la troisième source, qui charie également du fer comme les précédentes, n'a que la saveur martiale. M. Monnet nous assure qu'il qu'il n'a rien trouvé d'acidule à aucune des sources (1) : les Eaux de Forges, dans le fait, n'ont jamais appartenu à la classe des spiritueuses, & n'y doivent point trouver place ; mais ce petit goût acidule, qui quelquefois perce & se fait sentir, puisque M. Martaud l'a observé & qu'il n'avoit aucun motif pour en imposer, prouve que le gas y est le dissolvant du fer ; la manière dont ces Eaux perdent ce minéral à la simple exposition à l'air & plus vite encore à la chaleur du feu & la présence de la terre absorbante avec laquelle il circule, achèvent la preuve.

Rien de si variable que nos Eaux (de Bussang), dit M. le Maire (2) ; le chaud & le froid font impression sur elles ; quelquefois elles ne sont pas le soir ce qu'elles étoient le matin ; tantôt elles sont spiritueuses, tantôt on diroit qu'elles ne le sont pas ; elles sont en général acidules, & c'est leur goût dominant, mais quelquefois le goût ferrugineux perce, & l'acidule disparoît. Qui ne voit que dans ces Eaux il y a le plus souvent assez d'air fixe pour les rendre spiritueuses, mais que quelquefois il n'y en a que ce qu'il en faut pour dissou-

(1) Nouvel. Hydraul.
(2) Analyse des Eaux de Bussang.

dre le fer! d'où l'on doit conclure qu'il n'y a de différence entre les martiales ſpiritueuſes & celles qui ne le ſont pas, que dans le plus ou le moins d'acide gaſeux, & que c'eſt réellement cet agent qui, dans les uns & dans les autres, eſt le diſſolvant du fer.

Exemples d'Eaux Minérales Ferrugineuſes Spiritueuſes.

EAUX DE BUSSANG. Les Eaux de Buſſang ſont claires, tranſparentes & criſtallines à leur ſource. Le fond des baſſins, les parois & les endroits par où elles s'écoulent ſont enduits d'une ſubſtance ou matière rougeâtre qui approche de l'ocre par ſa couleur & ſa conſiſtance.

Les Eaux de Buſſang ſont aigrelettes; elles bouillonnent en ſortant de leur ſource; lorſqu'on les met dans des bouteilles, on apperçoit une infinité de petites bulles dans le fonds & vers les parois; on voit les mêmes bulles s'échapper de ces Eaux quand on les met ſur le feu, & ſi on les expoſe ſous la machine pneumatique, on en dégage une prodigieuſe quantité d'air à chaque-coup de piſton.

Le sel de tartre trouble ces Eaux & forme un précipité (1) ; toutes les substances acerbes les colorent ; exposées à l'évaporation, il se forme à leur superficie une pellicule qui réfléchit une couleur ressemblante à celle de l'iris ; elles donnent par livre un scrupule d'une substance de couleur rougeâtre d'une saveur saline âcre.

On a fait d'autres expériences pour prouver que les principes fixes de ces Eaux sont de l'alkali fixe & une terre martiale.

Les Eaux de Bussang sont, selon M. Monnet, très-peu chargées de matières fixes : sans le gas & le fer, dit cet Auteur, elles ne mériteroient pas d'être distinguées des Eaux communes de source du pays (2).

Il est certain que les Eaux de Bussang sont si peu chargées de matières fixes, qu'on pourroit presque les prendre pour des Eaux spiritueuses simples : cependant pour ne pas s'écarter de la Nature, nous mettons quelques grains d'alkali & un soupçon de mine de fer par chaque pinte d'eau acidulée, & nous avons par ce

---

(1) On ne désigne pas si c'est avant ou après l'évaporation que l'eau se trouble par l'addition de l'alkali : cela est cependant de conséquence, car il est rare que cela arrive quand les Eaux ont tout leur gas.

(2) Nouvelle Hydraulog.

moyen une Eau parfaitement ſemblable aux Eaux de Buſſang.

EAUX DE SPA. Les Eaux de Spa jouiſſent de la plus grande célébrité, & elle eſt bien méritée. On diſtingue ſept fontaines en uſage à Spa : parmi ces ſources, il n'y a que celle qui porte le nom de Geronſtère, qui ſoit un peu différente des autres, en ce qu'elle a un petit goût de foie de ſoufre ; toutes les autres ne paroiſſent différer entr'elles que par le plus ou le moins de mars ou de gas ; celle du Pouhon eſt la principale & la plus forte (1).

Ces Eaux prennent la couleur pourpre par l'addition de la noix de galles ; elles verdiſſent le ſirop de violette ; elles éprouvent une ſorte d'agitation quand on y verſe un acide ; la diſſolution de vitriol martial n'eſt point précipitée par ces Eaux ſur le champ, elle ne l'eſt que très-longtems après l'y avoir mêlée, encore n'eſt-ce que foiblement.

Les Eaux de Spa conſervent longtems leur gas, ce qui n'eſt pas commun à toutes les Eaux gaſeuſes, mais à quelques-unes ſeulement ; ces Eaux ayant perdu entiérement leur eſprit, ne laiſſent pourtant pré-

(1) Analyſe des Eaux de Spa. Traité des Eaux Minérales.

cipiter leur mars que très-lentement ; si l'on veut redonner à l'eau le gas qu'elle a perdu, la chose est facile, il suffit d'y ajouter quelques gouttes d'acide, si l'on y mêle, au contraire, de l'alkali, le gas s'anéantit & les Eaux sont fades, mais reversez quelques gouttes d'acide, le gas reparoît & les Eaux reprennent leur saveur.

C'est ici où M. Monnet fait observer que les terres & les alkalis des Eaux produisent, en les saturant avec un acide, bien plus de gas que les terres & l'alkali qui n'ont point appartenu aux Eaux, & il ajoute que de tous les acides, c'est le vitriolique qui lui a paru le plus propre à produire cet esprit (1).

Douze pintes des Eaux du Pouhon mises à évaporer, au premier degré de chaleur elles s'agitent & donnent beaucoup de bulles, comme font toutes les Eaux gaseuses ; le fer ne s'en précipite pas tout de suite, il faut aller jusqu'à l'ébullition, alors cette eau commence à se troubler & à déposer son fer & sa terre ; l'ayant évaporée jusqu'à diminution à peu près de la moitié, je l'ôtai de dessus le feu & la filtrai pour en séparer le dépôt ; cela fait, je remis mon eau sur le feu, elle n'y fut pas

(1) Ibidem. pag. 156 & 157.

longtems ſans me donner un phénomène que je n'avois pas encore vu, c'eſt celui de me préſenter de nouveau de la terre, juſqu'ici toutes les Eaux que j'avois analyſées, m'avoient donné leur terre en même-tems que leur fer; il faut ajouter que cette terre ne ſe préſentoit pas de même ici, il ſemble qu'elle ſe ſéparoit de l'eau en manière de criſtalliſation, il ſe formoit à la ſurface une pellicule fine, luiſante, ſans troubler l'eau abſolument: je continuai l'évaporation juſqu'à ce qu'il ne reſtât que très-peu d'eau; je la filtrai de rechef, mais par un autre filtre; j'en obtins une terre d'une extrême blancheur qui paroiſſoit talqueuſe: je remis enſuite la liqueur reſtante en évaporation, elle me donna encore des pellicules terreuſes. Je vis donc que cette terre, comme les ſels, accompagnoit l'eau juſqu'à la fin, cependant l'évaporation prête à finir, l'eau ne donna plus de terre: je décantai encore & évaporai cette eau juſqu'à ſiccité, il ne me reſta que huit grains d'un ſel un peu gris, que je reconnus auſſitôt pour être de l'alkali.

L'évaporation finie, je pris le premier dépôt reſté ſur le filtre, je le délayai dans de l'eau pure & je verſai deſſus de l'acide nitreux pour ſéparer la terre abſorbante d'avec le fer; celui-ci reſté ſur le filtre &

ſéché, peſoit dix ſept grains; ayant ſéparé la terre de l'acide nitreux par l'alkali fixe, l'ayant lavée & ſéchée, elle ne peſa, avec l'autre que j'avois obtenu en particulier, que ſoixante-trois grains.

En réſumant, on voit que les Eaux de Spa ne contiennent de matières fixes, que de la terre, du fer & tant ſoit peu d'alkali: mais quelle étoit la nature de cette terre, quelle étoit celle de l'alkali? Des expériences auſſi ſimples qu'ingénieuſes ont prouvé à M. Monnet, que partie de cette matière terreuſe eſt de la terre abſorbante ordinaire, partie de la magnéſie & partie de la terre argilleuſe; & que l'alkali mis avec l'acide vitriolique, formoit un tartre vitriolé & non un ſel de glauber.

Les Eaux de Spa, outre le gas très-abondant qui les anime, contiennent donc par chaque douze pintes d'eau, treize grains de fer, huit grains d'alkali végétal & un gros de terre, partie calcaire, partie magnéſie & partie argilleuſe. Cela poſé, rien de plus ſimple & de plus facile en même-tems, que de ſe procurer & de faire ſoi-même des Eaux de Spa artificielles. Il faut donner à de l'eau commune ſon volume & plus de gas, & y mêler l'alkali & les terres dans les proportions ci-deſſus énoncées. C'eſt ſans doute à l'argille que les

Eaux doivent la propriété qu'elles ont de conſerver plus longtems leur gas, de dépoſer plus lentement leur fer, & nombre de propriétés qui ſeront déduites de la connoiſſance de ce principe, quand nous nous occuperons des Eaux ſavoneuſes.

On trouve dans le Traité des Eaux minérales de Chateldon par M. Desbreſt, un parallèle de ces Eaux avec celles de Spa : celles-ci, y eſt-il dit, contiennent par chaque pinte d'eau quatre grains d'alkali minéral, quatre de terre calcaire & quatre de ſel marin, de ſubſtance martiale ſix grains ; celles-là charient l'alkali minéral, la terre abſorbante & le ſel marin abſolument à la même doſe que les Eaux de Spa, mais elles ne contiennent que deux grains de ſubſtance martiale, & elles ont trois grains de terre abſorbante qu'on ne trouve pas dans celles de Spa : le fluide élaſtique eſt le même & à la même doſe pour les unes & les autres.

EAUX DE PYRMONT. Les Eaux de Pyrmont dans des bouteilles, les caſſent quelquefois ; la vapeur en eſt piquante au nez ; elles bouillonnent avec les acides ; les alkalis n'y produiſent aucune efferveſcence, mais l'eau ſe blanchit un peu, ſi l'on ajoute alors un acide, l'eau reprend ſa limpidité & du piquant ; la noix de galles la colore en brun, & le ſirop de violette la verdit. Quatre livres de ces Eaux évaporées donnent deux ſcrupules de matière qui fait grande effervescence ſi l'on verſe deſſus de l'acide vitriolique, & la vapeur qui en eſt précipitée exhale l'odeur d'eſprit de ſel. Ayant laiſſé une certaine quantité de cette eau à l'air libre pendant vingt-quatre heures, elle s'eſt troublée & a déposé une terre jaunâtre, elle a perdu ſa ſaveur & ſon goût, & elle n'a plus teint avec la noix de galles, ni avec le ſirop de violette, plus de vertus.

Cette analyſe ſimple & méthodique eſt d'Hoffman (1). L'effervescence qu'excitent dans ces Eaux les acides & la teinte du ſirop de violette, avoit fait croire à ce Savant qu'il exiſte de l'alkali dans ces Eaux, parce qu'il penſoit, avec tous les Chymiſtes de ſon tems, que ces deux phénomènes étoient des indices certains & infaillibles de l'exiſtence d'un alkali; mais ſi la conſéquence n'eſt pas juſte, les expériences ſont bien faites, & l'on peut conclure d'après elles, que les Eaux de Pyrmont, outre le gas, contiennent en principes fixes, une terre ferrugineuſe, de la terre abſorbante en aſſez grande quantité & un peu de ſel

(1) Scrut.n. Phyſico-Medic. ſſ. x.

marin à base terreuse. L'expérience de la noix de Galles & le dépôt ocré deposent en faveur du mars; le trouble léger que l'huile de tartre y occasionne, & l'odeur d'esprit de sel que l'huile de vitriol dégage du précipité, décèlent le sel marin à base terreuse; l'effervescence considérable que produit l'acide vitriolique sur le précipité de ces Eaux, la teinte verdâtre du sirop de violette & l'existence d'un sel à base terreuse, prouvent pour la terre absorbante.

La terre martiale & la magnésie dans les Eaux de Pyrmont, comme dans les autres Eaux gaseuses, sont dissoutes par l'acide gaseux qui, lorsqu'il s'échappe, les laisse précipiter. M. Brownrig, au rapport de M. Priestley, a déterminé par l'expérience que les Eaux de Pyrmont ne contiennent pas tout-à-fait l'équivalent de leur volume d'air fixe.

Rien n'est plus facile que d'imiter les Eaux de Pyrmont : on y réussit en donnant à de l'eau commune à peu près son volume de gas, un grain de terre martiale par pinte d'eau, quelques grains de sel déliquescent & vingt de terre absorbante. On a, par ce moyen, une Eau gaseuse dans laquelle se trouve le sel martial gaseux, un sel nouveau à base de sel d'epsom, & un peu de sel déliquescent qui sert d'éguillon.

Le Docteur Pringle, dont le nom seul inspire tant de confiance, dit (1) que pour imiter les Eaux de Pyrmont, il suffit d'ajouter à de l'eau aërée, depuis huit jusqu'à dix gouttes de teinture de mars faite à l'esprit de sel.

EAUX DE SCARBOROUG. Les Eaux de Scarboroug (2), outre leur principe évaporable (3), contiennent, par pinte d'eau, une dragme de matière fixe, savoir du fer, de la magnésie, un peu de sel marin à base terreuse & du sel catarctique amer : elles sont plus chargées en matières fixes, & ont un sel que les Eaux de Pyrmont n'ont pas; aussi sont-elles purgatives. Nous renvoyons à l'original même pour les détails de cette analyse, une des mieux faites que nous ayons.

Mêlez dans une pinte d'eau saturée d'air fixe, un grain de terre martiale, de la magnésie un demi gros, dix grains de sel marin déliquescent, & du sel d'epsom un scrupule : ces Eaux minérales artificielles seront pareilles aux Eaux de Scarboroug.

---

(1) Journal de Physiq. Tom. III.

(2) Méthod. génér. d'analyser les Eaux Minérales.

(3) M. Schaw pensoit que cet esprit est un *ens martis* & de l'air.

Le modèle d'Eau gaseuse que nous a donné M. Rouelle (1), est une imitation des Eaux de Scarboroug. Prenez, dit cet habile Chymiste, de l'eau distillée une livre, saturez-la d'air fixe, ajoutez-y du sel marin à base terreuse quatre grains, du sel d'epsom douze grains, & de la mine de fer à volonté : cette Eau minérale artificielle imite assez bien la nôtre, seulement elle est plus foible.

EAUX DE POUGUES. Les Eaux de Pougues sont claires & limpides; à leur source elles bouillonnent & pétillent comme les Eaux gaseuses; agitées dans une bouteille, leur esprit s'échappe en sifflant, si on lui donne une légère issue.

Les bords intérieurs des bassins sont tapissés d'une terre fine ocrée.

Elles ont le montant des Eaux spiritueuses & le grater qui distingue les Eaux de cette classe; elles ont, outre le gout acidule, une espèce de goût alkalin fade.

Exposée à l'air libre, leur surface se ternit & se couvre d'une pellicule; si on la brise, elle se précipite & il s'en forme une autre, & ainsi de suite jusqu'à ce que toute la terre absorbante soit précipitée; si on

(1) Journal de Médecine, Mai 1773.

laiſſe aller l'évaporation juſqu'à ſiccité, les parois du verre ſe trouvent tapiſſés de criſtaux fins & déliés, vraiment ſalins, & d'un dépôt de terre qui tient fortement au verre, dans lequel on apperçoit la couleur jaune de la rouille du fer.

Si l'on mêle dans ces Eaux de la noix de galles, elles prennent une belle couleur de fleurs de pêcher, jamais davantage.

Par l'évaporation, ſoixante-douze livres de ces Eaux ont donné une once trois gros de matière ſaline jaune, graſſe au toucher, âcre ſur la langue & dans laquelle on démêloit la ſaveur du ſel marin, quoiqu'elle fût ſenſiblement alkaline; les dernières gouttes de la liqueur n'avoient pas voulu criſtalliſer; l'évaporation achevée a laiſſé une petite maſſe ſaline informe qui attiroit un peu l'humidité de l'air.

Les acides y excitent de l'efferveſcence; le ſirop de violette les verdit, mais ce n'eſt qu'après un aſſez long eſpace de tems; l'alkali fixe en déliquium y occaſionne un précipité; l'alkali phlogiſtiqué n'y produit point de précipité bleu; la diſſolution d'argent par l'eſprit de nitre forme des flocons blancs qui ſe précipitent; l'eau mercurielle y produit un précipité de couleur citrine; la diſſolution de ſublimé ne forme point de dépôt, mais une pellicule citrine à la ſurface & ſur les parois du vaſe ; l'eau de ſavon ſe trouble ſur le champ (1).

Nous ne ſuivrons pas notre Auteur dans les détails nombreux d'expériences intéreſſantes dont ſon analyſe eſt remplie ; il nous ſuffira de conclure avec lui, que deux livres des Eaux de Pougues contiennent quinze pouces cubiques d'air, un grain de terre martiale, vingt-ſept à vingt-huit grains de terre abſorbante & un ſcrupule de matière ſaline, partie ſel marin & partie alkali minéral.

Nous avons nombre d'Eaux minérales ferrugineuſes acidules qui trouveroient leur place ici, celles de Villetour analyſées par M. Mitouart (2), celle de S. Alban, la ſource dite les Céleſtins de Vichy, les Eaux d'Availles, Diocèſe de Limoges, celles de Joanne près de Bourbon, de Croſſeilles dans le Vivarais, d'Attancour près de Joinville, & en Auvergne celles de S. Marc, Vic-le-Comte, la Trauline, & une infinité d'autres dans leſquelles le fer ſe trouve diſſout par l'acide gaſeux. Reſte à donner un exemple d'Eaux martiales vitrioliques gaſeuſes.

---

(1) Cette analyſe eſt de M Coſtel.

(2) Traité analytique des Eaux Minérales, Tom. II.

LA DOMINIQUE DE VALS. L'Eau de la Dominique de Vals a un goût très-particulier ; elle eſt âpre, ſtiptique, déſagréable à boire & péſante à l'eſtomach ; ſa ſaveur eſt piquante & vitriolique. On trouve dans les bouteilles un dépôt ferrugineux, & quand on les débouche il ſe fait une exploſion ; ſi l'on retient dans une veſſie le principe élaſtique qui s'échappe en agitant la bouteille, il prend un volume égal à quatre onces d'eau (1).

A meſure que cette Eau perd ſon principe fugitif, le fer ſe précipite & elle perd ſa ſaveur gaſeuſe ; mais elle a encore le goût vitriolique, & montre par l'épreuve de la noix de galles qu'elle conſerve encore du mars.

Les autres ſources de Vals prennent avec la noix une couleur purpurine, la Dominique prend une couleur foncée en violet brun, même noire, & l'alkali phlogiſtiqué y forme un précipité bleu.

L'alkali fixe y occaſionne un précipité verdâtre qui jaunit peu à peu ; le ſirop de violette la verdit, mais ce n'eſt que cinq ou ſix heures après qu'on l'y a mis ; la diſſolution d'argent la rend louche ; la diſſo-

(1) Analyſe faite par M. Mitouart. Traité analytique des Eaux-Minérales, Tom. II.

lution de mercure la rend opaque sur le champ, & il se forme un turbith minéral.

Cette Eau exposée sur un bain de sable, laisse échapper une grande quantité de bulles d'air & il se forme un dépôt ocreux; quand tout l'air est dégagé, il ne se précipite plus de fer, alors on décante l'eau qui est à peu près à moitié évaporée: le résidu ferrugineux de quatre pintes d'eau pèse neuf grains & demi, & il est dissoluble dans les trois acides minéraux: notre eau décantée, ayant été évaporée à siccité, a donné un nouveau résidu pésant cent vingt grains.

Ayant jetté de l'eau distillée sur ce dépôt, elle en a dissout la plus grande partie; après l'avoir filtrée, il est resté sur le filtre un dépôt terreux qui, séché, a pésé vingt-quatre grains; cette terre n'est attaquable par aucun acide, elle a toutes les propriétés d'une terre argilleuse.

La liqueur filtrée, mise à évaporer, a donné des cristaux d'un véritable vitriol verd, mêlé avec quelques cristaux d'alun.

La liqueur qui surnageoit les cristaux, mise de nouveau à évaporer, a encore donné des cristaux de vitriol verd, mêlés d'une plus grande quantité de cristaux d'alun; tous ces cristaux d'alun ont toujours accompagné ceux de vitriol: il est impossible de déterminer au juste les proportions de ces deux sels par rapport à la difficulté de les séparer.

La petite partie d'eau-mère qui restoit s'est desséchée sans le secours du feu, elle avoit un goût alumineux & légérement vitriolique; la totalité des sels a pésé cent vingt-quatre grains.

D'après cette analyse, il conste que les Eaux de la Dominique de Vals contiennent par pinte quatre grains & plus de terre argilleuse, qui paroît être le résultat de la décomposition de l'alun, & vingt-un grains de sels, dont les trois quarts sont du vitriol martial, & l'autre quart de l'alun.

On peut donc compter, d'après cette analyse de M. Mitouart, que les Eaux de la Dominique de Vals contiennent, outre leur gas, à peu près dix-sept à dix-huit grains de vitriol par chaque pinte d'eau, cinq ou six grains de terre argilleuse & autant d'alun.

On doit être étonné de trouver une aussi grande quantité de vitriol dans un si petit volume d'eau; on a lieu d'être encore bien plus surpris que ces Eaux puissent se boire sans corroder l'estomach & empoisonner ceux qui la boivent, car sans doute le vitriol à cette dose est un poison. Il est vrai que ces Eaux pèsent sur l'estomach & qu'il les ſupporte avec peine ; mais il y a bien de la différence entre cet effet des Eaux de la Dominique & celui qu'elles produiroient ſans doute, ſi le vitriol n'étoit adouci, émouſſé, & pour ainſi dire, édulcoré (qu'on me paſſe l'expreſſion) par deux moyens, l'acide gaſeux & la terre argilleuſe. Nous avons prouvé par expérience ce que l'on a droit d'attendre du premier de ces agens ; nous montrerons dans ſon tems que l'argille a auſſi la très-grande propriété d'émouſſer la pointe des ſels, de les adoucir & de favoriſer leur ſoutien dans les Eaux : N'y auroit-il pas auſſi une aſſez forte doſe d'acide vitriolique qui, en rendant le vitriol plus doux, le ſoutient auſſi plus longtems dans les Eaux ? On ſait auſſi ce que l'on a droit d'attendre de l'union des deux ſels, le vitriol & l'alun.

On trouve preſque toujours de la terre argilleuſe dans les Eaux martiales vitrioliques, parce que toutes ſont le produit de la décompoſition des pirites & que les pirites ſont compoſées de fer, de terre argilleuſe & d'une matière minéraliſante, le ſoufre.

EXEMPLES d'Eaux Minérales Ferrugineuses non Spiritueuses.

EAUX DE FORGES. Les Eaux de Forges ont toujours joui & jouissent encore d'une grande réputation. On y distingue trois sources, la Royale, la Reinette & la Cardinale. M. Marteau, dans une analyse dont nous allons donner l'extrait, observe que les Eaux de la Cardinale & de la Royale, ont à leur source une saveur légérement acidule (1) que n'a pas la Reinette.

Les Eaux de Forges ont un goût ferrugineux très-sensible dans la Cardinale, moins fort dans la Royale & très-foible dans la Reinette; elles colorent toutes avec la noix de galles, la Cardinale, d'un noir foncé, la Royale, en rouge cramoisi, & la Reinette, en vin clairet; ce qui ne vient, dit M. Marteau, que de la différence des doses du sel martial qui les minéralise. Il y a deux

(1) M. Monnet dit dans son analyse ci-après citée, qu'il n'a rien observé de semblable, ce qui prouveroit que ces Eaux ne sont pas constamment les mêmes, car on ne peut se tromper sur un signe aussi sensible.

tiers de plus de fer dans la Royale, que dans la Cardinale.

L'air eſt dans ces Eaux, dit notre Auteur; priſes à leur ſource, elles pétillent dans le verre; quand on débouche une bouteille bien ſcélée, le bouchon s'échappe avec bruit, ſurtout ſi l'on a chauffé l'eau au bain-marie, ou au ſoleil; expoſées ſur le feu, on voit des bulles s'échapper, les Eaux ſe troubler & faire dépôt, perdre leur fer, leur goût & leur vertu.

A l'air libre les Eaux de Forges ſe troublent & font un dépôt; alors elles ne ſe colorent plus avec la noix de galles, elles n'ont plus ni goût, ni odeur.

Ces Eaux verdiſſent le ſirop de violette; elles forment en s'évaporant une pellicule terreuſe à leur ſurface, & portion du dépôt fait efferveſcence avec les acides, ce qui prouve qu'outre le fer, les Eaux de Forges charient de la terre abſorbante; un grain de l'un & vingt grains de l'autre par pinte ſont les matières compoſantes fixes de ces Eaux (1).

La couleur que ces Eaux prennent avec la noix de galles & leur goût ferrugineux, démontrent dans ces Eaux la préſence du

(1) Voyez l'analyſe des Eaux de Forges par feu M. Marteau, Médecin à Aumale.

fer; le goût acidule, quoique très-léger, qu'on obſerve à leur ſource, le trouble de ces Eaux & le dépôt qu'elles font quand on les expoſe à l'air libre, ou ſur le feu, & les bulles d'air qu'elles laiſſent échapper ne permettent pas de douter que le fer ne doive ſa diſſolubilité à l'acide gaſeux; la préſence de la terre abſorbante achève de convaincre de la vérité de cette aſſertion: l'une & l'autre, le fer & la terre abſorbante, ſont neutraliſés par le même acide.

Il n'y a nulle raiſon de croire que le fer ſoit dans ces Eaux ſous forme vitriolique, comme le penſoit M. Marteau: on peut conſulter ce qu'a écrit M. Monnet à ce ſujet (1); il prouve victorieuſement que les Eaux de Forges ne ſont point vitrioliques, & M. Marteau le confirme ſans le vouloir, lorſqu'il nous dit que quoiqu'il ait mêlé dans ces Eaux de l'alkali fixe, il n'a pu obtenir du tartre vitriolé.

Mettez un grain de limaille de fer & quelques grains de terre abſorbante dans une pinte d'eau impregnée d'air fixe, bouchez la bouteille; au bout de vingt-quatre heures débouchez-la & goûtez l'eau, ſi

---

(1) Analyſe des Eaux de Forges. Nouvelle Hydraul. Voyez auſſi ſon analyſe des Eaux d'Aumale. Traité des Eaux Minérales.

elle eſt un peu acidule, vous laiſſerez évaporer l'acide qui ſurabonde; rebouchez la bouteille & conſervez-la pour l'uſage, vous aurez une Eau artificielle qui ne diffère en rien des Eaux naturelles de Forges.

EAUX D'AUMALE. Les Eaux minérales d'Aumale (1) ont leur ſaveur & leur odeur plus fortes que la Cardinale de Forges, & le goût âpre & ſubaſtringent des Eaux ferrugineuſes; ce goût ſe manifeſte ſurtout après les avoir bues; bien des gens les regardent comme ſulphureuſes, elles ne ſont rien moins que cela, c'eſt une odeur de poudre à canon brûlée ou d'hépar foible qui en impoſe; elle eſt très-marquée, cette odeur, quand on agite l'eau du ruiſſeau des fontaines & celle des baſſins, ſurtout dans les tems chauds.

L'eau des trois ſources eſt claire, mais elle ſe trouble à l'air libre, & plus aiſément encore à la chaleur du feu; à l'air, c'eſt l'affaire d'une demi-heure, ſur le feu, il ne faut que trois ou quatre minutes; elle devient rouſſe & dépoſe des flocons de rouille; l'odeur & le goût de l'eau ſe perdent. Quand ces Eaux ſe décompoſent à l'air libre, on y apperçoit un mouvement

(1) Diſſertation ſur les Eaux d'Aumale, par M. Marteau.

inteſtin qui reſſemble aſſez à une efferveſcence lente ; quand elles ſe décompoſent à la chaleur du ſoleil, le mouvement eſt plus ſenſible, on voit une infinité de bulles d'air s'attacher d'abord aux parois des vaiſſeaux, enſuite ſe dégager & porter à la ſurface des particules minérales d'une tenuité impalpable qui s'y réuniſſent pour former une pellicule variante.

Les Eaux minérales d'Aumale contiennent ſenſiblement plus d'air que l'eau commune.

L'huile de tartre les trouble, le ſirop de violette s'y verdit, ce qui prouve qu'elles contiennent de la terre abſorbante ; la noix [illegible] galles les colore en violet & y démontre le fer ; le dépôt n'eſt pas attirable par l'aimant.

Quelques gouttes d'huile de vitriol animent ces Eaux & font qu'elles conſervent bien plus longtems leur fer.

Ayant ſoumis ces Eaux à l'évaporation, elles ſe troublent avec un mouvement ſenſible ; les parois & le fond du vaſe ſe font parſemés de bulles d'air, deſquelles ont commencé à ſe dégager ; l'eau, de blanche, eſt devenue rouſſe ; le ſédiment s'eſt formé en flocons ; les bulles d'air montant à la ſurface, y ont dépoſé une matière légère ou écume qui repréſentoit les couleurs d'iris.

J'ai retiré le vaſe du feu, continue M. Marteau, j'ai laiſſé l'eau s'éclaircir & le dépôt ſe faire ; il eſt jaune & l'eau ſans goût & ſans odeur ; j'ai décanté l'eau avec le ſiphon & j'ai remis à évaporer, l'eau a conſervé pendant un certain tems ſa tranſparence criſtalline, mais à la fin il s'eſt formé à la ſurface une petite crême jaunâtre qui, peu à peu, ſe précipitoit ; l'eau eſt devenue jaune : j'ai filtré de nouveau & ai examiné les produits.

L'eau évaporée & filtrée avoit un goût ſalé ; j'ai déjà dit qu'elle précipite une lune cornée quand on préſente à l'eau une diſſolution de mercure, c'eſt bien l'effet de l'acide marin ; l'huile de tartre l'a rendue opaque, & l'on ſent une odeur d'eſprit de ſel, ce qui prouve que l'acide marin eſt uni à une baſe terreuſe.

Ayant attaqué le réſidu terreux par les acides étendus dans de l'eau diſtillée, partie a fait une légère efferveſcence & s'eſt diſſoute, partie n'eſt pas diſſoluble & a fait dépôt, mouillée elle paroiſſoit graſſe & onctueuſe comme les glaires un peu détrempées : une autre partie projettée ſur les charbons ardens a répandu une odeur approchante des bitumes ; ce qui a fait préſumer à M. Marteau que c'eſt une véritable ſubſtance

ſubſtance bitumineuſe qui enveloppe le ſel de ces eaux.

D'après ces expériences & nombre d'autres dont nous nous diſpenſons de donner le détail, M. Marteau en conclud que les Eaux minérales d'Aumale ſont martiales comme celles des Forges, mais plus fortes d'un tiers à peu près que la Cardinale ; il préſume que le fer y eſt ſous la forme du vitriol ; il admet quelques atômes de terre calcaire ; il aſſure qu'elles ſont plus aëriennes que l'eau commune ; enfin il admet par pinte d'eau à-peu-près trois grains de mars, quelques grains de terre abſorbante, un grain de ſel analogue au ſel marin calcaire, & un peu de bitume.

Il eſt bien certain que les Eaux d'Aumale ſont, comme celles de Forges, des Eaux minérales ferrugineuſes ; mais le fer y doit ſa diſſolution à l'acide gaſeux, & non à l'acide vitriolique : la terre y eſt auſſi diſſoute par le même acide fugitif, qui, lorſqu'il s'évapore, la laiſſe précipiter : on y trouve un grain de ſel marin par pinte, où n'y en a-t-il pas à cette doſe ? Quant au bitume, je crois que M. Marteau s'eſt décidé un peu trop légèrement à l'admettre, la petite odeur que l'on ſent quand on remue le marc des ſources, ou qu'on en projette ſur des charbons ardens, ne ſuffit pas pour en conſtater l'exiſtence, c'eſt cependant cette fauſſe indice qui en a impoſé à ſon Auteur; il eſt bien vrai toutefois que ſur la fin de l'évaporation de ces eaux, elles deviennent onctueuſes, mais cette remarque n'eſt pas plus déciſive, car s'il y avoit du bitume aſſez dans ces eaux pour lui donner cette ſorte de conſiſtance & d'onctuoſité, ſon odeur forte & ſes autres qualités ne permettroient plus de douter de ſon exiſtence: quelques grains de terre glaiſe un tant ſoit peu plogiſtiqué, voilà la matière qui, ſelon nous, donne l'odeur & l'onctuoſité en queſtion, & qui en a impoſé à M. Marteau (1).

Les Eaux minérales d'Aumale, dit M. Monnet (2), ont, comme les Eaux de Forges, le goût ferrugineux, mais plus fort; elles prennent une couleur foncée avec la noix de galles; verdiſſent le ſyrop de violette; avec la diſſolution de mercure il s'y fait un précipité couleur de brique, preuve non équivoque de l'exiſtence de la terre abſorbante; l'huile de tartre par défaillance les rend un peu louches, l'indice d'un ſel à baſe terreuſe.

---

(1) Voyez l'article des Eaux ſulphureuſes & celui des Eaux bitumineuſes.

(2) Traité des Eaux minérales.

Ces Eaux exposées sur le feu, se troublent à l'instant, & bien-tôt tout est déposé au fond du vase ; l'eau claire & limpide ne donne plus alors d'indice de fer, ni de terre absorbante. Ces Eaux décantées & filtrées, tout le dépôt restant de vingt-quatre pintes pèse deux gros ; ce dépôt fait effervescense avec les acides. La terre absorbante dissoute par l'acide nitreux, & précipitée par l'alkali fixe, pèse un gros, & le fer 26 grains ; le déchet vient de ce que l'on perd en opérant.

Ayant fait évaporer l'eau, on a obtenu quelques grains de sélénite & quatre autres grains d'une matière extractive & alkaline. L'acide vitriolique versé dessus en dégageoit des vapeurs d'esprit de sel très-sensibles, & faisoit une vive effervescence. Je me persuadai, ajoute M. Monnet, que cette matière venoit de la tourbe au travers de laquelle ces Eaux passent vraisemblablement.

Nous concluons de l'analyse de M. Monnet, que les Eaux d'Aumale contiennent du fer, de la terre absorbante, très-peu de sélénite, un peu de sel marin à base terreuse, enveloppé dans un peu de matière extractive, une sorte d'argile un tant-soit-peu phlogistiquée.

Le fer & la terre absorbante sont ici,

comme dans les Eaux de Forges, diſſous par l'air fixe : la quantité du mars, la préſence de la terre abſorbante où il y a du fer, la précipitation de l'un & de l'autre auſſitôt que ces Eaux ſont expoſées au feu ou abandonnées à l'air libre, le goût moëlleux, l'odeur de fer, & les ſignes d'un air ſurabondant, ſont autant de preuves démonſtratives de ce que nous avançons.

Il n'eſt pas difficile à l'art d'imiter la nature dans la confection des Eaux d'Aumale.

Deux grains de terre martiale, quelques grains de terre abſorbante, quatre grains de ſel marin ſous ſes deux baſes, & deux grains de tourbe par chaque pinte d'eau chargée d'air fixe ſeulement pour ſaturer le fer & la terre, formeront une eau martiale artificielle, en tout ſemblable aux Eaux minérales naturelles d'Aumale.

EAUX DE CONDÉ. M. Mitouart nous a donné une analyſe très-bien faite des Eaux minérales de Condé (1) : les bouteilles qui lui ont ſervi étoient tapiſſées d'une couche ocreuſe ; lorſqu'on les débouche il s'en échappe une petite quantité d'air que l'on connoît à une légère exploſion qui ſe fait à l'inſtant ; en agitant une bouteille de cette eau ſeulement bouchée

(1) Traité analytique des Eaux minérales, Tom. II.

avec la paume de la main, il se fait chaque fois qu'on la lève un léger sifflement qui indique le dégagement de l'air ; sous le recipiant de la machine pneumatique cette eau laisse échapper des bulles bien avant l'eau commune : tous ces essais prouvent qu'il y a de l'air fixe dans ces Eaux. On ne peut cependant, dit M. Mitouart, les regarder comme des Eaux gaseuses, attendu la petite quantité d'air qu'elles contiennent, & le défaut de saveur piquante.

D'après les expériences dont M. Mitouart rend compte, & que nous nous dispensons de rapporter, l'Eau de Condé, contient par pinte ; 1° un sel martial, dont il est bien difficile d'évaluer le poids ; (ce sel martial paroît, à son avis, devoir son origine à la combinaison de l'air contenu dans ces Eaux avec le fer qui s'en dépose par l'évaporation ;) 2°. une véritable sélénite que l'on peut estimer à huit grains & demi ; 3°. du sel marin à base terreuse, dont la dose peut être de six grains ; 4°. enfin un grain de terre.

Rien de plus simple & de plus facile en même tems que d'imiter ces Eaux avec un peu de fer, du sel marin à base terreuse & de la sélénite dans une eau légérement aërée.

Nous nous dispensons de rapporter un

plus grand nombre d'exemples d'Eaux où le fer se trouve dissout par l'air fixe ; elles sont en si grand numbre, que ce seroit abuser de la patience du Lecteur, & augmenter sans nécessité le volume de cet Ouvrage, que de les passer en revue ; elles se ressemblent toutes, au moins ne diffèrent - elles que par des nuances très-faciles à saisir, & le plus souvent de peu d'importance ; dans toutes c'est le fer & la terre absorbante, qui font la base des matières fixes qu'elles charrient ; quelque fois ces substances sont associées avec des sels neutres, le plus souvent le sel marin déliquescent ; d'autrefois on y trouve une terre grasse que l'on a si souvent prise pour du bitume : toutes ces matières enfin varient par leur nombre & dans leurs doses. Quelques espèces d'Eaux artificielles peuvent sans contredit suppléer à toutes celles que la nature a si libéralement répandues presque par-tout, en Normandie, en Picardie, en Auvergne, en Champagne, dans le Maine, & dans la plupart des contrées de la France & de l'Europe entière.

Nous avons donné des exemples d'Eaux martiales où le fer se trouve dissout par l'acide gaseux, nous allons en voir où il est sous la forme du vitriol dulcifié par le même acide.

EAUX DE PROVINS. Une bouteille des Eaux de Provins bouchée brusquement, ou maniée sans précaution, son bouchon saute avec éclat, comme cela arrive au vin de Champagne ; elles n'ont point ce grater, ce gas piquant qui avoit fait donner à quelques Eaux le nom impropre d'Eaux acidules, elles contiennent seulement un air surabondant & combiné, ce qui est sans doute cause de leur légéreté & de ce qu'elles portent quelquefois à la tête de ceux qui les boivent, cet air peut même se rendre très sensible en agitant une bouteille pleine de ces Eaux dont l'orifice seroit bouché avec une vessie (1).

Les Eaux de Provins laissent dans la bouche, après qu'on les a bues, une saveur douceâtre, astringeante & stiptique ; elles verdissent le sirop de violette ; avec la noix de galles, elles prennent une couleur pourpre qui passe bientôt au noir ; l'alkali fixe versé dans ces Eaux en précipite une terre jaune très-abondante ; avec l'alkali phlogistiqué il se forme un bleu de Prusse : ces expériences prouvent incontestablement que les Eaux de Provins charient un sel martial.

---

(1) Analyse des Eaux de Provins, par M. Opoix, faite en 1770.

Les Eaux de Provins en ſortant de leur ſource ont un coup-d'œil louche, parce qu'elles tiennent ſuſpendues beaucoup de petites maſſes iſolées qui en troublent la tranſparence & ſont étrangères à la mixtion ; ces matières ſe dépoſent d'elles-mêmes, ou bien on paſſe au filtre pour avoir les Eaux claires & épurées ; c'eſt une terre ocreuſe diſſoluble dans les acides & qui paroît avoir été originairement dans l'état de combinaiſon & être actuellement le débris d'un vitriol martial.

Miſes dans des bouteilles exactement bouchées, ces Eaux dépoſent la terre martiale non combinée ; du reſte elles n'éprouvent pas de changement ; cette terre martiale même ſe rediſſout au bout d'un certain tems.

Lorſqu'on expoſe ces Eaux à l'air libre, elles ſe troublent en peu de tems ; il ſe forme à la ſurface une pellicule qui réfléchit les couleurs de l'iris ; il paroît des petites bulles d'air aux parois des vaiſſeaux qui les contiennent ; enfin la terre martiale ſe précipite entiérement : l'eau alors ne colore plus avec la noix de galles & ne forme plus de bleu avec l'alkali phlogiſtiqué, la couleur du ſirop de violette n'en eſt plus altérée, l'huile de tartre par défaillance n'en a précipité qu'une terre blanche, & elle a formé un précipité jaune avec le mercure: d'où l'on peut conclure que ces Eaux, à la simple exposition à l'air, perdent tout leur fer, mais qu'elles tiennent en dissolution quelqu'autre matière.

Lorsqu'on a séparé par le filtre la matière martiale que ces Eaux ont déposée, il se forme, peu de tems après, à leur surface une pellicule cristalline & un dépôt très-adhérent aux parois du vaisseau; cette matière fait effervescence avec les acides, c'est une pure terre absorbante: en même-tems que cette terre absorbante se sépare, il se prépare une nouvelle précipitation; la liqueur devient louche d'abord, s'éclaircit ensuite à mesure que la nouvelle matière qui trouble aussi sa limpidité se rassemble au fond du vase où elle forme une masse très-légère & très-blanche; cette dernière n'est pas de la terre absorbante, un acide versé dessus, n'opère pas la moindre dissolution, elle est peu soluble, l'alkali en précipite une terre: toutes ces différentes substances ne cessent de se séparer de la liqueur que quand elle paroît n'en presque plus contenir, ce qui n'arrive qu'après avoir été exposée à l'air un tems considérable.

Ces Eaux exposées sur le feu, il s'élève à la surface beaucoup de bulles d'air, ainsi que cela s'obſerve dans les Eaux aërées; peu de tems après tout le fer ſe précipite. Ce dépôt ſéparé & la liqueur remiſe ſur le feu, il s'amaſſe à la ſurface une eſpèce de pouſſière qui couvre toute la liqueur; cette matiere eſt la même que celle qui forme cette pellicule criſtalline que nous avons vue ſe former ſur ces Eaux expoſées à l'air libre : dans le premier cas elles ont le tems de prendre une forme ſymmétrique, dans le dernier elles ſe raſſemblent confuſément à cauſe de la chaleur qui agit d'une manière plus précipitée : de nouvelles matières ſuccèdent inceſſamment aux premières, à meſure que celles-ci ſe précipitent, juſqu'à ce que la liqueur ſoit évaporée à un certain point ; alors elle ceſſe abſolument d'en donner. Ces matières font efferveſcence avec l'acide du vinaigre & s'y diſſolvent en grande partie, la petite portion qui ne ſe diſſout point eſt de la ſélénite : la liqueur réduite à cet état n'eſt pas encore épuiſée de toute autre ſubſtance.

En continuant l'évaporation, elle ſe couvre alors d'une pellicule blanche, graiſſeuſe, ſemblable à celle que forme un morceau d'alun ſur l'eau dans laquelle on le trempe ; on voit paroître peu de tems après des flocons blancs neigeux : c'eſt un ſel formé par l'acide vitriolique & une terre qui paroît être argilleuse.

En même-tems que cette substance saline se sépare de la liqueur, l'eau prend une couleur ambrée dont l'intensité augmente à mesure que l'évaporation la concentre; elle a en cet état une saveur très-amère: évaporée à siccité elle laisse une matière déliquescente qui se résout en une eau rousse dans laquelle au bout de quelques jours il s'est formé des cristaux de sel de glauber très-réguliers; ces cristaux séparés, on a réduit encore cette espèce d'eau-mère en état de siccité, & quelques gouttes d'acide vitriolique jettées dessus, ont développé des vapeurs d'esprit de sel, la preuve d'un sel marin, mais en si petite quantité, qu'il mérite à peine quelque considération.

M. Opoix fait ensuite plusieurs expériences pour prouver que les flocons graisseux que nous avons observés sont l'indice d'un sel alumineux & qu'il s'y en trouve réellement: mais M. Opoix ne tente ces expériences que sur des Eaux très-rapprochées par l'évaporation, & il seroit à souhaiter qu'il eut pû décider ce point avant que les Eaux eussent subi aucune décomposition, car si par hazard la terre argilleuse se trouvoit en dissolution dans les Eaux de Provins sans l'intermède de l'acide vitriolique ; & que dans ces Eaux il y existât un sel vitriolique quelconque susceptible d'être décomposé par la simple chaleur du feu, ne pourroit-il pas s'ensuivre que dans la suite d'une analyse on rencontrât un sel alumineux qui n'existoit réellement pas ? C'est peut-être ce qui arrive par rapport aux Eaux de Provins.

Je conclus de l'analyse de M. Opoix, que les Eaux de Provins contiennent un peu de sel de glauber & moins encore de sel marin à base terreuse, du vitriol martial, une terre argilleuse, & de l'acide gaseux, non en assez grande quantité pour aciduler ces Eaux, mais assez pour dulcifier le vitriol martial & pour neutraliser la terre absorbante.

Ces conséquences, quoique fondées sur les mêmes expériences, ne sont pas tout-à fait les mêmes que celles qu'en a deduites M. Opoix. Les Eaux de Provins, dit cet habile Artiste, contiennent un seul & même acide, le vitriolique uni à une terre ferrugineuse, à une terre argilleuse, à une terre calcaire & à l'alkali minéral, avec lesquels il forme autant de sels connus sous les noms de vitriol martial, d'alun, de sélénite & de sel de glauber : elles contiennent en outre un air surabondant & combiné qui les fait entrer dans la classe des Eaux aërées.

Les Eaux de Provins contiennent par pinte cinq grains de vitriol martial, (1) un peu plus de sélénite, deux ou trois grains d'alun, & un peu moins de sel de glauber. On ne peut, ajoute M. Opoix, donner que des à-peu-près, car les années & les saisons plus ou moins humides melant à ces eaux une portion indeterminée d'eau étrangère, augmente la quantité de la sélénite, & diminue celle des autres principes.

M. de Fourcy vient de faire une nouvelle analyse des Eaux de Provins (2) dans laquelle il annonce qu'il n'a pu découvrir aucune trace d'acide vitriolique; c'est à son avis l'acide marin fixe & volatil qui sont les dissolvans des matieres salines contenues dans ces Eaux. M. de Fourcy nie également qu'il y ait de l'alun; il admet en place la terre qui fait la base du sel d'epsom, la magnésie, qui y doit sa dis-

(1) Il ne seroit pas possible de boire des Eaux où seroit le vitriol à cette dose, à moins qu'il ne fût dulcifié : aussi plusieurs Chymistes pensent aujourd'hui que les Eaux de Provins ne contiennent nul atome de vitriol, mais seulement du fer dissout par l'air fixe.

(2) Sous ce titre: *Analyse des Eaux spatico-martiales de Provins*, par M. Rolin, &c.

folution à l'acide marin. Les talents de M. Opaix font trop bien connus pour ne pas attendre de lui le dernier rayon de lumière fur cet objet : nous avons d'autant plus de raifon de fufpendre notre jugement, que M. Opoix a envoyé à Paris un extrait fec des Eaux de Provins qu'il nous donne comme un fel alumineux martial vitriolique (1).

EAUX DE PASSY. Les Eaux de Paffy font claires & lympides comme l'eau la plus pure ; expofées à l'air libre, elles laiffent bientôt appercevoir à leur furface une pellicule martiale ; elles ne préfentent au goût qu'une foible impreffion vitriolique douceâtre ; mêlées avec la noix de galles, elles prennent lentement & au bout de quelques minutes, une couleur noirâtre ardoifée, mais une certaine quantité d'eau de la Seine verfée fur ce mélange, en facilite la coloration bien promptement ; le firop de violette ne fe verdit que très-lentement, & l'addition de l'eau de la Seine en accélère la coloration ; le papier bleu trempé dans ces Eaux verdit.

L'eau mercurielle produit un précipité de turbith minéral ; la diffolution d'argent forme un précipité blanc, lequel devient

(1) Voyez le Journal de Phyfique, Août 1777.

couleur d'ardoise au bout de quelque tems; l'alkaly fixe y occasionne un précipité verdâtre assez considérable.

De ces expériences préliminaires on peut conclure que ces Eaux contiennent des sels vitrioliques sous différentes bases.

Vingt-quatre pintes de ces Eaux mises en évaporarion sur un bain de sable, ne se troublèrent point, & conservèrent longtems leur lympidité, mais au bout de douze heures les ayant laissé refroidir, il s'est trouvé au fond du vaisseau un peu d'ocre précipité & de la sélénite ; à mesure que l'évaporation s'est faite, il s'est toujours précipité de la sélénite chargée d'un peu d'ocre; la liqueur réduite à la valeur de quatre onces, paroissoit verdâtre, & elle étoit sensiblement acide; étendue dans un peu d'eau, elle produisoit précisément les mêmes effets que ces Eaux non évaporées.

Ayant poussé l'évaporation jusqu'à réduction de deux onces, dans la vue d'obtenir une cristallisation, il ne s'en fit point; l'eau devint épaisse, gluante comme une matière mucilagineuse, toujours transparente, ce qui prouve que tout étoit en dissolution.

Portion de cette eau épaisse fut étendue dans un peu d'eau distillée; on y versa goutte à goutte de l'alkali en déliquium, il se fit un précipité verdâtre, fort abondant ; lorſqu'il ne ſe précipita plus rien, la liqueur fut filtrée, cette liqueur étoit claire, tranſparente, & preſque ſans couleur ; évaporée elle ne donna que des criſtaux de tartre vitriolé parfait & très-bien criſtalliſé ſans confuſion ; le précipité qui étoit reſté ſur le filtre, étoit la baſe ferrugineuſe du vitriol & de la terre abſorbante, les acides y ont produit une effervelcence très-marquée.

Le reſtant de l'eau graſſe & onctueuſe a été évaporée fortement ; après le réfroidiſſement, il eſt reſté une eſpèce de magma d'un verd-gris foncé, dans lequel on entrevoyoit des configurations en aiguille ; le goût douceâtre, amer, qu'on démêloit aiſément à travers le vitriolique, étoit dû au vitriol mêlé avec le ſel d'epſom ; la qualité graſſe & onctueuſe ſi remarquable, dépend du gluten de la terre qui déguiſe ſi ſouvent les ſels des Eaux qu'on a peine à les diſtinguer.

Il réſulte, ſelon M. Monnet, de l'analyſe des Eaux de Paſſy, dont nous venons de donner l'extrait, qu'elles ne contiennent autre choſe que de la ſélénite, du vitriol martial parfait, & du ſel d'epſom : on obſerve que l'union de ces deux dernières matières forme tout le difficile dans l'analyſe de ces Eaux (1).

---

(1) Traité des Eaux Minérales.

Vingt-quatre pintes de la première ſource ont donné du ſel ſéléniteux mêlé de terre martiale, une once & demie, ſel d'epſom uni à ſon vitriol, une once dans le rapport de trois à huit, c'eſt-à-dire, cinq gros & ſoixante grains de ſel d'epſom, & deux gros de vitriol & douze grains.

Il eſt étonnant que les Eaux de Paſſy qui contiennent le vitriol à une auſſi forte doſe, ſoient auſſi douces, auſſi légères, & d'un uſage auſſi ſalutaire : certainement les vitriol n'eſt pas à nud, car il en ſeroit tout autrement (1). Le vitriol, ſelon M. Monnet, doit ſa douceur & ſon ſoutien dans l'eau à ſon union avec le ſel d'epſom; nous nous ſommes expliqué ci-devant ſur cet objet : l'expérience nous a enfin conduit à penſer que c'eſt à l'intermede du gas, ou à une ſurabondance d'acide (2) que le vitriol doit ſa ſaveur douce & moëlleuſe, mais que c'eſt à l'acide ſeul qu'il doit ſon ſoutien dans l'eau juſqu'au terme de la

(1) Voyez nos Expériences ſur le vitriol des Eaux.

(2) On a dû obſerver que la quantité des Eaux de Paſſy évaporée juſqu'à la réduction de quatre onces étoit ſenſiblement acide : cette obſervation comparée aux expériences que nous avons décrites (pag. 109) nous fait croire que c'eſt à une ſuffiſante quantité d'acide que les Eaux de Paſſy doivent la propriété qu'elles ont de conſerver leur fer auſſi longtems.

criſtalliſation ; le mucus de la terre peut y entrer pour quelque choſe ; nous avons auſſi obſervé dans une des expériences, dont nous avons rendu compte dans ſon tems, que les diſſolutions martiales ſe ſoutiennent mieux dans une eau composée où il entre différens ſels que dans l'eau diſtillée.

Il eſt très-naturel de penſer avec M. Monnet, M. Opoix & la plupart des Naturaliſtes que les Eaux martiales vitrioliques ſont le produit des décompoſitions des pyrites : ſans doute le vitriol entraîné par les Eaux ſe décompoſe en partie dans ſa route, ici par la magnéſie, là par la terre calcaire ; & de l'union de l'acide vitriolique avec ces baſes, il en réſulte de la ſélénite & du ſel d'epſom : mais le fer en abandondant ainſi ſon acide, ne le donne pas en pure perte, le gas qui ſe dégage au moment de l'union de l'acide vitriolique avec les terres qu'il rencontre ſe porte immédiatement ſur le fer, & de cet échange généreux, il en réſulte le double avantage pour les eaux qui les charrient, qu'elles contienent un ſel des mars bien plus doux que le pur vitriol, & d'autres ſels neutres qui ſe ſoutiennent & s'entr'aident mutuellement. Quelle ſimplicité, quelle économie dans les moyens !

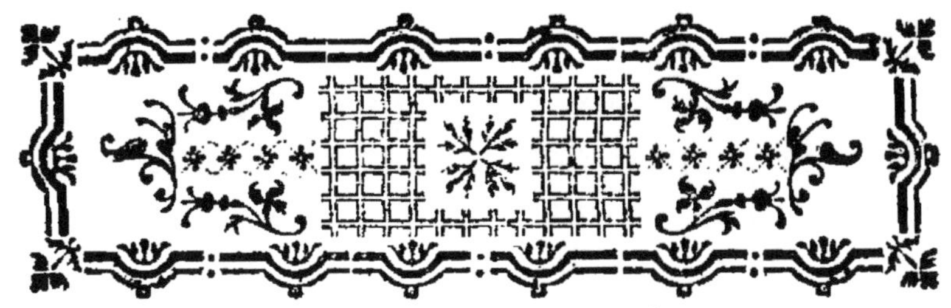

DES EAUX THERMALES SIMPLES.

IL y a des Eaux thermales qui n'ont de principe étranger à l'eau, que la chaleur : M. le Roi (1) les nomme Eaux-non-minérales, parce qu'il croit qu'elles ne différent en rien de l'eau chauffée. Hoffman (2), & longtems avant lui Pline (3), en avoit fait la remarque.

On compte plusieurs de ces sources en

---

(1) L'usage a voulu que l'on comprît aussi dans le nombre des Eaux minérales quelques Eaux qui sont assez pures, & qui ne sont remarquables que parce qu'elles sortent chaudes des entrailles de la terre. (Précis sur les Eaux minérales.)

(2) *De Aquis Med. Univer.*

(3) *Non verò omnes* (aquæ) *quæ sunt calidæ medicales esse credendum. Sunt in Egesta, Scicilia, Larissa, Troade, Magnesia, Lipara.* Lib. xxx. cap. vj.

France, les Eaux de Bagnols, celles de Dax, la plupart des ſources de Bagnieres, beaucoup de celles d'Ax, celles de Bourbon Lancy, de Saint-Laurent dans le Vivarais, de Rennes en Languedoc, celles de la Preſle dans le Rouſſilion, & quelques autres : ſi nous en croyons M. Monnet (1) elles ſont en bien plus grand nombre ; il aſſure même que la plupart des Eaux thermales ne ſont que de l'eau chaude, & rien de plus, que leurs propriétés ſans nombre ne ſont dûes qu'à la chaleur & à l'eau, & que les autres principes que l'on s'eſt efforcé d'y trouver n'y exiſtent réellement pas. M. Lottinger, célèbre Médecin Allemand obſerve que beaucoup de fontaines minérales d'Alzace, qui ont infiniment de réputation, ne diffèrent que par la Chaleur des ſources ordinaires du pays (2). On ne peut diſconvenir que les Médecins des Eaux, interreſſés à faire valoir leur patrimoine, n'ayent ſouvent pouſſé l'anthouſiaſme juſqu'au merveilleux, & imaginant fauſſement que les Eaux ont d'autant plus de vertus, qu'elles contiennent davantage de principes minéraux, ils ſe ſont efforcés à y trouver des ſels, du ſoufre, du bitume

(1) Nouvelle Hydraulique.

(2) *Diſſertatio de Aquis miner.*

des esprits volatils, &c. &c., afin de pouvoir arguer de-là pour leurs attribuer toutes les qualités possibles, & les faire valoir même à l'exclusion; comme si l'observation ne prouvoit pas que les Eaux les plus simples & les moins chargées de principes sont souvent les meilleurs.

J'ai examiné, dit M. Monnet, des Eaux dans lesquelles je n'ai rien trouvé qui les distinguât des Eaux communes, & j'ai cru devoir le dire. On s'obstinera tant qu'on voudra à rapporter l'efficacité de ces Eaux aux matières qu'elles contiennent, quelle qu'en soit la petite quantité, sans vouloir même faire attention que ces mêmes matières peuvent se trouver également & se trouvent en effet dans les Eaux communes du pays, il n'en est pas moins vrai que dès qu'une eau ne présente rien au goût d'étranger, & qu'elle peut être bue sans répugnance, elle ne doit pas être réputée minérale (1), parce qu'il est certain, & on ne peut trop le redire, qu'il n'y a point d'eau dans la nature qui soit absolument pure, & à qui par cette raison le nom de minérale, pris dans toute sa rigueur, ne puisse convenir; les Eaux de bains, par

(1) Nous prouverons à l'article des Eaux savonneuses, que cette assertion est trop générale.

exemple, quoique thermales, ne peuvent point être regardées comme minérales, puisqu'elles ne diffèrent en rien des Eaux communes du pays qui contiennent toutes un peu de terre calcaire, & tant soit peu d'alkali minéral; les Eaux de Luxeuil, continue notre Auteur, sont encore un autre exemple des eaux chaudes simples qui ne presentent rien de différent des eaüx ordinaires, l'alkali fixe versé dedans ne les trouble seulement pas, elles sont en tout semblables à celles de bains; les Eaux de Plombières ne sont aussi que des eaux chaudes ordinaires, & qui ne méritent pas plus la dénomination de minérales, que celles dont nous venons de parler(1).

Cette façon de penser de M. Monnet est généralement vraie, mais il reste un point à éclaircir, savoir si les Eaux thermales simples, quoiqu'elles ne contiennent point de minéraux, se ressemblent toutes? C'est d'après les différences qui existent entre les eaux de pluie, les eaux de sources, les eaux de rivières & les eaux de neige (2)

---

(1) Nouvelle Hidraul.

(2) La pesanteur de l'eau de la pluie est à celle de l'eau distillée comme 1000 est à 999, elle est plus légère que les Eaux terrestres, elle s'échauffe plus aisément & se réfroidit de même, elle se corrompt plus

que M. Schenchzer avoit pensé que les eaux, même celles qui sont les plus pures en apparence, ne se ressemblent point quant à leur parties, que les unes sont composées de molécules plus grossières que les autres (1). Ce systême n'a point prévalu, & il est bien démontré que l'eau pure est par-tout la même. La différence que l'on observe quelquefois entre des eaux qui semblent pures ne vient donc que des matières, soit volatiles, soit fixes, que les eaux contiennent (2). Nous devons à

---

facilement, elle est plus propre à la fermentation, à la végétation, à l'infusion des plantes, &c, &c.

Les Eaux vives sont les plus légères de toutes les Eaux terrestres, leur pesanteur est à celle de l'air comme 922 est à 1, elles sont bien plus propres à désaltérer les hommes & les animaux, &c, &c.

Parmi les Eaux de rivières, on regarde comme la meilleure celle qui coule avec plus de rapidité ; en effet, elle est plus lègère, ne se corrompt pas si aisément, &c, &c.

L'Eau de neige est la plus légère de toutes les Eaux, même plus que l'eau distillée, & il n'y en a point qui se conserve aussi longtems sans se corrompre: malgré cela elle est plus malsaine & l'usage en est nuisible. (Hidrologie de Wallerius.)

(1) Ibidem.

(2) Sans trop connoître la nature de ces mixtes, on a toujours eu un moyen sûr d'en débarasser l'eau & de la rappeller à son état de pureté, la distillation.

un des plus grands Physiciens de l'Europe, des expériences bien précieuses sur la cause principale de la différence qui existe entre les eaux (1); M. Fontana a chassé, par le moyen du feu, l'air des eaux qu'il a soumises à l'expérience, il a retenu cet air & l'a analysé. L'eau des puits donne de l'air qui est en grande partie de l'air fixe, l'eau de la Seine un air plus pur que celui de l'atmosphère, & l'eau distillée un air meilleur que celui de l'eau de la Seine, un vrai air déphlogistiqué. L'Eau de la Seine donne un air qui est moitié air fixe & moitié air respirable, & l'eau distillée ne donne que de l'air respirable: il y a à-peu-près autant d'air respirable dans l'une que dans l'autre (2).

L'eau que l'on a privé d'air par l'ébullition, le reprend ensuite si on la laisse exposée à l'air libre; mais il faut à-peu-près

(1) Voyez la Lettre de M. Fontana, adressée à M. Priestley. Journal de Physique, Mai 1779.

(2) S'il existoit une matière capable de s'emparer de l'air fixe dans l'eau & de se précipiter ensemble, on auroit un moyen de rapprocher l'eau commune de l'eau distillée. La chaux a, on le sait, cette propriété; le difficile seroit de ne pas outrepasser le point de saturation. L'ébullition est un autre moyen de priver l'eau de l'air fixe qu'elle contient .... est-ce que l'air fixe nuiroit à la bonté de l'eau?

cinquante jours pour qu'elle en ait autant qu'avant l'expérience; l'air qu'elle abſorbe eſt meilleur que celui dont on l'a privée, & même elle diffère peu de l'eau diſtillée; moins elle eſt éloignée du moment de l'ébullition plus elle eſt pure & privée d'air.

Si l'on expoſe l'eau privée d'air ſous un récipient plein d'air atmoſphérique; l'air que l'eau n'abſorbe pas eſt phlogiſtiquée, & il l'eſt d'autant plus qu'il en reſte une plus petite quantité : il ſuit de-là qu'on peut ſe procurer par ce moyen un air déphlogiſtiqué ou tout au moins beaucoup meilleur que l'air commun; on peut même purifier cet air en le ſoumettant plusieurs fois à l'abſorbſtion de l'eau.

Telles ſont les conſéquences que M. Fontana a déduites des expériences qu'il a tentées ſur l'air des eaux; elles intéreſſent trop le ſujet qui nous occupe pour ne pas en faire l'application aux Eaux minérales. Il eſt donc tout naturel de penſer que les Eaux minérales froides, outre les matières fixes & l'eſprit qu'on leur reconnoît preſqu'à toutes, varient à raiſon de la pureté, du mélange & de la nature de l'air atmoſphérique qu'elles contiennent; que les Eaux thermales ont beaucoup moins d'air atmoſphérique, & point du tout d'air fixe (1), excepté celui qui y eſt en combinaiſon, ſoit avec l'eau, ſoit ſous une autre forme ſaline ; que peut-être c'eſt à cette privation d'air que les Eaux thermales pures, ſans minéraux, doivent (abſtraction faite de la chaleur) une grande partie des propriétés que l'obſervation leur accorde ; & qu'enfin de l'eau diſtillée ou tout ſimplement de l'eau bouillie & employée ſur le tems, remplaceroit très-bien & ſuppléeroit parfaitement à toutes les Eaux thermales non-minérales de ſource.

Nous ferons encore une obſervation, c'eſt que les Eaux thermales artificielles auront ſur celles de ſource l'avantage ineſtimable d'être conſtament au degré de chaleur qu'on voudra leur donner, & qu'on réglera ſoi-même ; au lieu que les Eaux de ſources ſont plus chaudes au mois d'Août qu'au mois de Septembre, moins en Mai qu'en Juin, plus quand le tems eſt au beau que quand il eſt froid, &c. &c. (2).

---

(1) Je dis point du tout, parce qu'on ſait en effet que l'air fixe eſt moins inhérant à l'eau que l'air atmoſphérique : on le prouve avec la machine pneumatique comme avec le feu.

(2) Les tableaux des degrés de chaleur d'une même ſource faits par différens Naturaliſtes, ne ſe reſſemblent preſque jamais.

EXEMPLES d'Eaux Thermales Simples.

EAUX DE BAGNÈRES. Les Eaux de Bagnères dans le Bigorre, ſont de toutes les ſources chaudes, pures & ſimples, les plus fréquentées : on ne trouve de différence, dit M. Pigagnol de la Force (1), entre toutes ces ſources que dans les degrés de chaleur, car d'ailleurs elles ſont limpides & ſans ſaveur ; les pièces d'argent n'y changent nullement ni la couleur des teintures de violette & de tourneſol, les alkali & les acides n'y produiſent aucun changement ; il en eſt de même des autres ſubſtances analitiques. L'avis de M. de Campmartin (2) diffère peu de cette opinion ; il y admet cependant un peu de ſel de la nature de celui d'epſom. M. le Marquis d'Orbeſſon, dans le Recueil de ſes Œuvres, dit qu'elles contiennent un fer ſulphureux : mais M. le Roi (3) les range dans leur claſſe naturelle, celle des Eaux

(1) Nouvelle Deſcript. de la France. Tom. VII.
(2) Analyſe des Eaux de Bagneres.
(3) Précis des Eaux Minérales.

thermales ſimples ; auſſi eſt ce à la température que l'on a égard dans l'uſage que l'on fait de ces eaux, ce qui a fait diviſer la quantité prodigieuſe des ſources qui y coulent, en deux claſſes, les chaudes & les tempérées (1). La poſition de Bagnères, ſes alentours, l'abondance de ſes eaux, leurs communications, les degrés variés de chaleur, les agrémens des promenades en ont fait, dit un Auteur moderne, un lieu privilégié de la nature.

EAUX DE DAX. Les Eaux de Dax jouiſſent en Gaſcogne de la plus grande réputation: ce ne ſont cependant que des eaux chaudes pures, on en pétrit le pain, & on s'en ſert pour tous les uſages domeſtiques. Elles n'ont ni odeur ni ſaveur, & les ſubſtances analytiques n'y produiſent aucun changement. Elles ſont exceſſivement chaudes, ce qui a fait placer les bains cinquante pas plus bas que la ſource. La chaleur à la ſuperficie de l'eau eſt au quarente-neuvième degré, & au cinquante ſix à la bouche de la ſource ; cette différence eſt étonnante, & on en doit la remarque à M. Secondat. On aſſure dans le pays, comme un fait conſtant, que l'eau de cette ſource, quoique très-chaude, miſe ſur le feu en même-tems

(1) Voyez ci après le détail que nous en avons donné.

que de l'eau froide commune, eſt beaucoup plus long-tems à bouillir; mais M. Secondat a fait en public l'expérience du contraire au grand étonnemennt des aſſiſtans (1).

EAUX DE BOURBON-LANCY. Les Eaux de Bourbon-Lancy jouiſſent également de la plus haute réputation : ce ſont encore des Eaux thermales ſimples; elles n'ont ni odeur ni ſaveur quoiqu'on les ait dites ſulphureuſes & bitumineuſes; elles ſont très-chaudes. Dans les fièvres opiniâtres elles ſont, au rapport de M. Lieutaud (2), de beaucoup ſupérieures à toutes les Eaux thermales que l'on preſcrit en pareil cas, c'eſt donc à l'eau & à ſa chaleur que l'on doit l'efficacité de ce remede, & non à des ſubſtances factices enfantées par l'imagination.

EAUX D'AX. Dans la Ville d'Ax, pays de Foix, ſourdent une infinité de ſources d'Eaux thermales : on les diviſe en trois claſſes (ſéparées chacune par une Rivière) celle du Taix, celle du Fauxbourg & celle du Couloubre : la chaleur de ces ſources eſt très-variée, le thermomètre, dit M.

(1) Nouv. Deſcript. de la France.
(2) Précis de Mat. Médicin.

Sicre (1), y trouve de quoi s'exercer, depuis le seizième degré jusqu'au soixante-quatrième : on trouve dans plusieurs du soufre & quelques sels en petite dose, mais la plupart ne sont que des eaux pures chaudes : on se sert des Eaux du Taix, de la Rossignol & de plusieurs autres sources pour les usages domestiques, on y fait boire les chevaux, &c, elles n'ont ni saveur, ni odeur, ni aucun autre principe que de la chaleur. La source des Escanous laisse appercevoir des bulles d'air & du soufre ; cet air est de l'air commun semblable à celui qui sort de la source de Saint-Amand, dite le Bouillon ; il n'entre pour rien dans la composition de ces eaux, pas plus que l'air qui sort d'une eau qui bout : le soufre que cette source donne est également un corps étranger à l'eau, on le ramasse bien cristallisé & d'un beau jaune citrin, comme du soufre vierge, au haut du tuyeau factice de la source en question, & la preuve que ce soufre n'est que mêlé & non en dissolution dans l'eau, c'est que cette eau est sans odeur ; si par fois l'on y en apperçoit un peu, en y prêtant bien attention, elle est très-légère, & comme la dernière eau dans laquelle les Apothi-

(1) Mém. sur les Eaux d'Ax.

caires ont fait leur soufre lavé; d'ailleurs l'eau de cette source des Escanous sert comme celle du Rossignol à tous les emplois domestiques. Observons qu'il y a des sources à Ax, comme la Canalotte, la Gourguette, la Canal-de-Bois, le Bainfort & d'autres, où le soufre est réellement en dissolution, sous la forme de foie de soufre terreux.

EAUX DE BAGNOLS. Jamais Eau, dit M. Monnet (1), ne mérita moins le nom de minérale que celle de Bagnols: quoique ces Eaux soient mises au rang des thermales, elles ne sont néanmoins que des eaux pures, & même plus pures que ne le sont les Eaux de source ordinaires du pays; aussi le goût de ces eaux n'est-il autre que celui d'une eau commune chaude, & réfroidie, elles ne diffèrent absolument en rien des autres eaux potables: la chaleur n'est qu'à vingt & vingt-deux degrés, aussi est-on obligé de les faire chauffer pour les bains. Ces Eaux étoient dans les premiers tems en grande réputation, mais elles ne se sont pas soutenues faute de chaleur.

EAUX DE HALZBAD. Halzbad, près de Strasbourg est très-renommé pour ses Eaux: elles sont chaudes au cinquante-septième

(1) Nouvelle Hydraul.

degré du thermomètre de Farenheit; elles ſont ſans odeur & ſans goût; elles ſont également bonnes à boire, à cuire les légumes & aux autres uſages domeſtiques; elles ſont ſi pures & ſi légeres, dit M. Kratz, qu'elles ne different nullement de l'eau diſtillée.

EAUX DE BAINS. Le Village des Bains, près Arles, poſſède des Eaux exceſſivement chaudes, les Habitans s'en ſervent pour tous les uſages ordinaires économiques.

EAUX DE TARASCHON. Près Taraſchon, dans le Forez, ſont, dit M. Miſſa, trois ſources, dont l'une eſt bouillante, l'autre tiède, & la troiſième glacée: ces ſources ſont très-voiſines les unes des autres, & ſont très-renommées dans les pays pour la cuiſine, la fabrique du pain, la cuiſſon des légumes, & dans pluſieurs maladies.

EAUX DE FERRIÈRE. A Ferrière, en Normandie, eſt une fontaine dite minérale, qui paſſe pour avoir de grandes propriétés: ces Eaux ayant été analyſées par M. Cadet, elles ſe ſont trouvées ne différer en rien des Eaux de la Seine.

Nous ne nous appeſantirons pas davantage ſur les exemples d'Eaux thermales ſimples, nous l'avons même fait plus que nous n'aurions deſiré; mais il eſt encore des préjugés à vaincre. Je crois cependant que les esprits prévenus reviendront sans peine à la bonne voie, celle qui conduit au bien, la vérité.

L'Eau de la Seine, comme les Eaux de source, a été agitée, battue, elle a circulé, elle est très-légère & très-salubre, & a, par-dessus les fontaines, l'avantage de couler à l'air libre. Avec cette eau chauffée aux 25, 30, 35, 40 ou 50 degrés plus ou moins, on aura l'équivalent des sources thermales les plus renommées. Cette eau factice, quelque simple qu'elle paroisse, quand elle sera chauffée à différents degrés, suppléera à toutes les Eaux thermales simples ; & on y supplée peut-être sans le croire, dit M. le Roi (1), dans beaucoup de cas où l'on employe les boissons délayantes tièdes & les chaudes, soit simples, soit aiguisées avec du sucre, des sirops, ou autres matières propres à ôter la fadeur de l'eau.

Je pense, avec nos plus grands Médecins, que c'est de la chaleur que dépendent les propriétés les plus générales des Eaux, & que c'est elle qui donne tant d'action aux minéraux dans les Thermales-composées : cela est si vrai, que sur les lieux où sont les sources, on a le plus

(1) Précis des Eaux Minérales.

grand ſoin à régler leur température qui exige des Médecins du pays toute la ſagacité & l'habitude que l'on ne trouve pas également chez tous. Cette vérité mérite d'autant mieux ſon application, que je ne crains pas d'avancer que ſi les Eaux thermales composées ſe prennoient tiédes ou froides, il faudroit rabattre de moitié & plus de leur efficacité. Que l'on juge maintenant de ce que l'on doit attendre à Paris des Eaux de Balaruc, de Bourbonne, &c, que l'on ſe contente de faire tiédir au bain-marie, tandis qu'on devroit les boire chaudes à un aſſez haut degré, ainſi des autres!

J'ai placé ici une Table des Eaux thermales relative à leur degré de température, afin qu'en comparant leur réputation reſpective entre les vertus des minéraux qu'elles contiennent & leur degré de chaleur, on puiſſe porter ſon jugement. Nous ne parlerons que des Eaux les plus fréquentées.

Bagnères en Bigorre.	*Degrés du Thermomètre de Réaumur.*
La Source de la Reine,	40
Le Bain des Pauvres,	38
Le Bain nouveau,	32
Le Roc de l'Anes,	36
La chaude de la Serre,	38
Le petit Bain de Dumorat,	43
Saint-Roch,	38
Les douces de la Serre,	30
Le Foulon,	30
L'Hôpital,	26
Lanes,	25
L'Artigue,	30
Le Prieur,	27
Soleſt,	

D'Ax en Gaſcogne.

L'Eau de la Source, à ſa ſurface,	49
A la bouche de la Source,	56
Les Bains,	32, 36, 40

Vichy.

La grande Grille,	39
Le grand Puits quarré,	39
Le petit Puits quarré,	40
Le petit Bourlet,	25
Le gros Bourlet.	29

Bourbon-Lancy.	*Deg. du Therm.*
La Source,	45
Le Bain,	36
Ax Pays de Foix.	
La Source du Taix,	45
Celle du Couloubre,	58
Celle du Rouffignol,	60
Celle des Efcanous,	62
Celle de l'Eftuve,	56
La troifième Source,	60
La cinquième Source,	32
La première Source du Couloubre,	32
La feconde,	26
La troifième, dite de la Canalotte,	
La quatrième, dite de la Gourguette,	30
La cinquième,	40
La fixième, dite le Canal de bois,	62
La feptième, dite le Bain fort,	64
Bagnols en Normandie.	
Des Eaux tièdes au 20 & 21 dég.	20, 21
Aix en Provence.	
Des Eaux tièdes au 26 dég.	26
Holzbad près Strasbourg.	
Les Eaux font chaudes au 57 degré du Thermomètre de Farenheit.	57

Plombières en Lorraine.	*Deg. du Therm.*
La Fontaine du Crucifix,	39
Le Goulot du grand Bain,	44
Le grand Bain,	32
Le Goulot du Bain des Dames,	41
Le Bain des Dames,	30
Bain neuf,	28

Bains dans les Voges.

La grande Source,	44
La Fontaine Casquin,	33
Source du Robinet,	42
La Romaine,	42
La Fontaine des Vaches,	31

Luxeuil en Franche-Comté.

La Fontaine,	43
Le Bain des Capucins,	35
Le Bain des Bénédictins,	32
Le Bain des Dames,	37

Néris en Bourbonnois.

Le grand Puits,	65
Le Puits de la Croix,	63
Le Puits quarré,	58
Le premier Bain,	62
Le second Bassin,	61
Le Bain des Pauvres,	60

Balaruc.

	Deg. du Therm.
La Source,	42
Les Bains,	39, 38, 37, 36
L'Etuve,	32

Bourbon-l'Archambault.

Le grand Puits,	48
Le petit Puits,	47
Le grand Baſſin,	42
Le Bain des Pauvres,	39
Douches, de 20 à 45 deg.	45

Bourbonne près Langres.

Le Puits ou la Fontaine,	55
Le Bain des Pauvres,	48
Le Bain Patrice,	36
Le Bain du Seigneur,	33

Barèges.

Les Sources,	45
Le Bain Royal,	40
Le ſecond Bain,	34
Le troiſième Bain,	33
Le quatrième Bain,	39

Bagnieres de Luchon.

L'ancienne Source de la Grotte,	51
La Source de la Salle,	41

	Deg. du Therm.
Son Réservoir,	36
Celle des Romains,	36
Celle du Rocher abandonné.	
Celle de la Reine,	41
La Douce,	22
La Chaude à droite,	51
La Chaude à gauche,	45
Le Bain de la Reine,	34
Les deux Sources blanches,	24

Saint-Amand.

La Source du Bouillon,	23
La Fontaine d'Arras,	22

Cauteretz.

La Source du Bain du milieu,	42
Celle du Bain de Pose,	38
Celle du Bain Royal,	44
Celle du Bain de la Raillère,	34
Celle du Bois,	43
Celle du Mouhaurat,	41
Celle du Bain de Cabanne,	40

Saint-Sauveur.

La Source,	32
Le Bain,	30

La Motte.

La Source,	45
Le Bain,	36

Mont-d'Or.	*Deg. du Therm.*
Le Bain de Céfar,	36
Le grand Bain,	37
La Fontaine de la Magdeleine,	37
Autres Sources,	au 28, 30
Aix-la-Chapelle.	
Le Bain de l'Empereur,	51
Les Eaux de Borfet,	60
D'autres Sources à 30, 40, &c.	30, 40
Molitz.	
La Source,	33
Le Bain,	31
Second Bain,	30
Vernet.	
La Source,	48
Le Baffin,	38
Cerdagne.	
La Source,	38
Le Baffin,	34
Arles.	
La Source,	57
Autre Source,	55
Le grand Baffin,	40

	Deg. du Therm.
Le petit Baſſin,	34
Etuves.	38

La Preſle.

Première Source,	38
Seconde Source,	36
Troiſième Source,	25
Le Baſſin,	33

Bagnols en Gévaudan.

La Source,	35
Grottes,	20, 22, 25, 26, 28, 30, 32
Grottes pour les Etuves,	20, 25, 30

Si l'on compare les différens degrés de chaleur de chacune de ces Eaux, avec la réputation dont elles jouiſſent, on s'appercevra bientôt des raiſons qui leur ont attribué plus ou moins de confiance : celles qui ſont douées de peu de chaleur, ſont pour la plupart négligées ou abandonnées; les Eaux de Bagnols, celles d'Aix en Provence, parce qu'elles ne ſont que tièdes, ont preſque perdu leur réputation : les Eaux de S. Amant, quoique ſulphureuſes, ſont à peine fréquentées, leurs boues ſont plus courues, mais il faut attendre que la châleur d'été les ait échauffées. On a grand ſoin à Ax de mélanger la Gourguette, qui n'a que trente degrés de chaleur, avec la cinquième ſource du Couloubre, qui eſt très-chaude; & des ſources nombreuſes de cette Ville, les plus chaudes ſont les plus recommandées: ce ſont celles de la troiſième claſſe, dit M. Sicre, qui ſont les plus ſalutaires.

Ce que nous diſons d'Ax, il faut l'entendre de preſque toutes les Eaux thermales, les compoſées comme les ſimples. Les Eaux de Balaruc en bain au 36 & 37e. degré, n'agiſſent, au rapport de M. Lieutaud, que par leur grande chaleur: en effet, les Médecins ſur les lieux ont obſervé que quand on les prend au 28e. degré, qui eſt la chaleur ordinaire des bains domeſtiques, ils ne produiſent aucun effet remarquable dans les maladies pour leſquelles on les loue. A Barèges on a également grand ſoin de régler la température des bains; la quatrième ſource eſt celle qui eſt la plus recommandée, elle eſt chaude au 34e. degré; la ſeconde, qui n'eſt qu'au 29e. eſt celle dont on uſe le moins, ou c'eſt pour la mêler à la Royale, quand on la trouve trop chaude. On ne voit donc dans l'uſage des Eaux thermales que le plus grand ſoin de la part des Médecins à en bien diriger la température. C'eſt le beſoin & l'expérience qui en ont donné & la règle & l'habitude. Une raiſon péremptoire, c'eſt que les Eaux thermales, qui ont beaucoup de chaleur, jouiſſent d'une tout auſſi belle réputation que celles qui ſont douées de beaucoup de principes. Il n'y a cependant point de règle ſans exception; en réclamant pour la chaleur des Eaux, nous ne prétendons pas pour cela réduire à zéro les propriétés des minéraux que les Eaux charient avec elles, nous avons prétendu ſeulement réveiller l'attention ſur un des plus grands agens des Eaux minérales, la chaleur.

DES EAUX

THERMALES SPIRITUEUSES.

HOFFMAN penſoit que le principe éthéré qui minéraliſe les eaux chaudes & les eaux froides ſpiritueuſes, eſt le même (1): Venel enſuite a annoncé que l'air fixe eſt ce principe en queſtion, & tous les Phyſiciens ſont aujourd'hui d'accord ſur ce point. La théorie des Eaux thermales gaſeuſes étant la même que celles des Eaux gaſeuſes froides, nous ne répéterons pas ce que nous avons dit dans nos généralités, nous nous contenterons de quelques obſervations.

On ſait que la chaleur eſt un obſtacle au mélange & à la cohéſion du gas avec l'eau; nous devons cette remarque à M. Cavendiſch : malgré cela, il y a des eaux chaudes gaſeuſes, elles ne ſont même pas auſſi rares qu'il ſemble que l'on ſeroit en droit de le penſer; les Eaux du Mont-d'Or, de Vichy,

---

(1) *De Element. Aquar. Miner. Rectè dijud. & examinand.*

de Châtelguyon, de Bourbon-Larchambault, de Clermont en Auvergne, celles d'Yeuzet, les bains de la Molou en Languedoc, la ſource puante près d'Alais, & peut-être beaucoup d'autres ſont de ce nombre (1).

Il y a des Eaux thermales dans leſquelles il n'exiſte d'acide gaſeux que ce que les alkalis ou les autres matières en ont retenu & neutraliſé; il y en a d'autres dans leſquelles, outre les ſels neutres gaſeux, l'acide volatil ſe montre d'une manière libre & dégagé : celles-ci ſont ſpiritueuſes, celles-là ne le ſont pas, & ſont de la claſſe des eaux ſalines. Parmi les eaux ſpiritueuſes, les unes appartiennent aux eaux alkalines, les autres aux eaux martiales, ſulphureuſes, ſavonneuſes où ſalines; notre deſſein n'eſt pas de les paſſer toutes en revue, il nous ſuffira d'en citer quelques exemples pour modèles, car qui ſait en faire une, peut les imiter toutes, il ne faut pour cela que de bonnes analyſes.

Il eſt facile de reconnoître une Eau thermale ſpiritueuſe aux ſignes que nous avons donnés dans nos généralités ſur les Eaux gaſeuſes; nous obſerverons ſeulement ici que la ſaveur acidule du gas eſt bien plus

(1) Scrutin. Phiſic. auſſi le Dict. des Eaux minér.

ſouvent maſquée dans les eaux chaudes que dans les eaux froides, à cauſe des principes odorants ou de haut goût, ſoit du ſoufre ſoit du bitume ou autres matières, qui s'y rencontrent plus ſouvent. Ces eaux ſe conſervent auſſi plus difficilement, & ſont encore moins tranſportables, parce que la chaleur favoriſe ſingulièrement l'évaporation du gas : d'ailleurs, comme dans les Eaux gaſeuſes froides, à meſure que l'acide éthéré ſe diſſippe, l'alkaly reprend ſes qualités, & les matières qu'il tenoit en diſſolution ſe précipitent.

Si l'on donne du gas en quantité ſuffi ſante à de l'eau chaude, ſoit qu'elle ne con tienne rien de fixe, ſoit qu'on y ait mi de l'alkali, ou du bitume, ou du foi de ſoufre, ou des ſels ou autres matières on ſe procure à volonté par ce moyen des Eaux thermales ſpiritueuſes de diffé rentes eſpèces, & l'on fait en même-tem le complement de la preuve relativement la nature de ce principe éthéré qui le anime & les minéraliſe. La méthode pou rendre gaſeuſes les Eaux thermales, & le moyens ſont les mêmes que pour les eau froides. Nous ne nous répéterons pas, nou nous contentons d'y renvoyer le Lecteur.

EXEMPLES d'Eaux Thermales Spiritueuses.

EAUX DU MONT-D'OR. Les différentes sources qui sourdent au Mont-d'Or ne different en rien les unes des autres par l'analise; seulement elles n'ont pas toutes le même degré de température. On diroit à les voir qu'elles sont d'une chaleur excessive, elles ont même l'air de bouillir, mais la plus chaude n'excède pas le trente-sixième degré du thermomètre de Réaumur (1).

Les Eaux du Mont-d'Or ont toutes un goût aigrelet vineux qui prend au nez, mais il est suivi d'un goût fade & désagréable auquel bien des malades ne peuvent s'habituer. Ces eaux n'ont point d'odeur marquée, si ce n'est une légère odeur de lessive. Elles sont très-vives, très-claires, douces au toucher comme une eau savonneuse. Elles forment un dépôt rougeâtre dans le fond & sur les parois des bassins;

(1) Extrait d'une analyse extrêmement bien faite par M. le Monnier, D. M. P. (Mém. de l'Acad. des Scienc. 1744.)

le limond de ces eaux eſt doux au toucher & gliſſant ſous le doigt.

Les Eaux du Mont-d'Or agitées dans une bouteille, laiſſent échapper une quantité conſidérable de bulles d'air; elles font effervefcence avec les acides; l'alun en poudre y occaſionne un précipité blanc & léger; le ſucre de ſaturne les rend blanc comme du lait, & y forme un précipité conſidérable; par le mélange de la diſſolution d'argent dans l'acide nitreux, il ſe fait un précipité de lune cornée; la diſſolution du ſublimé corroſif, & l'eau de chaux troublent également ces eaux; elles verdiſſent parfaitement le ſirop de violette, & la poudre de noix de galles y occaſionne une teinture brune.

Ces eaux miſes en évaporation ſe troublent bientôt & perdent leur goût acidule pour en acquérir un lixivile un peu ſalé, lequel augmente de plus en plus à meſure que l'eau s'évapore: dès qu'il y a une certaine quantité d'eau évaporée, la ſurface commence à ſe couvrir d'une pellicule qui s'épaiſſit, puis ſe briſe & ſe précipite; c'eſt de la ſélénite: à meſure que l'évaporation continue à ſe faire, l'eau devient âcre, & la couleur plus foncée.

Des différentes expériences que M. le Monnier a tentées ſur le réſidu de ces Eaux, il il résulte qu'elles contiennent en principes fixes de l'alkali minéral qui domine, du sel marin, une terre martiale, de la sélénite, & une matière grasse bitumineuse. Il admet aussi quelques grains de sel de glauber, mais ils sont probablement le produit de la décomposition de quelques grains de la sélénite.

Pour imiter les Eaux du Mont-d'Or, on met par chaque pinte d'eau que l'on veut minéraliser un gros d'alkali minéral, & on y ajoute du pétrole blanc une goutte au plus, puis on la fait chauffer jusqu'au trente-sixième degré du thermomètre de Réaumur, & on a soin d'agiter l'eau; cela fait, on la passe à travers un filtre (une chausse tout simplement), pour retenir le bitume qui ne seroit point en dissolution; enfin on y ajoute un demi-gros de sel marin, puis on rend l'eau spiritueuse. Il n'y a peut-être point d'Eau thermale gaseuse qui contienne autant d'esprit que celle du Mont-d'Or; il faut donc donner à l'eau artificielle autant de gas qu'elle pourra en retenir, jusqu'à la rendre acidule. Quand l'eau est acidulée on y ajoute un grain de terre martiale, celle qui approche le plus de l'argille, la terre bolaire, un peu de terre calcaire & de sélénite. Cette Eau minérale artificielle ressemble en tous points, &

remplacera parfaitement les Eaux du Mont-d'Or.

EAUX DE VICHY. Il y a ſept ſources d'Eaux minérales à Vichy, la grande grille, la petite grille, la fontaine des Capucins, le petit puits quarré, le petit bourlet, le gros bourlet, & la fontaine des Celeſtins: toutes ſont gaſeuſes & thermales, excepté la fontaine des Céleſtins qui eſt froide.

La chaleur n'eſt pas pour toutes les ſources au même degré; leur température varie depuis le degré 25 du thermomètre de Réaumur juſqu'au 48e qui eſt celle de la grande grille. L'eſprit qui les vivifie varie auſſi en quantité, & il n'eſt pas indifférent d'obſerver qu'il eſt en raiſon inverſe du degré de chaleur propre à chaque ſource. La ſaveur de ces eaux diffère auſſi ſuivant leur degré de chaleur.

Toutes ces ſources bouillonnent & pétillent d'une manière vive & très-marquée. Elles ſont ſpiritueuſes à un haut degré. Le goût général de ces eaux décele le ſel marin & la nature de l'eſprit qui les anime.

Deux livres de ces eaux ont fourni deux gros de réſidu ſec, en prenant un terme moyen pour toutes les ſources. Dans ce réſidu il faut diſtinguer le fer qui y eſt en très-petite quantité, & un peu de terre abſorbante; du ſel marin à la doſe néceſſaire pour qu'il ſoit ſenſible au goût ; de l'alkali ou natrum à une doſe ſupérieure, & une terre douce & mucide autant que l'eau peut en tenir en diſſolution (1).

M. Desbreſt a auſſi fait une analyſe des Eaux de Vichy avec beaucoup de ſoin & de détails : il eſtime quelles contiennent de la terre calcaire & de la terre abſorbante de trois à quatre grains par chaque pinte d'eau, un peu de terre argilleuſe, de l'alkali minéral ſemblable à celui de la ſoude, de l'alkali végétal & du ſel marin environ un demi-gros, un ſel neutre formé de l'alkali marin & de l'acide volatil de ſept à huit grains, de l'eſprit ſulphureux volatil, du phlogiſtique, du fluide élaſtique & un ſoupçon de mars (2).

Je ne crois pas qu'il puiſſe exiſter dans une eau minérale ſpiritueuſe de l'alkali qui ne ſoit pas ſaturé par l'acide gaſeux, puiſque ce principe a avec l'alkali une affinité bien plus grande qu'avec l'eau : j'incline auſſi à penſer que l'odeur légère d'acide ſulphureux volatil vient d'une petite portion de phlogiſtique que l'air fixe a volé au fer en

---

(1) Extrait des Obſ. Phyſ. de M. de Laſſone, premier Médecin du Roi. Acad des Scienc. 1753.

(2) Traité des Eaux minérales de Chateldon, Vichy, &c.

le décompoſant (1). Je penſerois donc volontiers que dans les Eaux de Vichy les terres, le fer & les alkalis ſont neutraliſés par l'acide gaſeux qui ſurabonde aſſez pour les rendre ſpiritueuſes. Mettez dans de l'eau chaude, de l'alkali minéral, de l'alkali végétal, du ſel marin; donnez à cette eau du gas en ſuffiſance pour la rendre ſpiritueuſe; & enſuite ajoutez-y des terres calcaire, abſorbante & bolaire, & vous aurez une eau minérale artificielle en tout ſemblable aux Eaux de Vichy.

EAUX DE CHATELGUYON. Les Eaux de Châtelguyon ſont chaudes au 22, 23 & 24 degré du thermomètre de Réaumur: elles ont le goût vif & aigrelet des eaux de Spa, Seltz, &c.; ce goût laiſſe après lui une amertume qu'on n'obſerve point dans les autres eſpèces d'eaux acidules. Quatorze livres de ces eaux ont donné un réſidu ſalin du poids d'une once trois gros & quarante-deux grains.

Cette quantité d'eau expoſée ſur le feu, à meſure que le gas s'échappe & s'évapore, il ſe fait un précipité terreux: quand

(1) Nous avons prouvé par expérience dans nos généralités ſur les Eaux gaſeuſes, que l'air fixe pur décompoſe le fer (& s'empare du phlogiſtique) & que l'acide gaſeux le diſſout.

cette précipitation a cessé, on a filtré la liqueur & fait sécher le dépôt, il à pesé trois gros & six grains, partie magnésie, partie terre calcaire & partie terre martiale. La liqueur avoit le goût du sel marin, & l'on distinguoit une amertume assez sensible : évaporée, elle a donné deux gros & un scrupule de sel marin en cristaux régulier : en continuant d'évaporer on a encore retiré deux gros & demi de sel marin, parmi lesquels on a trouvé près de douze grains de sel d'epsom : la liqueur évaporée de nouveau a encore fourni cinquante-quatre grains de même sel catarctique amer.

Il résulte de l'analyse des Eaux de Châtelguyon, faite par M. Cadet (1), que quatorze livres de ces eaux contiennent environ huit à dix grains de terre martiale, cinq gros & demi de sel marin, un gros de sel d'epsom, & près de quatre gros de terre partie magnesie & partie terre calcaire tenues en dissolution par le principe éthéré de ces eaux, l'acide gaseux.

Pour imiter les Eaux de Châtelguyon, on mettra par chaque pinte d'eau commune chauffée au 24e degré du thermomètre de Réaumur, cinquante-cinq grains

(1) Insérée dans le Traité analytique des Eaux minérales par M. Rolin, Tom. II.

de ſel marin, quelques grains de ſel d'epſom, puis on rendra cette eau gaſeuſe & on y ajoutera les terres dans les proportions ſuſdites; on agitera bien le vaſe, & on redonnera de nouveau du gas ſi beſoin eſt, afin qu'il y en ait une ſuffiſante quantité pour bien diſſoudre les terres & aciduler l'eau.

On peut auſſi compoſer cette eau artificielle ſuivant la méthode d'Hoffman & Venel. On met dans de l'eau commune, de l'alkali & des terres des eſpèces & dans les proportions ſuſdites; les terres ſe dépoſent & l'alkali reſte en diſſolution; on verſe dans le vaſe où ſont ces matières de l'acide marin aſſez étendu d'eau pour que l'efferveſcence ſe faſſe lentement, & en ſuffiſante quantité pour ſaturer l'alkali; quand on a verſé tout ſon acide on bouche exactement le vaſe, on l'agite de tems en tems pendant quelques jours pour faciliter la diſſolution des terres; cela fait, on y ajoute du ſel d'epſom dans les proportions indiquées, & on rebouche le vaſe pour conſerver l'eau. On chauffe l'eau au bain-marie ſans déboucher le vaſe quand on veut en faire uſage.

DES EAUX

SAVONNEUSES.

On nomme Savonneuſes les Eaux qui, par une ſorte de douceur & d'onctuoſité, reſſemblent à de l'eau dans laquelle on auroit fait diſſoudre du ſavon. Cette claſſe d'Eaux eſt très-nombreuſe.

Il ne paroît pas qu'on ſe ſoit jamais trop occupé de déterminer la nature du principe compoſant des Eaux ſavonneuſes; au moins je n'ai rien trouvé ni chez les Anciens ni chez les Modernes de bien précis ſur cet objet: cette partie de la ſcience des Eaux devoit cependant paroître d'une aſſez grande importance pour qu'on s'en occupât d'une manière plus particulière; il y a peu d'analyſes dans leſquelles il ne ſoit fait mention d'Eaux ſavonneuſes, ſans qu'on ſe ſoit mis en peine de nous montrer d'où dépendoit cette douceur & cette onctuoſité; on s'eſt contenté le plus ſouvent d'indiquer quelques portions de matières graſſes, huileuſes & bitumineuſes, que leur combinaiſon ſuppoſée avec des alkalis, des ſels ou des terres, rendoient ſolubles (1): mais y a-t-il beaucoup d'autres huiles dans le ſein de la terre que le pétrole, & le pétrole peut-il exiſter ſans goût & ſans l'odeur qui lui eſt propre? la plûpart des Eaux ſavonneuſes, on le ſait, n'ont ni ſaveur ni odeur. On a cru, & on étoit mieux fondé à le croire, que la douceur des eaux dépendoit du ſoufre qui forme une ſorte de ſavon par ſa combinaiſon avec l'alkali, ou avec la terre abſorbante, parce qu'en effet le foie de ſoufre ſur-tout l'hépar terreux eſt d'une douceur remarquable, & que pluſieurs des Eaux ſavoneuſes ont réellement l'odeur du ſoufre: mais le ſoufre, ainſi que nous le prouverons dans notre article des Eaux ſulphureuſes, eſt bien plus rare dans les eaux qu'on ne le penſe; d'ailleurs le plus grand nombre des Eaux ſavoneuſes proprement dites, ne ſentent point le ſoufre, & n'en charient point: d'où je conclus que s'il y a quelques Eaux minérales qui doivent leur onctuoſité à un *hepar* terreux, ce ne peut être que dans quelques eſpèces d'eaux ſulphureuſes.

Il exiſte dans les Eaux minérales ſavonneuſes, une ſubſtance à laquelle on n'a pas

(1) Voyez notre article des Eaux bitumineuſes.

donné toute l'attention que nous croyons qu'elle mérite; puisque c'est d'elle, à notre avis, que dépend très-souvent cette douceur au toucher, & cette onctuosité qui a fait comparer ces eaux à une dissolution de savon, & qui leur a mérité le nom qu'elles portent : ayant égard aux très-grandes propriétés dont jouissent les eaux qui sont impregnées de ce principe, nous avons jugé qu'il seroit utile d'en faire une classe à part.

Cette matière onctueuse, surlaquelle nous voulons réveiller les esprits observateurs, n'est autre chose qu'une terre soluble & très-douce, un vrai savon fossile, en un mot, la terre argilleuse.

Ce principe constituant des Eaux minérales savonneuses que l'on n'a considéré jusqu'ici, pour ainsi dire, que comme étranger aux propriétés des Eaux minérales, ou tout au plus comme de peu d'importance, mérite cependant la plus grande attention de la part des Physiciens & plus encore des Médecins; en effet ceux qui savent jusqu'à quel point les sensations influent sur l'économie animale suivant le caractère qu'elles impriment sur tel ou tel organe, se persuaderont aisément qu'une eau onctueuse & exttêmement douce au tact est capable de produire les plus grands effets ſur les parties qu'elles touchent, ſoit à l'extérieur, ſoit à l'intérieur ; & ces propriétés ne ſont encore que les moindres effets du principe ſavonneux en faveur duquel nous oſons réclamer.

L'argile eſt, comme on le ſait, une terre fertile & ſi abondante qu'elle ſe trouve preſque par-tout : cette terre humectée avec de l'eau s'en imbibe, ſe gonfle & forme une pâte d'une très-grande ductilité ſi l'on n'employe qu'une petite quantité d'eau ; mais ſi au contraire on employe beaucoup de ce liquide, une partie de la terre la plus fine ſe diſſout, l'eau la tient & la garde en diſſolution, & le reſte ſe précipite.

L'eau dans laquelle l'argile eſt en diſſolution eſt claire, pellucide, douce, onctueuſe & tout-à-fait ſemblable aux Eaux ſavonneuſes de ſource (1) ; la chaleur aide beaucoup à la diſſolution de l'argile dans l'eau, & c'eſt parce que cette terre eſt bien plus diviſée dans les eaux chaudes, qu'elle y eſt en général moins ſenſible ; en effet, les Eaux ſavonneuſes froides ont

---

(1) On connoît la bonne argille, dit M. Bertrand, ſi miſe dans l'eau elle s'y diſſout facilement & devient une eſpèce d'eau ſavonneuſe. (Mémoires de la Société Econom. de Berne, an. 1764.)

presque toujours plus d'onctuosité, parceque les molécules de la terre savonneuse se rapprochent, se condensent au point même que quelquefois l'eau en est opaque & laiteuse comme une eau de savon ordinaire.

L'argile, quoique soluble dans l'eau, a, comme les savons, de l'action sur les corps gras; on l'employe pour nétoyer les étoffes, pour fouler les draps, pour dégraisser les laines, enlever les taches, &c. &c. aussi l'argile, outre son caractère spécifique de douceur & d'onctuosité, & les qualités vraiment savonneuses qui la distinguent, a-t-elle d'autres propriétés très-étendues qui lui sont particulières; elle est très-avide des substances grasses, & par conséquent colorentes des corps qu'elle touche, ce qui lui fait prendre toutes sortes de teintes suivant les matières auxquelles elle s'unit; elle se mêle aussi très-aisément à quantité de substances minérales comme les terres métalliques, les matières piriteuses, les bitumineuses, les terres calcaires, & nombre d'autres avec lesquelles elle a plus ou moins d'affinité & avec lesquelles elle se combine réellement; elle a sur-tout une très-grande disposition à se marier avec le phlogistique (1). C'est de ces propriétés

(1) Dictionnaire de Chymie, au mot *Argille*.

que dépend la grande variété qu'on observe dans les terres argilleuses & les différentes dénominations sous lesquelles les Naturalistes ont coutume de les désigner (1) quoique toutes ne soient que des variétés d'une espèce de terre qui, dans le fond, est la même ainsi que l'a démontré un des plus célèbres Chymistes de l'Europe, M. Macquer (2). La terre glaise est de l'argile plus ou moins pure ; les ochres, les gypses, les talques & autres sont aussi des espèces d'argile, avec cette différence que les terres bolaires sont moins visqueuses que la terre glaise, mais se mêlent mieux & plus intimement à l'eau; les ochres ont peu de viscosités, il y en a même qui n'en ont point du tout ; la terre gypseuse quand elle éprouve un degré de chaleur modérée se change en une poudre molle qui s'unissant avec l'eau forme une masse visqueuse & gluante, tandis qu'elle est humide, mais qui séche promptement & se durcit ; la terre talqueuse est douce & très-onctueuse au toucher ; il y a une espèce d'argile savonneuse qui est feuilletée dans sa carrière,

---

(1) Introduct. à la Minér. par M. Buquet.

(2) Voyez le Mémoire de M Macquer sur les argilles, & son Dictionnaire de Chymie, aux mots *Terre* & *Argille*.

elle n'a point assez de ductilité pour se laisser travailler, mais battue dans l'eau, elle se réduit en mollécules très-fines, & forme de l'écume (argilla pinguis in aqua spumans *Linn.*), c'est l'argile à foulon que l'on employe aujourd'hui de préférence pour fouler les étoffes même dans les pays où se trouve la prétendue véritable terre à foulon qui, faisant un peu d'effervescence avec les acides, est du nombre des marnes (1). Le schiste est une espèce d'argile qui, avant qu'il se soit durci ou quand il se décompose, forme différentes sortes d'argile très-solubles & très-savonneuses; la terre argilleuses, dit M. Darcet (2), est très-commune, & doit en particulier son origine à la décomposition du schiste (3).

---

(1) Dictionn. d'Histoire Naturelle par M. de Bomare, au mot *Terre*.

(2) Discours prononcé au Coll. Roy. de France, page 12.

(3) La terre à foulon quelquefois feuilletée, souvent sans figure déterminée, savonneuse à l'œil, grasse, onctueuse, douce au toucher, s'étend entiérement dans l'eau où elle se dissout en partie & produit une espèce de mousse & quelques bulles savonneuses qui s'étendent au-dessus de la surface de l'eau.

La terre savonneuse a plus sensiblement que la terre à foulon toutes les propriétés méchaniques, même le goût & tous les caractères du savon; elle est grasse au

Des différens mélanges que l'argile contracte dans le sein de la terre, à raison de sa viscosité, il ne s'ensuit pas que les Eaux savonneuses entraînent & charient tous ces corps étrangers, l'eau ne se chargeant que des matières qu'elle peut dissoudre, laisse en arrière les sables, les terres métalliques & les autres matières insolubles; mais quand l'argile au lieu d'être simplement mélangée, se trouve réellement en combinaison avec différentes substances comme le phlogistique & autres matières qui empruntent d'elle de la solubilité, il en résulte des différences que l'on observe aisément par l'a-

---

toucher, marbrée & rarement feuilletée, quelquefois d'un verd jaunâtre; il y en a à Plombières, en Suède, en Angleterre, en Italie.

La marne à foulon s'étend dans l'eau au point d'y éprouver une sorte de dissolution. La glaise est une terre grasse qui tient le milieu entre l'argille, le bol, l'ocre & la marne

Le schist est une terre légère qui se gonfle par l'eau, de couleur grise bleuâtre; c'est l'ardoise qui n'est encore ni dure, ni feuilletée.

La terre cimolée, si fameuse pour la peinture chez les anciens, étoit blanche, molle, peu dense & onctueuse au toucher; celle que l'on trouve aujourd'hui dans le commerce, est une espèce de terre à pipe.

La terre sulphureuse a une couleur verte grisâtre; elle s'enflamme facilement.

Dict. d'Hist. Natur. au mot *Argille*.

nalyse; nous verrons à l'article des Eaux sulphureuses, que le principe qui les minéralise n'est souvent que le phlogistique uni à de la terre argilleuse : on ne sera donc pas étonné de voir l'argile jouer un si grand rôle dans les Eaux minérales; nous avons déjà observé combien les Eaux gaseuses, où se trouve l'argile, comme celles de Spa & de Vichy, l'emportent sur les autres; nous avons également fait remarquer à l'article des Eaux martiales vitrioliques, les avantages que l'on retire du mélange des sels martiaux avec la terre argilleuse; dans les eaux salines elle émousse les pointes & le mordant des sels qui quoique plus doux, n'en ont que plus de vertus; c'est à quelques parcelles d'argile que l'on doit quelquefois le gras & l'onctueux des eaux meres, & la difficulté de cristalliser les derniers sels qui restent dans les analyses (1). Je ne suivrai pas plus loin ces observations, elles suffisent pour prouver combien il seroit intéressant que la chymie s'occupât sérieusement de cet objet sous le point de vue que nous présentons.

L'eau ne peut dissoudre de l'argile que dans une sorte de proportion, & en petite quantité; s'il en étoit autrement, au lieu

(1) Voyez notre article des Eaux martiales vitriol.

d'une eau légère & limpide, on auroit une eau pesante, épaisse & gluante : l'argile pure n'a point de goût & n'en donne point à l'eau qui est absolument sans saveur ni odeur (1), seulement si l'on y fait bien attention on s'apperçoit quelquefois de quelque chose de terreux au goût, d'ailleurs on observe quelques variétés à raison de la nature de l'argile ou de son degré plus ou moins considérable de pureté (2).

Il y a une sorte d'argile qui, dissoute dans l'eau, forme à la surface une pellicule crémeuse qui en a souvent imposé, & qui a presque toujours donné le change aux analyseurs qui croyent qu'il n'y a que les particules grasses & huileuses qui surnagent l'eau : le dépôt que forment les eaux dans lesquelles on a dissout de l'argile, forme une sorte de boue analogue à celle des Eaux savonneuses, dont la Chirurgie tire de si grands avantages.

Ces considérations sur l'argile nous ont

---

(1) L'argille n'a aucun goût ; on la compareroit volontiers à une bonne eau qui n'en auroit point. (Dict. des Fossiles par M. Bertrand.)

(2) *Argillarum species sunt pene innumeratæ, quædam albæ sunt & sebum apprimè deterunt talis in saponearum Aquarum Plombenianarum scaturigine deprehenditur.* (*Mater. Med. Tract. de Argillis, Auctore Geoffroy.*)

donné à penser que cette terre pourroit bien être le principe de plusieurs Eaux savonneuses de source ; ce sentiment s'est accru par l'impossibilité de trouver dans la nature aucune autre substance qui eût, sans odeur & sans saveur, la qualité douce, onctueuse & vraiment savonneuse du principe constitutif des Eaux minérales de cette classe : une attention plus particulière sur les produits des analyses que nous ont données des Auteurs estimés de ces Eaux savonneuses, ont achevé de nous convaincre (1).

(1) Les propriétés des Eaux savonneuses en Médecine, militent encore en faveur de notre sentiment. Elles adoucissent les humeurs en diminuant singuliérement de leur acrimonie, elles épaississent le sang & donnent plus de consistance aux liqueurs. On les ordonne pour le crachement de sang, contre les hémorragies, la dissenterie, les pertes blanches & tous les flux séreux ; pour les darres, démangeaisons & autres maladies prurigineuses ; pour les maladies de douleurs, les coliques d'estomac, d'entrailles, les vomissemens & toutes les maladies *ab irritabilitate & irritationibus*, où elles font des miracles.

EXEMPLES d'Eaux Savonneuſes.

EAUX DE PLOMBIÈRES. Les Eaux de Plombières ne ſont, ſi l'on en croit M. Monnet (1), que des Eaux chaudes, & rien de plus ; M. Bagard & le Docteur Zuinger étoient à-peu-près du même ſentiment : elles n'ont, il eſt vrai, ni goût, ni odeur, mais elles n'appartiennent pas pour cela à la claſſe des Eaux ſimples thermales.

Les Eaux de Plombières ſont douces & onctueuſes au toucher, la ſource froide l'eſt même à un tel point qu'elle porte ſpécialement le nom d'eau ſavonneuſe (2) ; il faut donc qu'il y ait dans ces eaux une ſubſtance quelconque, un principe quel qu'il ſoit, quelque choſe enfin d'où dépend cette qualité qui les diſtingue : c'eſt à notre avis de l'argile qui eſt ici la cauſe de la qualité ſavonneuſe des eaux (3). Nous

(1) Nouvelle Hydraulique.

(2) Quoique les Auteurs n'ayent donné le nom d'Eau ſavonneuſe qu'à cette ſeule ſource, il ne convient pas moins à toutes, ainſi que nous allons le prouver bientôt.

(3) A Plombières & dans les maiſons on trouve des pierres qui ſont comme du ſavon. (Mém. de l'Acad. des Sciences, an. 1700, pag. 60.)

ne connoiſſons dans la nature nulle matière qui puiſſe donner à l'eau la douceur en queſtion que les gommes, les huiles & les terres graſſes : les gommes ne ſe forment point dans les entrailles de la terre, elles appartiennent au règne végétal, & non à celui des foſſiles ; les bitumes ne peuvent jamais exiſter dans l'eau ſans lui communiquer de l'odeur ou de la ſaveur, nous l'avons déjà dit, les Eaux de Plombières n'ont ni l'un ni l'autre : on ne peut donc ſe refuſer d'admettre la terre ſavonneuſe comme leur principe compoſant. « En paſſant ſur » un ſavon naturel, ces eaux ſe trouvent » impregnées de parties fluides, douces » & veloutées ; elles ſont ſans goût ; elles » n'ont ni ſoufre, ni bitume ; on les appelle » ſavonneuſes, parce qu'elles ſortent de » certaines ſources où l'on voit une terre » argilleuſe de couleur & de qualité à-peu-» près de ſavon (1).

La qualité ſavonneuſe des Eaux de Plombières eſt plus ſenſible dans les eaux froides que dans les eaux chaudes ; mais entre celles-ci, celles qui ont le plus de chaleur paroiſſent avoir une onctuoſité plus

(1) Traité Hiſtorique des Eaux de Plombières, Luxeuil, &c. p. 188.

ſenſible ; cette onctuoſité eſt à-peu-près pareille à celle de l'eau dans laquelle on a fait diſſoudre du ſavon ordinaire.

Il ſe forme des incruſtations blanchâtres aux côtés des bains, particulièrement du grand, auſſi-bien qu'aux extrêmités des robinets des eaux chaudes que quelques-uns ont pris pour du ſoufre, d'autres pour du bitume, &. d'autres pour du ſel de tartre, faute de les avoir bien examinées : la matière de ces concrétions eſt inſipide & ſans odeur ; ſi on la jette ſur les charbons ardens, elle ne jette ni feu ni flamme, elle ne pétille pas, elle ne forme aucune bulle, elle ſe calcine ſimplement. Dès que les Eaux de Plombières ſont réduites à la douzième ou quinzième partie de leur volume, il commence à paroître ſur la ſurperficie une pellicule comme dans les évaporations que l'on fait pour la criſtalliſation des ſels ; ſi l'on continue l'évaporation, cette pellicule s'épaiſſit de plus en plus, enſorte qu'on peut en enlever des morceaux quand on opère ſur une grande quantité d'eau à la fois : ces morceaux ainſi enlevés reſſemblent par leur couleur à un talc fort, mince & fort délié. L'évaporation portée à ſa fin, il reſte de huit à neuf grains de matière fixe par pinte d'eau ; partie de ce résidu est de la terre, le reste de l'alkali (1). Le poids des Eaux de Plombières est égal à celui de l'eau de fontaine la plus légère ; celles qui sont plus chaudes sont encore plus légères que celles qui sont moins chaudes. La chaleur des Eaux de Plombières est tellement graduée, qu'il n'y a pas deux sources où elle soit égale, depuis la savonneuse qui passe pour froide, jusqu'au degré qui approche de l'eau brûlante (2).

« J'avois cru ci-devant, dit M. le Maire, » que les Eaux savonneuses (3) étoient plus » chargées de principes que les chaudes ; » les expériences que j'ai tentées sur les » unes & sur les autres, me font douter » que cela soit, & quoique les Eaux sa- » vonneuses passent pour avoir des quali- » tés toutes différentes de celles des eaux

---

(1) *Nihil ferè salis ex ingenti copia in bocali cujusdam argentei & cucurbitæ nostræ apertæ fundo remansit.* (*Obser. de Natur. Aquarum Plomb.*)

M. Monnet n'admet que quatre grains de sel alkali par pinte d'Eau de Plombières, & observe qu'il n'y a pas d'eau du pays qui n'en donne autant. (Nouvel. Hydrau.)

(2) Observations de M. le Maire sur les Eaux de Plombières.

(3) On ne connoît sous le titre d'Eaux savonneuses à Plombières que les Eaux froides ; les chaudes ne retiennent pas ce nom, & c'est à tort.

» chaudes, & ſoient regardées comme des
» Eaux minérales d'une nature ſpéciale &
» différente, il s'en faut bien que l'on puiſſe
» regarder cet article comme une choſe
» décidée : les raiſons pour conclure à la
» différence ſont 1°. que l'on trouve dans
» toutes les ſources que l'on nomme ſavon-
» neuſes cette matière à laquelle on a donné
» le nom de ſavon à cauſe de ſa reſſemblance
» avec le ſavon artificiel ; 2°. que les Eaux
» ſavonneuſes paroiſſent plus onctueuſes au
» toucher que les eaux chaudes ; 3°. que
» ces mêmes Eaux ſavonneuſes paroiſſent
» douceâtres, ou, ſi l'on veut, plus fades
» au goût que les chaudes ; 4°. enfin que
» l'expérience y découvre des propriétés,
» ou du moins ſemble nous en découvrir
» qu'elle ne montre point dans les eaux
» chaudes ; par exemple, elles ſont très-
» utiles dans les crachemens de ſang, les
» phtiſies non-confirmées ; on les employe
» avec ſuccès pour modérer & calmer les
» trop grandes fontes, & dans les diarrhées
» occaſionnées par des bains ou des douches
» trop chaudes, ou même par la boiſſon
» des eaux chaudes trop long-tems conti-
» nuées.... quoique ces raiſons paroiſſent
» fortes & propres à prouver que les Eaux
» ſavonneuſes ont une nature différente de
» celle des eaux chaudes, & ſemblent par

» conséquent confirmer l'opinion commu-
» nément reçue, les raisons qui prouvent
» le contraire m'ont paru si décisives & si
» convaincantes, que je n'ai pu m'y refu-
» ser, & que depuis qu'elles m'ont été con-
» nues, j'ai regardé les Eaux savonneuses
» & les Eaux chaudes de Plombières,
» comme ne faisant au fonds qu'une même
» espèce d'eau. 1°. Ayant fait évaporer à
» une chaleur lente une assez grande quan-
» tité d'eau chaude, il me resta une masse
» si semblable à celle que donnent les Eaux
» savonneuses évaporées avec les mêmes
» précautions, que je ne pus y remarquer
» la moindre différence sensible; les diffé-
» rentes substances, comme la pellicule,
» les flocons contenus sous cette pellicule
» étoient parfaitement semblables à ce que
» l'on observe dans l'évaporation des eaux
» froides. Cette observation qui me don-
» noit lieu de croire que les Eaux chaudes
» & les savonneuses ne différoient que du
» plus au moins, me fit espérer que si je
» pouvois recouvrer une bonne quantité
» de cette terre que l'on nomme savon, je
» pourrois en en développant la Nature,
» avancer d'autant dans la connoissance de
» celle des Eaux que je supposois impre-
» gnées de terre; pour y parvenir, je fis
» creuser une source savonneuse qui est à

» l'écart dans une maiſon particulière, &
» par-là éloignée de toute autre ſource minérale ; nous eûmes à peine creuſé la profondeur de cinq ou ſix pouces, que voulant amaſſer de cette terre, il me parut qu'il y avoit une chaleur ſenſible ; ayant invité celui qui travailloit avec moi d'y porter la main, il m'aſſura qu'il ſentoit la même choſe, j'y plongeai un thermomètre à l'eſprit-de-vin qui y monta de trois ou quatre doigts. J'eus lieu d'obſerver d'ailleurs que le rocher qui, dans l'endroit où ſe trouvent les Eaux minérales, eſt d'un gris brun, changeoit de couleur dans la veine même & commençoit à rougir dans le voiſinage de cette terre, que cette couleur rouge devenoit plus forte en approchant de ce qui paroît être le centre de la veine ; dans le milieu de la veine ce n'étoit plus un rocher, c'étoit une boue rouge mêlée de gros grains de ſable ou molécules du rocher, dont la plupart étoit ſavon, ou dans leur milieu, ou dans l'une de leurs extrêmités, ſans ceſſer cependant de faire un corps continu avec ce qui n'étoit pas changé & qui retenoit la forme d'un morceau de rocher ; ces morceaux, moitié ſavon & moitié rocher, étoient auſſi difficiles à diviſer que s'ils avoient été
» totalement

» totalement de ſavon, ou entiérement de » rocher : ces grumeaux, moitié ſavon & » moitié rocher, étoient rougeâtres, parti- » culiérement la portion qui n'étoit point » changée ; nous trouvâmes enſuite un ſa- » von pur, appliqué contre la ſurface ver- » ticale du rocher qui faiſoit un parois de » cette veine qu'elle terminoit ; cette ſur- » face du rocher nous parut fort dure & » dans une ſituation à-peu près perpendi- » culaire à l'horizon ; le ſavon pur étoit ap- » pliqué à cette ſurface, environ l'épaiſſeur » de quatre, cinq ou ſix lignes, plus en un » endroit, moins dans un autre. Cette ob- » ſervation nous découvre que les Eaux » ſavonneuſes ne ſont que des Eaux moins » chaudes que les autres Eaux minérales » de Plombières : le ſavon que l'on trouve » dans les ſources que l'on nomme ſavon- » neuſes, ne prouve pas que leur nature » ſoit différente de celle des Eaux que l'on » nomme chaudes, puiſqu'il s'en trouve » dans les ſources d'Eaux chaudes que leur » ſituation a permis d'examiner juſques » dans leurs veines minérales ; l'on en » trouve même en plus grande quantité » dans celles qui ont une chaleur plus mar- » quée. Il y a une ſource d'eau d'une cha- » leur ſenſible même dans les plus grandes » chaleurs de l'été, dans laquelle on trouve

» beaucoup plus de ſavon que dans aucune » autre que j'aye connue ; cette ſource eſt » dans la maiſon de la Fleur-de-Lys, ſur le » grand bain qui ſert aux uſages domeſti- » ques : il y en a une autre un peu plus » chaude que la précédente, à côté d'une » petite cour de la maiſon du Lion-rouge, » dans laquelle on trouve de très-gros » morceaux de ſavon : juſqu'au tremble- » ment de terre qui ſe fit ſentir dans les » Voges en 1681, cette ſource avoit tou- » jours paſſé pour une ſource d'eau ſavon- » neuſe ; à cette époque & depuis ce tems » c'eſt une ſource d'eau chaude : lorſqu'on » a repavé le Bain des Dames (en 1710,) » l'on trouva dans un conduit, pratiqué » tranſverſalement ſur les ſources chaudes » de ce bain pour détourner les eaux étran- » gères, une matière noire, graſſe, ſem- » blable, à la couleur près, à la terre ſa- » vonneuſe qui ſe trouve dans les ſources » d'Eaux minérales : la montagne du côté » d'Epinal ayant été coupée obliquement » depuis les maiſons de Plombières juſqu'à » ſon ſommet, pour pratiquer un chemin » plus commode, ce travail me donna oc- » caſion de remarquer que dans le rocher » qui eſt vis-à-vis du grand bain, il y avoit » pluſieurs fentes ou veines aſſez sembla- » bles à celles dont j'ai parlé ci-deſſus,

» dans lesquelles il se trouvoit du savon à
» côté d'une boue rouge ; que dans d'autres
» ce savon étoit noir comme du cambouis,
» mais plus dur & moins onctueux : dans
» d'autres veines on voyoit du savon ordi-
» naire, c'est-à-dire pareil à celui que
» l'on trouve dans les sources minérales de
» Plombières, ces veines paroissoient s'é-
» largir en s'enfonçant & se perdoient sous
» la chaussée ; j'observai qu'elles avoient
» toutes la même direction & que la partie
» du vallon qui est dans cette direction,
» est l'endroit de Plombières où les sources
» minérales se trouvent en plus grand nom-
» bre ; quelques-uues de ces veines com-
» muniquoient entr'elles, elles étoient éloi-
» gnées les unes des autres plus ou moins,
» les unes de quatre, les autres de six pou-
» ces environ ; mais au-delà & en-deça
» d'un certain espace qui avoit à-peu-près
» cent pas de largeur, il ne paroissoit rien
» de pareil dans les rochers qu'on avoit
» coupés comme celui-ci ; outre cela je re-
» marquai que le roc n'étoit plus le même ;
» comme j'allois souvent visiter cet en-
» droit, je m'apperçus que dans les tems
» de pluie il sortoit un peu d'eau de ces
» veines, cette eau paroissoit onctueuse au
» toucher comme la savonneuse ; lorsqu'il
» y avoit cinq ou six jours de beau tems,

» l'humidité disparoissoit, & tout le ro-
» cher étoit sec ; le savon se desséchoit &
» durcissoit en peu de tems ; j'ai eu le plaisir
» de les considérer pendant plusieurs sai-
» sons, puis ces veines se sont trouvées
» couvertes & cachées sous les terres ébou-
» lées par les pluies. Ces raisons bien pé-
» sées m'ont paru prouver que les Eaux
» de Plombières chaudes & savonneuses,
» ne différoient entr'elles que du plus au
» moins, sans aucune différence essentielle.
» En effet, l'on peut fort bien concevoir &
» rendre raison des effets que ces Eaux pro-
» duisent, quoi qu'ils paroissent avoir quel-
» qu'opposition entr'eux, sans être obligé
» de recourir à des ingrédiens différens ;
» ils peuvent être causés par un peu plus
» ou un peu moins de chaleur. Le Docteur
» Zuinger, dans une Thèse qu'il fit soute-
» nir sur les Eaux de Plombières, dit aussi
» qu'après avoir bien examiné ces Eaux sa-
» vonneuses, il les croyoit peu différentes
» des Eaux chaudes réfroidies (1). »

Cette digression m'a paru trop inté-ressante pour ne pas la transmettre en entier. Nous nous sommes étendus d'autant

---

(1) Dissertation sur les Eaux savonneuses de Plombières, insérée dans le Recueil déjà cité de Dom Calmet.

plus volontiers ſur le travail qu'a fait M. le Maire, qu'il nous diſpenſe d'entrer dans d'autres détails ſur les territoires des autres pays à Eaux ſavonneuſes (1).

EAUX DE BAINS. Les Eaux de Bains, dans les Voges, ne diffèrent des Eaux de Plombières que par le plus ou le moins, peut-être même ont-elles la même origine, elles ſont plus onctueuſes, mais elles ont moins de chaleur, ce qui confirme la remarque que nous avons faite, que parmi les ſources d'Eaux ſavonneuſes, les moins chaudes ſont celles qui paroiſſent les plus douces & les plus onctueuſes. M. Monnet ne diſtingue nullement les Eaux de Bains de celles de Plombières (2).

Il ſe trouve dans les Eaux de Bains, comme dans les Eaux de Plombières, quelques grains de ſel alkali.

EAUX DE LUXEUIL. Luxeuil a pluſieurs ſources d'Eaux thermales & deux d'Eaux froides: de ces deux dernières, l'une eſt martiale, & l'autre ſavonneuſe, comme celles de Plombières, & en retient également le nom. Les Eaux chaudes ſe reſſemblent toutes, à la différence

(1) Voyez ſur ce point le Diſcours de M. d'Arcet ſur l'état actuel des montagnes des Pyrénées.

(2) Nouvelle Hydraul.

ſeulement du degré de chaleur : toutes ces Eaux chaudes (1) ſont onctueuſes, de même goût, de même qualité, fort légères & agréables à boire, à la reſerve ſeulement de l'eau du grand bain qui a un goût un peu plus fade en la buvant, elle eſt auſſi plus chaude que les autres, & dépoſe ſur le pavé du baſſin un limon d'un gris noirâtre. La ſource que l'on nomme ſavonneuſe (2) eſt plus onctueuſe que les autres : ſans doute parce que dans celles-ci la terre argilleuſe eſt plus affinée, plus diviſée, plus exaltée par la chaleur, ce qui fait qu'elle eſt moins ſenſible quoiqu'elle y ſoit à égale quantité ; il eſt même à préſumer que la ſource du grand bain en contient davantage, puiſque malgré la chaleur elle eſt ſenſible au goût : on a voulu trouver dans les Eaux de Lu-

(1) Recueil de Dom Calmet, pag. 176.

(2) Sa couleur tire ſur un blanc ſale ou griſâtre, ſemblable à de l'eau dans laquelle on auroit fait fondre du ſavon ; ſa chaleur eſt très-modérée ; à en juger par le ſens du goût, cette Eau paroît un peu fade ; au tact elle paroît beaucoup plus onctueuſe & ſavonneuſe que les Thermales ; elle dépoſe une matière griſe, onctueuſe, liquide qui ſe durcit à l'air & dont on peut ſe ſervir pour ôter les taches ; elle eſt très-ſalutaire pour adoucir le ſang & les acrimonies, dans les hémorragies, diſſenteries & autres flux. (Diſſert. ſur les Eaux minér. de Luxeuil par D. T. G. 1761.)

Nota. Cette ſource eſt actuellement perdue.

xeuil du souffre, du bitume, des sels, de l'air fixe &c. M. Monnet nous assure qu'il n'en est rien (1). Le dépôt des bassins prouve par sa douceur & son onctuosité qu'il est formé de terre glaise. Les bulles que l'on voit sortir d'une des sources ne sont autre chose que de l'air athmosphérique, nullement combiné, & semblable à celui de la source de Saint-Amand, dite le Bouillon.

EAUX D'AIX. Les Eaux d'Aix en Provence, sont aussi des Eaux savonneuses; elles n'ont ni goût, ni odeur, & elles sont douces & onctueuses. Ces Eaux, dit M. Lieutaud, premier Médécin du Roi (2), sont propres a nettoyer les laines, à dégraisser les draps, &c. &c. On ne les emploie pas seulement comme remède, dit M. Lauthier (3) mais aussi comme aliment dans l'état de santé. Ces observations seules, sans nous étendre davantage, prouvent que ces Eaux sans odeur, sans goût, mais douces, onctueuses & propres à dégraisser, contiennent une argile pure.

EAUX D'AX. Plusieurs sources d'Ax

(1) Nouvelle Hydraulique.

(2) *Synopsis Med.*

(3) Des Eaux d'Aix avec des avis & la méthode d'en faire usage.

ſont ſavonneuſes, & d'une manière plus ou moins ſenſible. La cinquième ſource du fauxbourg eſt d'une onctuoſité très-marquée, auſſi l'emploie-t-on pour laver les laines & les étoffes ; elles ſervent auſſi à des moulins à foulon & à d'autres ouvrages économiques, où elles tiennent lieu de ſavon (1) : les ſources dites du Couloubre ſont auſſi très-douces & très-onctueuſes, mais elles ſentent le souffre, ce qui vient de la rencontre du phlogiſtique libre dont l'argille s'eſt emparée, & avec laquelle il s'eſt combiné. Voyez notre Article des Eaux ſulphureuſes (2).

EAUX DE POMARET. A Pomaret, Diocèſe d'Alais, ſe trouvent des Eaux minérales tiédes ; elles ſortent d'un grand rocher ſitué au bas d'une coline dont le ſol

(1) Mém. ſur ces Eaux par M. Sicre.

(2) On pourroit, d'après ces obſervations & ce que nous avons déjà dit des Eaux d'Ax à l'article des Eaux thermales, on pourroit, dis-je, les ranger ſous trois claſſes : il y a des ſources qui ſont à peine imprégnées de terre argilleuſe, ou ne le ſont point du tout ; il y en a d'autres qui ſont vraiment ſavonneuſes ; il y en a auſſi qui ſe ſont imprégnées de phlogiſtique, d'où dépend leur odeur de ſoufre : les premieres appartiennent à la claſſe des Eaux ſimples thermales, les ſecondes à celle des ſavonneuſes, & les dernières à la claſſe des Eaux ſulphureuſes.

abonde en ardoises, sur tout près de la source. M. Montet ayant fait évaporer 18 livres de ces eaux, il a obtenu une once sept gros d'un sel jaune enveloppé de terre, & d'une matière grasse. M. Montet a étendu ce résidu dans de l'eau, il l'a filtré, & il a eu une terre fort blanche, presque insipide, & de nature talqueuse ou gypseuse (1).

EAUX DE MERLANGES. Les Eaux de Merlanges sont douces & savonneuses; agitées dans la bouche, elles font mousser & blanchir la salive; elles ont la propriété de nettoyer & blanchir les étoffes & les laines; les parois & le fond du vase sont couverts d'un sédiment blanc & onctueux au toucher; l'eau n'a ni goût, ni odeur; dans presque toutes les expériences que l'on fait sur ces eaux, il se forme une pellicule onctueuse & crêmeuse (2).

Le soupçon de mars que l'analyse semble découvrir dans ces eaux, le sel marin à base terreuse & le sel de Glauber ne sont pas en grande quantité, puisque ces eaux ne sont que douceâtres sans un goût mar-

(1) Dict. des Eaux minér.

(2) Voyez la Thèse de M. Bourru, Docteur-Régent, soutenue aux Ecoles de Paris, en Novembre 1765.

qué ; elles paſſent cependant pour lâcher un peu le ventre (1). La ſource des Eaux de Merlanges eſt ſituée au bas d'une monticule ; le terrein qui l'environne eſt formé de pierre à chaux, & d'une terre liées à-peu près comme la marne & la craye.

EAUX DE PRÉMEAUX. Les Eaux de Prémeaux, près de Nuit, ſont froides ; elles n'ont ni goût, ni odeur : on les a dites bitumineuſes à cauſe de la pellicule onctueuſe dont ces eaux ſont couvertes, & qu'on croit graſſe quoiqu'elle ne ſoit que terreuſe, ainſi qu'on peut s'en aſſurer par ce qu'en a dit M. Duclos (2). Par l'évaporation il ſe dépoſe au fond du vaſe de vrais mucilages qui n'ont rien de bitumineux ; ces mucilages étant deſéchés, ſe ſont réduits en terre non ſoluble dans le vinaigre.

EAUX DE NÉRIS. Les Eaux de Néris, dans le Bourbonnois, donnent une terre marneuſe, qui, au rapport de M. Michel (3), forme, en ſe dépoſant, un limon gras & onctueux ; on emploie avec le plus grand ſuccès ce marc en cataplaſme.

---

(1) Voyez notre article des Eaux ſalines.

(2) Traité des Eaux minérales de la France.

(3) Mém. ſur les Eaux de Neris par M. Michel, Doct. Méd.

M. Michel ayant placé sur un feu doux la dissolution filtrée du résidu des eaux pour être évaporée jusqu'à pellicule, au lieu de crystaux de sel, il s'est séparé de cette eau une matière limonneuse, blanche, onctueuse & gluante, qui ne se dissout point dans le vinaigre.

EAUX DE SAINTE-REINE. Les Eaux de Sainte-Reine, en Bourgogne, sont froides & savonneuses (1). Celles de Peyret, près d'Uzez, sont froides aussi, & ne contiennent qu'une terre blanchâtre semblable à de la marne (2). On rencontre dans le Diocèse d'Alais, des sources savonneuses, comme celles de Plombières (3). A Youset, au tour du bassin, & sur l'eau même, on voit nager une matière blan-

(1) *Aquæ sanreginales limpidæ sunt, inodoræ, incipidæ, potu suaves, harum libra una evaporata, vix quinque grana relinquit sedimenti partim foliacei, partim gummosi* (*Geoffroy de Aquar. Galliæ Medic. Tract.*).... *Aqua illa* (de Corgirenon près de Langres) *saporem fert aliquatenùs terreum atque non nihil pinguis & unctuosæ actu judice deprehenditur* (*ibidem*)... *Aquæ Aquilinæ, aquæ Castro-Theodoricianæ, aquæ san-firminæ, aquæ tangrensis cremorem gerunt unctuosum & variegatum.* (*ibidem.*)

(2) Traité des Eaux minéral. par M. Rolin.

(3) Mém. sur les Eaux minérales d'Alais par de Sauvages.

che & onctueuse, & après l'évaporation de ces eaux, il reste une matière semblable à une terre grisâtre, une sorte de marne; l'odeur de souffre qu'elles ont, vient du phlogistique qui s'est uni à l'argille (1). Il y a une source dite le Bouillon, près de Nismes, qui, au rapport de M. l'Abbé Maillard, est douée d'une qualité savonneuse, de même que toutes les Eaux de Plombières, ce qui est très-visible au maniement des boues de la source; cet Observateur fait remarquer que l'application de ces boues opère même plus efficacement que les eaux la guérison de plusieurs maladies: cette eau est agréable à boire, elle n'est cependant pas pure, elle frappe le goût d'une impression passagère de sel alkali: les boues ont une petite odeur de souffre, ce qui décèle une légère portion de phlogistique combiné avec l'argille.

Il seroit inutile de rapporter un plus grand nombre d'exemples d'Eaux minérales savonneuses; ce que nous avons dit, je crois, suffira pour dessiller les yeux sur la nature de la matière qui les composent: on se persuadera aisément que de l'eau chaude en passant à travers ou sur des argilles plus ou moins fines, ou plus ou moins

(1) Voyez notre article des Eaux sulphureuses

solubles, se chargera de ce qu'elle est capable d'en dissoudre ; on devroit plutôt même être étonné de ce que toutes les Eaux, les thermales sur-tout, ne sont pas savonneuses, puisque c'est l'argille qui retient les eaux sous terre, & donne lieu par-là à la formation des sources, à leur écoulement, à leur direction. Sans les terres argilleuses, dit M Bertrand, le globe seroit ou aride, ou inondé d'eau (1).

N. B. Malgré tout ce qui vient d'être dit en faveur de la terre argilleuse, nous ne prétendons pas pour cela à l'exclusion ; ce seroit peu connoître la Nature qui, quoique toujours simple dans sa marche, n'en est pas moins variée dans ses moyens & très-féconde en ressources : on verra à l'article où nous traitons des Eaux bitumineuses, combien les Eaux qui sont minéralisées par le pétrole, sont douces & vraiment savonneuses; nous rapporterons à l'article des Eaux salines quelques expériences sur l'union de l'alkali avec certaines terres qui indiqueront que ce pourroit bien être aussi un des moyens de la Nature dans ses laboratoires souterrains des Eaux minérales savonneuses ; & nous avons précédemment observé que l'alkali à certaine dose dans

(1) Dictionnaire des Fossilles, au mot *Argille*.

les Eaux, eſt également capable de les rendre plus ou moins douces & ſavonneuſes. Nous nous ſommes un peu appéſanti ſur cet objet, parce que nous avons cru qu'il méritoit l'attention des Phyſiciens.

DES EAUX *SULFUREUSES.*

Les Eaux minérales ſulphureuſes doivent leur nom à l'odeur qu'elles exhalent ; odeur que l'on croit venir du ſoufre qu'elles tiennent en diſſolution. Elles ont un goût déſagréable, une odeur d'œufs couvis, ou plutôt, dit M. le Roi, d'œufs durs que l'on ouvre tout chauds (1) : ces deux qualités ſuffiſent en général pour les faire reconnoître & faire juger de leur force ; elles ont auſſi la propriété de noircir l'argent. Une chaleur douce, le ſeul accès de l'air libre ſuffit pour faire perdre à une eau ſulphureuſe ſon odeur, ſon goût & les autres qualités qui la conſtituent ſulphureuſe.

Les Eaux dites ſulphureuſes ſont en très-grand nombre, & preſque toutes thermales ; mais y en a-t-il beaucoup qui charrient réellement du ſoufre ? M. Monnet croit

(1) L'odeur des Eaux de Barèges imite celle que rendent les œufs cuits & durcis dans la coque, & qu'un cuiſinier coupe pour les apprêter. Deſault. Diſſertat. ſur la pierre, page 154.

qu'elles ſont très-rares (1), & M. Venel a avancé qu'il n'y en a point du tout. Ce n'eſt, ſelon cet Auteur, ni à un acide ſulphureux volatil, ni à rien qui tiennent du ſoufre que l'on doit le principe éthéré des Eaux minérales dites ſulphureuſes ; que quant même il y auroit quelque choſe de ſemblable, qu'il y auroit des eaux ſpiritueuſes qui fuſſent réellement impregnées de vapeurs ſulphureuſes & minérales, ces vapeurs ne ſeroient dans ces Eaux qu'un principe très-paſſif : c'eſt à l'air ſurabondant que ce célèbre Chymiſte penſe que ces eaux doivent entièrement leur vivacité & les phénomènes qui les ont fait appeller ſulphureuſes (2).

Le ſoufre, comme on le ſait ne ſauroit s'unir à l'eau ſans intermède : il ne faut cependant pas, dit M. Monnet s'attendre à trouver du foie de ſoufre dans toutes les Eaux minérales dites ſulphureuſes ; car ſi par Eaux ſulphureuſes on n'entend parler que de celles qui en contiennent réellement, cette claſſe d'eau ſeroit peut-être la plus petite de toutes (3) : ce n'eſt pas qu'il n'y ait bien des eaux qui char-

(1) Traité des Eaux minérales.

(2) Mém. des Savans Etrang. Tom. II.

(3) Des Eaux minér. ſulphur. Traité des Eaux min.

rient des ſubſtances propres à s'unir au ſoufre ; les terres abſorbantes & l'alkali minéral qu'on y rencontre ſi ſouvent en ſont bien capables (1), mais ſoit qu'étendues dans une immenſe quantité d'eau, ces ſubſtances ne puiſſent agir aſſez fortement ſur le ſoufre pour le diſſoudre, ou que la chaleur ne ſoit pas ſuffiſante dans la plupart de ces eaux pour favoriſer leur union, enfin qu'elle qu'en ſoit la cauſe, toujours eſt-il vrai que rien n'eſt plus rare que de voir des eaux qui contiennent un vrai foie de ſoufre, & qui, par les acides, laiſſent précipiter un ſoufre réel : d'un autre côté, il faut convenir que ſi rien n'eſt plus rare que de rencontrer de pareilles eaux, rien n'eſt plus commun que d'entendre parler d'Eaux ſulphureuſes ; mais qu'eſt-ce que la plupart de ces eaux ? ſi non des eaux qui préſentent ſeulement l'odeur & le goût du foie de ſoufre, ſans produire d'autres effets, que de colorer les ſubſtances métalliques en noir. Combien de vaines tentatives n'a-t-on pas faites pour obtenir un ſoufre qui n'y exiſtoit pas ! il y a, à la vérité,

---

(1) On a remarqué que c'eſt preſque toujours une terre qui tient le ſoufre en diſſolution dans les Eaux : M. Monnet croit que c'eſt la terre calcaire, & M. le Roy penſe que c'eſt la magnéſie.

quelques Eaux ſulphureuſes comme celles de Barèges, & celles que le Pere Cotte a découvert dans la Vallée de Montmorency, qui précipitent réellement les diſſolutions métalliques de la même manière que le font les foies de ſoufre ; néanmoins quand on n'y verſe qu'un acide pur, elles ne laiſſent rien précipiter ; auſſi M. Macquer, dans le rapport qu'il a fait ſur les Eaux de Montmorency, à l'Académie Royale des Sciences, remarque-t-il que quoique ces eaux paroiſſent au premier abord contenir du ſoufre, on trouve cependant par l'examen qu'elles n'en contiennent nullement.

Notre Auteur penſe que l'on s'eſt laiſſé tromper par les apparences, & prétend que c'eſt à tort que l'on attribue au ſoufre l'odeur qui a fait donner à ces eaux le nom qu'elles portent (1) ; il croit que c'eſt au phlogiſtique ſeul qu'on la doit, de quelle matière qu'il ſoit dégagé : l'odeur conſtante d'œufs couvis & non de ſoufre, auroit dû, ſelon M. Monnet, faire revenir de l'erreur. Si, par exemple, on jette dans de l'eau fraîche du ſoufre enflâmé, ou une

(1) Le ſoufre n'a pas d'odeur lorſqu'il eſt froid; mais lorſqu'il eſt échauffé & fondu, ou qu'il ſe ſublime, pour lors il répand une odeur particulière qui n'eſt pas la même que lorſqu'il brûle.

pyrite ardente, on aura une eau qui présentera l'odeur & le goût de foie de soufre, elle noircit l'argent; l'eau dans laquelle on éteint un fer ardent, du charbon enflâmé, prend également le caractère d'une eau minérale sulphureuse; enfin l'odeur des eaux de cette classe se reconnoît, & elle est la même toutes les fois que l'on met dans de l'eau une matière dont le phlogistique est développé.

L'odeur du foie de soufre est également celle du phlogistique qui s'évapore; on en a la preuve si l'on veut bien faire attention que le soufre en lui-même n'a point d'odeur, qu'il n'en prend que quand il se décompose, soit par la chaleur ou par toute autre cause. Le foie de soufre a de l'odeur, parce que le phlogistique a bien moins de cohérence avec son acide que dans le soufre non combiné; cette cohérence s'affoiblit tellement qu'on a des exemples de foie de soufre réduit en tartre vitriolé par la simple évaporation du phlogistique : cette décomposition a lieu plus ou moins promptement, suivant la manière d'être du soufre dans l'eau; plus il y sera étendu, & plus il y sera exposé à la chaleur, plus promptement cette décomposition aura lieu : il m'est arrivé, dit M. Monnet, d'avoir réduit en tartre vitriolé une assez grande quantité de foie de ſoufre en le faiſant bouillir à grands bouillons étendu dans beaucoup d'eau ; ainſi l'odeur que l'on nomme ſulphureuſe dans les Eaux minérales, n'eſt donc point la preuve qu'il y exiſte du ſoufre, mais du phlogiſtique libre ; l'analyſe montre enſuite ſi ce phlogiſtique vient du foie de ſoufre ou de quelqu'autre ſubſtance.

Le principe qui minéraliſe les Eaux ſulphureuſes s'échappe & ſe diſſipe avec la plus grande aiſance ; en effet, la plus forte eau ſulphureuſe ne conſerve pas ſon odeur plus de dix-huit à vingt-quatre heures : cela ſe conçoit aiſément, même en prenant pour exemple les eaux minéraliſées par le foie de ſoufre ; à meſure que le phlogiſtique ſe dégage, il s'envole & vient frapper l'odorat (1) tandis que l'acide du ſoufre s'empare de l'intermède qui formoit l'hépar.

M. le Roi ne penſe pas comme M. Monnet ſur cet objet : nombre de faits, ſelon cet Auteur (2), démontrent que les eaux que l'on nomme ſulphureuſes ſont effecti-

(1) Quand on concentre l'acide vitriolique, on ſent ordinairement une odeur ſulphureuſe autour du vaiſſeau ; cela vient d'une petite portion de phlogiſtique dont l'acide n'eſt point exempt. (Chymie-Pratique, pag. 44.)

(2) Précis ſur les Eaux minérales.

vement impregnées de ſoufre : on ne peut nier qu'il ſe ſublime du véritable ſoufre aux voûtes & aux parois des conduits des Eaux d'Aix-la Chapelle (1) ; il s'en ramaſſe à la ſurface de la ſource puante près d'Alais ; on trouve dans beaucoup d'Eaux ſulphureuſes des eſpèces de glaires qui, ſéchées, brûlent comme le ſoufre, & exhalent la même odeur ; du vinaigre projetté dans ces eaux en exalte une odeur ſemblable à celle que le même acide produit dans une diſſolution de foie de ſoufre ; enfin par une diſſolution particulière du ſoufre on réuſſit à faire des Eaux ſulphureuſes artificielles qui ont les mêmes propriétés ſenſibles & chimiques des naturelles. Il ne faut pas conclure, continue M. le Roi, de l'analyſe des Eaux ſulphureuſes qu'il n'y a point de ſoufre, parce qu'on ne peut le retenir ; cela eſt dû à l'extrême volatilité dont il jouit, & à ce qu'une quantité de ſoufre extrêmement petite ſuffit pour communiquer une odeur d'œufs couvis à un volume d'eau conſidérable (2).

On voit par l'expoſé que nous venons

---

(1) Ce ſoufre n'eſt point contenu dans l'eau, il ſe forme à l'endroit où on le ramaſſe. (Nouvelle Hydraul. page 176.)

(2) Précis ſur les Eaux minér. ibidem.

de faire, que les avis sont encore partagés sur la théorie des Eaux sulphureuses : ne pourroit-on pas les concilier sans rien changer à l'ordre des faits, sans s'écarter de la vérité ?

Est-il bien vrai, comme le pense M. Monnet, que l'odeur des Eaux sulphureuses est celle du phlogistique ? Je crois la chose démontrée : en effet, le soufre, comme nous l'avons déjà dit, n'a nulle odeur par lui-même, ce n'est donc pas lui qui en communique aux eaux ; quand le soufre acquiert de l'odeur soit par la chaleur ou par un autre agent, c'est qu'il se décompose, or, qu'est-ce que la décomposition du soufre, si ce n'est la séparation du plogistique & de l'acide qui le composent ? L'acide n'a point d'odeur, c'est donc le phlogistique qui se fait sentir : le foie de soufre est un sel surcomposé dans lequel le phlogistique n'a plus la même cohérence qu'il avoit à beaucoup près avec son acide, il s'échappe alors aisément à cause de sa volatilité, surtout s'il y a de la chaleur ; or, dans ce sel composé d'acide, de phlogistique & d'alkali, l'alkali ni l'acide n'ont d'odeur, c'est donc le plogistique qui la communique aux eaux ; c'est donc lui qui donne aux Eaux sulphureuses l'odeur qui les distingue. Les expériences qui suivent viennent encore à l'appui de la même conſéquence. Le ſel de glauber avec du charbon en poudre projetté ſur le feu, répand une fumée qui exhale l'odeur du ſoufre (1). Si l'on mêle deux onces de ſel de glauber avec une once de ſel de tartre & une once de charbon en poudre, qu'on mette le tout dans un creuſet, dès que ce mêlange ſera fondu, on en obtiendra une maſſe rougeâtre d'un goût ſulphureux alkalin (2). Le foie de ſoufre diſſout dans l'eau & précipité, rend une odeur ſemblable à celle de l'œuf pourri (3). Si l'on mêle du ſoufre en poudre & de la limaille de fer humectée ſuffiſamment, & qu'on les mette dans un endroit où il y ait de l'eau, cette eau s'imprègne fortement d'un des principes du ſoufre, & contracte une odeur très forte d'eſprit volatil ſulphureux (4) : l'effet de cette imprégnation, dit M. Prieſtley, eſt remarquable, mais le principe dont l'eau eſt imprégnée eſt volatil, & s'échappe entièrement dans un jour ou deux ſi on laiſſe la ſurface de l'eau ex-

---

(1) Méthode générale d'analyſ. les Eaux minérales. trad. pag. 124.

(2) Ibidem. pag. 182.

(3) Ibidem. pag. 152.

(4) Eſſai ſur les différentes eſpèces d'air, Tom. I, pag. 182.

posée à l'athmosphère ; le fer de cette expérience, continue ce Savant, dans son effervescence avec le soufre & l'eau se réduit évidemment en chaux, ensorte que son phlogistique doit s'être dégagé : l'eau dans cette expérience reçoit l'odeur qu'elle exhale du phlogistique qui se dégage par l'ignition, la forte imprégnation que l'eau reçoit du phlogistique prouve évidemment, selon le même Auteur, qu'elle a une affinité considérable avec lui.

Ces expériences & beaucoup d'autres qui nous jetteroient dans de trop longs dédétails, nous portent à conclure, avec M. Monnet, que le phlogistique joue le principale rôle dans les eaux dites sulfureuses : mais ce phlogistique vient-il aussi rarement du foie de soufre, que l'avance ce savant Naturaliste (1)? J'avoue qu'il est assez difficile de prononcer sur cet objet ; car, comme l'observe M. le Roi, la quantité infiniment petite de matière que la nature employe pour minéraliser les Eaux sulfureuses,

(1) M. Roux & M. le Veillard de Passy, ont prétendu avoir fait du cinabre en précipitant la dissolution mercurielle avec les Eaux de Montmorency. D'où ils ont conclu qu'il étoit possible d'en faire autant de plusieurs Eaux sulfureuses. Donc il n'est pas possible d'obtenir le soufre autrement. (Anal. des Eaux de Montm.)

sulphureuses, son extrême divisibilité, & la difficulté de la retenir & de l'examiner avec scrupule, pourroient bien induire à erreur; quand on pense en effet qu'un grain, un demi-grain, un quart de grain, & moins encore suffisent pour minéraliser une pinte d'eau, on n'est plus surpris qu'un principe d'ailleurs volatil soit si difficile à saisir & à analyser; ainsi de ce qu'on ne pourroit pas obtenir du soufre précipité des eaux par les acides, je ne pense pas que l'on puisse rigoureusement en conclure qu'il n'y existe point d'hépar (1), je serois au contraire porté à croire que quand les Eaux sulphureuses précipitent les dissolutions métalliques, que par l'addition des acides leur odeur se dévelope davantage & se fait plus fortement sentir, & que dans le sédiment des eaux évaporées l'on trouve un peu de terre ou d'alkali ou quelques atômes de sel neutre, on est en droit

(1) Il est bien difficile qu'il se précipite des Eaux minérales du soufre par l'addition des acides, parce que le foie de soufre est étendu dans une trop grande quantité d'eau & que le phlogistique aidé de la chaleur abandonne alors trop aisément sa base, mais surtout parce que le précipitant dégagé de l'air fixe qui s'empare du phlogistique, s'évapore & se dissipe sous la forme d'esprit sulphureux.

de penser que ces eaux sont minéralisées par un foie de soufre (1)

Reste l'opinion de Venel à déveloper. Nous distinguons dans les Eaux sulphureuses comme dans toutes les autres classes d'Eaux minérales, celles qui sont spiritueuses de celles qui ne le sont pas. Si, comme le pensoient les anciens, toutes devoient leurs vertus à un acide sulphureux volatil, il faudroit, sans doute, les renger toutes dans la classe des Eaux spiritueuses : mais il y en a de ces eaux qui sont on ne peut pas plus simples, c'est-à-dire, qui ne contiennent absolument que du phlogistique uni à l'eau, comme celles de S. Amand, plusieurs sources d'Ax & de Bagnères, &c. &c ; il y en a d'autres qui charrient le foie de soufre, comme celles de Barèges, de Luchon, &c. &c. ; il y en a comme celles d'Aix-la-Chapelle qui sont minéralisées par l'esprit sulphureux volatil : celles-ci sont spiritueuses,

---

(1) Les incrustations inflammables & le soufre lui-même en substance, que l'on trouve dans les eaux & autour des bassins, ne sont pas des preuves suffisantes pour croire que ces eaux soient minéralisées par un foie de soufre : ce ne sont que des inductions, parce que le soufre peut avoir été entraîné dans un simple état de division, sans avoir été intimement uni à l'eau, comme dans les Eaux de Montmorency, dans la source d'Ax dite la Couloubre & plusieurs autres.

les autres ne le ſont pas. Nous obſerverons à ce ſujet que ſouvent l'on confond un principe volatil avec un principe ſpiritueux: le phlogiſtique eſt très-léger, mis en liberté il s'échappe & s'évapore aiſément, mais il ne faut pas de grands efforts pour le retenir: il n'en eſt pas ainſi des eſprits, non-ſeulement ils s'échappent quand ils trouvent une iſſue libre, mais ils font ſans ceſſe effort pour s'échapper, & les principes ſont d'autant plus ſpiritueux que ces efforts ſont plus conſidérables & plus marqués; c'eſt ainſi que l'air fixe rompt ſouvent les liens, & caſſe quelquefois les bouteilles dans leſquelles il y a de l'eau gaſeuſe. D'après ces réflexions il eſt trop aiſé de diſtinguer les Eaux ſpiritueuſes de celles qui ne le ſont pas pour nous arrêter plus longtems ſur cette diviſion, & ce ſeroit aller évidemment contre les faits que de ranger toutes les Eaux ſulphureuſes dans la même claſſe & ſous la même ligne. Mais qu'eſt-ce que l'eſprit des Eaux?

Je crois, comme Venel, que l'eſprit dans les Eaux dites ſulphureuſes eſt le même que celui des Eaux gaſeuſes (1); mais il n'eſt pas auſſi ſimple, auſſi pur, où ſi l'on veut auſſi dégagé de matières étrangères:

(1) Voyez notre article des Eaux gaſeuſes.

dans les Eaux gaseuses, il se montre à nud avec son caractère d'acidité; ici il se trouve uni à une substance légère, volatile & très-odorante, le phlogistique, avec lequel il a beaucoup d'affinité : c'est ce phlogistique qui, dans les Eaux sulphureo - gaseuses, empêche de distinguer l'air fixe, & qui prend le dessus de façon à en imposer ; en sorte que l'esprit sulphureux volatil que l'on a toujours considéré comme un simple composé de plogistique & d'acide vitriolique, cache dans sa composition intime un être incohersible, très-léger, très-volatil & très-spiritueux, l'air fixe : peut-être même la chose considérée de plus près par des gens plus habiles se laissera mieux deviner encore; il ne seroit pas impossible que la portion d'acide vitriolique que l'on croyoit autrefois entrer dans la composition des Eaux sulphureuses ne fût qu'un être idéal, & que l'on ne trouvât autre chose dans la composition de cet esprit que de l'air fixe combiné avec le phlogistique ; peut-être aussi l'acide sulphureux volatil est formé d'acide vitriolique, de phlogistique & de l'air fixe. M. Bertholet, notre Confrere, a fait voir que le soufre même entre dans la composition de l'acide sulphureux volatil.

La façon de penser de M. Rouelle sur le

principe des Eaux ſulphureuſes (1), vient à l'appui de celle que nous nous faiſons de l'eſprit ſulphureux. La vapeur qui ſe dégage du foie de ſoufre par les acides eſt, dit ce Chymiſte, un air combiné (2) avec une grande quantité de phlogiſtique : la vapeur qui s'éleve d'une diſſolution de fer par l'acide du ſel eſt analogue à cet air combiné (3), il eſt inflammable ; l'eau s'en charge quoiqu'avec peine, mais elle retient un goût d'œufs couvis, & une forte odeur d'hépar ; elle conſerve l'une & l'autre aſſez longtems même à l'air libre, puis elle ſe trouble & devient comme du petit lait qui n'auroit pas été clarifié : cette vapeur, continue notre Auteur, eſt abſolument analogue à celle qui s'élève des Eaux thermales, comme celle d'Aix-la-Chapelle, Cauterets, Barèges, &c. ; & nous ſommes tentés de croire qu'elle eſt la même : il ſeroit à ſouhaiter que les Chymiſtes (c'eſt toujours M. Rouelle qui parle) qui ſont plus à portée de ces eaux, vouluſſent vérifier notre conjecture, & nous apprendre ſi les vapeurs qui s'en exhalent ſont inflammables comme celle de l'hépar ; ce qu'il y

(1) Journal de Médecine, Mai 1773.
(2) M. Rouelle donne à l'air fixe le nom d'air combiné.
(3) Ibidem.

a de certain, continue ce ſavant Chymiſte; c'eſt que celle-ci a préciſément la même odeur que celle qui s'éleve des Eaux minérales ſulphureuſes; elle a auſſi la propriété de noircir l'argent, même lorſqu'on l'a introduite dans l'eau.

On voit par cet expoſé de la façon de penſer de M. Rouelle, qu'il confond les eaux ſpiritueuſes avec celles qui ne le ſont pas. Tout le monde d'ailleurs n'eſt pas d'accord avec cet Auteur, que l'eſprit ſulphureux pur ſoit inflammable (1). Pendant la précipitation des foies de ſoufre par les acides, il y a, dit Meyer (2), une bonne partie du ſoufre décompoſé & changé en un eſprit ſulfureux volatil; une partie du ſoufre eſt auſſi emportée en l'air à cauſe de la grande fineſſe du magiſter dont les plus petits atômes, par leur fineſſe & leur légéreté, ſont emportés avec les vapeurs; auſſi ces vapeurs ou exhalaiſons peuvent s'enflammer pendant la précipitation, tandis qu'au contraire un eſprit ſulfureux volatil pur ne s'enflamme point. Cette diſtinction bien réelle & très-importante, nous

(1) Les vapeurs précipitées du foie de ſouffre par les acides, ne ſont point inflammables. (M. Baumé, Opuſcules Phyſiq. & Chymiq. pag. 181.)

(2) Eſſais de Chymie par Meyer. trad. T. I, p. 200.

servira à expliquer d'une manière plus satisfaisante qu'on ne l'a fait jusqu'à présent, ce qui se passe dans le travail des Eaux d'Aix (1) : nous verrons que le magister du soufre est ainsi emporté avec l'esprit sulfureux & va s'attacher aux voûtes des Eaux, ou se déposer au fond des conduits.

La plupart des Eaux sulphureuses sont onctueuses & douces au toucher ; on les compare à juste titre aux Eaux savonneuses : ou a toujours pensé que cette onctuosité étoit due au foie de soufre que l'on comparoit à une sorte de savon ; mais c'est une erreur qu'il est facile de montrer : de tous les hépars celui que l'on compose avec la magnésie est le seul qui soit capable de donner à l'eau cette douceur savonneuse en question ; mais outre qu'il n'est pas aisé de prouver son existence dans la plupart des eaux sulphureuses douées de cette onctuosité, l'exemple des Eaux de Barèges & de Bagnières de Luchon, met la chose hors de doute, puisqu'il est facile de démontrer par l'analyse, & même par la seule inspection de ce qui se passe dans ces sources, que la substance qui leur donne la douceur qu'elles ont par excellence est une terre savonneuse de la nature des argilles ;

(1) Voyez ci-après l'analyse des Eaux d'Aix.

le ſouffre d'ailleurs eſt dans ces eaux ſous la forme d'hépar alkalin (1). C'eſt cette terre ſaturée de phlogiſtique que l'on a ſi ſouvent priſe dans les analyſes pour des flocons de ſoufre ; c'eſt auſſi cette même terre qui retient le phlogiſtique, lequel ſe ſeroit diſſipé ſans elle au premier degré d'évaporation : la très-grande propriété qu'a l'argille de s'unir au phlogiſtique pour ſe l'identifier, ſa ſolubilité dans l'eau, ſon pouvoir ſur le ſoufre lui-même (2), l'abondance de cette terre dans les pays où ſourdent la plupart des Eaux thermales (3), la préſence de la chaleur qui en favoriſe la diſſolution, donnent l'idée que l'on doit ſe faire de la plupart des ſources d'Eaux ſulphureuſes ; la Chymie a appris d'ailleurs qu'après l'acide vitriolique, c'eſt le foie de ſouffre qui a le plus de pouvoir ſur l'argille. Je m'appeſantirois davantage ſur cet objet, ſi ce que nous avons dit à l'Article des Eaux ſavon-

(1) Voyez ci-après l'analyſe des Eaux de Barèges.

(2) On fait du foie de ſoufre avec l'argille, comme avec la magnéſie, la terre calcaire, la chaux, la terre animale, l'alkali, &c.

(3) Le ſol de Barèges & le lit du torrent voiſin ſont remplis de ſchiſte. On va chercher ſur la montagne voiſine la terre graſſe & onctueuſe dont on ſe ſert à Barèges. (M. d'Arcet dans ſon Ouvrage déjà cité, p. 14.)

neuses, & ce que nous avons encore à dire sur l'argille phlogistiqué, quand nous traiterons de l'analyse des Eaux de source, ne portoient cette vérité au degré de l'évidence.

Les Eaux sulphureuses sont d'autant plus estimées, qu'elles contiennent moins de substances étrangères; les plus simples, dit-on, sont les meilleures. Il ne faut cepedant pas s'en laisser imposer par cette légère odeur dite sulphureuse que l'on trouve presque par-tout dans les Eaux thermales, & qui souvent ne mérite nulle attention; parce que quelquefois, ainsi que l'a très-bien observé M. Monnet, cette odeur ne vient que du *detritus* des matières étrangères qui se déposent dans le marc des eaux, soit que cela vienne des baignans, ou de quelqu'autre cause; d'autrefois cette odeur n'est que passagère, & ne dépend que d'un mouvement ou d'une circonstance particulière dans les fermentations souterraines. Combien n'y a-t-il pas de ces causes accidentelles & du moment, qui ont si souvent causé ce peu d'uniformité que l'on observe dans la plupart des analyses des Eaux minérales quoique faites par de gens de mérite. C'est à de pareilles erreurs que l'on trouve chez quelques Auteurs les Eaux de Plombières, de Bourbonne, Luxeuil & autres lieux, dans la classe des Eaux sulphureuses, quoiqu'elles ne lui appartiennent pas (1).

Il y a des Eaux sulphureuses simples, & il y en a d'autres qui sont plus ou moins composées : les Eaux d'Aix-la-Chapelle contiennent beaucoup de matières salines ; leur vertu alors est composée de celle des Eaux salines & de celle des suphureuses.

On ne peut guère compter sur les Eaux sulphureuses transportées ; elles perdent trop aisément leur phlogistique & leur gas, & par conséquent leurs vertus comme sulphureuses. Il y a cependant de ces Eaux qui se transportent plus aisément, parce qu'elles conservent mieux leur principe. On ne s'est guère occupé, que je sache, d'en déterminer la cause, au moins n'en a-t-on pas donné de satisfaisantes : cela tient, selon nous, au principe savonneux dont ces Eaux sont impregnées, lequel par sa fixité & par l'affinité qu'il a avec le phlogistique & le soufre, les retient d'une manière plus ou moins sensible ; cette union

(1) Souvent les Analyseurs d'Eaux s'en sont laissé imposer par l'odeur qu'ils ont observée sur la fin des évaporations : les argilles répandent, lorsqu'on les calcine, une forte odeur d'acide sulphureux volatil. (Dict. de M. Bomare, au mot *Argille.*)

entre cette terre & le phlogiſtique eſt telle que même après l'évaporation complette des eaux, elle prend encore flamme & exhale l'odeur du ſouffre. Outre l'affinité qu'ont enſemble ces matières, l'eau par ſon onctuoſité eſt capable de faire obſtacle à une évaporation prompte d'une ſubſtance volatile quelle qu'elle ſoit.

Il me reſte encore quelques remarques à faire relatives aux foies de ſouffre : j'en ai formé avec la terre calcaire, avec la chaux, avec la magnéſie, avec l'argille & avec les alkali ; tous compoſent des eaux artificielles très-capables de remplacer les eaux de ſources ; mais l'hépar alkalin a plus d'action, & il eſt plus apéritif que l'hépar terreux, un ſeul grain dans une pinte d'eau, outre le goût & l'odeur du foie de ſouffre, donne un piquant au goût qui indique une action digne de remarque ; il eſt étonnant combien l'alkali ſemble acquérir de propriété ſous cette forme, & il nous ſemble que les Médecins n'ont pas tout-à-fait donné à cela l'attention que nous croyons qu'il mérite. Le foie terreux a beaucoup plus d'odeur que le foie alkalin, il a auſſi plus de douceur ; un quart de grain, ou un demi-grain, ſuffiſent pour donner à une pinte d'eau une aſſez forte odeur ; au-deſſus d'un grain, l'odeur eſt trop forte, & nous ne connoissons point d'eau minérale qui la surpasse : en sorte que de ces deux hépars, l'un a moins d'odeur & de douceur, mais il est plus actif & plus apéritif ; l'autre a beaucoup plus d'odeur & de douceur, & a d'autres propriétés dont nous nous occuperons dans son tems. Une autre chose digne de remarque, c'est que dans ces expériences il se dépose au fond de la bouteille une quantité d'hépar qui paroît égale à celle que l'on a mise dans l'eau, & cependant l'eau est très-sulphureuse, a le goût & les autres propriétés du soufre ; ce qui prouve bien la divisibilité de cette matière, & combien peu il en faut pour minéraliser une très grande quantité d'eau.

Tous les foies de souffre ne sont pas inflammables ; & parmi ceux qui s'enflamment, il y a des différences à observer. L'hépar préparé avec la terre calcaire ne s'enflamme point, ni celui qui est fait avec la magnésie blanche ; l'hépar alkalin jette une flamme bleue & tranquille ; celui qui est fait avec la chaux prend feu plus subitement, & la flamme semble plus active ; celle du foie de souffre fait avec l'argille paroît encore plus animée, elle est aussi plus blanche : ensorte que l'hépar argilleux est le plus inflammable, & l'hépar alkalin le moins des trois. Mais pourquoi tous les foies de soufre ne sont-ils pas inflammables? Si éluder la question étoit y répondre, je demanderois aussi pourquoi la vapeur qui s'élève de la dissolution du fer par l'acide marin est inflammable, tandis que celle que produit l'acide nitreux ne s'enflamme point, suivant les observations de M. le duc d'Ayen? La difficulté de part & d'autre reste à résoudre.

De tous les foies de soufre, celui que l'on fait avec l'argille est le seul qui dissous dans l'eau produise des fuliginosités, de ces stries, filamens ou espèces de flocons glaireux que l'on observe si souvent dans l'analyse des Eaux sulphureuses : ce n'est donc pas une preuve, quand on les rencontre, qu'il existe du souffre ni un hépar ordinaire, mais de l'argille phlogistiqué, ou un hépar argilleux.

Il résulte de tout ce qui vient d'être dit des Eaux sulphureuses; 1°. que leur douceur est spécialement due à une portion plus ou moins considérable de terre argilleuse ou schiteuse qu'elles tiennent en dissolution, ou à un hépar fait avec la magnésie; 2°. que leur odeur dépend du phlogistique dont elles sont impregnées, soit qu'il soit seul dans les eaux, soit qu'il soit uni à l'argille, ou sous la forme d'hépar, ou sous celle d'esprit sulphureux; 3°. que les matières glaireuses inflammables que l'analyse y rencontre souvent, n'est autre chose qu'une argille phlogistiquée, & non du souffre; 4°. que les eaux dans lesquelles se trouve l'argille sont, toutes choses égales d'ailleurs, bien plus précieuses que celles qui ne charrient point cette terre savonneuse; 5°. qu'il y a une grande différence pour les vertus médicinales de ces eaux, entre celles qui sont minéralisées par un foie de souffre alkalin, celles qui le sont par celui de magnésie, & celles qui le sont par l'esprit sulphureux volatil; 6°. enfin, que rien n'est plus simple & plus facile en même tems que la contrefaçon de ces Eaux, puisque nous connoissons la nature & la quantité des principes qui les minéralisent, & que nous avons en notre pouvoir les substances que la nature emploie dans son grand laboratoire. En donnant à de l'eau commune du phlogistique, ou de l'argille phlogistiquée, ou un des foies de souffre connus, ou de l'esprit sulphureux, & en ajoutant dans ces Eaux, suivant le besoin & suivant les eaux de sources que l'on se propose d'imiter, une certaine dose de sel marin, ou de sel de Glauber, ou d'alkali, ou de sel déliquescent, ou de fer, ou d'autres matières, on se procurera des Eaux sulphureuses de toute espèce, & aussi variées que la nature peut le faire dans ses laboratoires souterrains.

EXEMPLES d'Eaux Sulfureuses.

EAUX DE BARÉGES. Il y a cinq sources d'Eaux minérales à Baréges ; elles ne different que par leur températeture, qui varie depuis le degré 28e jusqu'au 40e du thermometre de Réaumur. Ces Eaux exhalent l'odeur d'œufs couvis à la sortie de leur source, mais si on les laisse quelque tems exposées à l'air, elles perdent absolument cette odeur ; le goût de ces Eaux est douceâtre tirant sur le fade, elles le conservent plus long-tems que leur odeur, & les malades ont un peu de peine à s'y habituer; elles sont douces au toucher, comme la plus parfaite eau de savon ; elles n'ont rien de piquant ni sur les yeux, ni sur une plaie fraîche.

Ces Eaux sont claires & limpides ; on observe à la surface des sources une pellicule fine & onctueuse que l'on prendroit pour de l'huile ; on a rempli une bouteille de ces Eaux sans y appercevoir aucun mouvement, ni rien de spiritueux ; elles n'ont rien déposé, même en les faisant bouillir,

L'infuſion de la noix de galles, ni le ſirop de violette ne produiſent aucun changement par leur mélange dans ces Eaux ; les acides n'y ont produit aucun mouvement d'effervеſcence, à moins qu'elles n'ayent été préalablement ſoumiſes à une longue évaporation, ſeulement l'huile de vitriol paroiſſoit y développer l'odeur de foie de ſouffre, qui diſparoiſſoit auſſi-tôt, ſans rien précipiter ; l'huile de tartre par défaillance, l'huile de chaux, la ſolution du ſublimé corroſif & l'eſprit volatil de ſel ammoniac n'ont apporté aucun changement à leur tranſparence, la ſolution de ſel de ſaturne les a ſeulement rendues un peu louches ; la diſſolution d'argent dans l'eſprit de nitre a auſſi produit un nuage brun.

Une lame d'argent plongée dans les Eaux nouvellement puiſées, a paſſé par différentes nuances & eſt devenue noire ; mais ſi on laiſſe réfroidir l'eau, ou ſi on la fait bouillir, la lame d'argent ne ſe colore plus & la diſſolution d'argent ne forme plus de précipité.

Soixante livres de ces Eaux ayant été réduites à une pinte & miſes dans une bouteille, M. le Monnier a apporté cette bouteille bien bouchée à Paris, pour opérer plus à ſon aiſe ſur ce réſidu, c'étoit pendant l'été, le bouchon ſauta au moindre effort que l'on fit pour l'ôter, l'eau se trouva avoir une très forte odeur de soufre; elle avoit la propriété de noircir l'argent & de précipiter ce métal dissout dans l'esprit de nitre.

Les acides n'ont fermenté que foiblement avec l'eau concentrée, ils n'en ont rien prépicité; mais ils ont détruit à l'instant son odeur de foie de soufre.

Une partie de cette eau ayant été soumise à l'évaporation, il a paru, lorsqu'elle a été réduite à moitié, des petits flocons qui se sont précipités sous la forme d'une espèce de gelée, semblable à du frai de grenouilles, & pareille à celle qu'on ramasse à Barèges dans les tuyaux & les égoûts des bains (1): cette gelée se desseche aisément & se réduit en petits filamens qui ne fermentent pas avec les acides & brûlent comme une matière végétale.

Cette espèce de gelée ayant été ramassée soigneusement & desséchée, on a versé

---

(1) Nous avons aussi dans le Journal de Médecine (Tom. XII.) des observations très-intéressantes de M. Thierry, notre confrère; il remarque entr'autres choses que ces eaux charrient des glaires ou certains flocons qui sont comme savonneux & de la même nature que la matière molle, grasse & de couleur cendrée, qui enduit les cuves & les pavés des bains.

deſſus de l'huile de vitriol qui n'a produit aucun effet.

L'évaporation ayant été continuée ; l'eau, pendant tout ce tems, a répandu une forte odeur de leſſive, & il s'eſt fait des flocons plus épais qui ſe ſont précipités ; l'eau ayant été décantée, on a fait ſécher cette réſidence qui reſſembloit alors à de la gelée ſéchée ; elle a fermenté avec l'huile de vitriol & a donné une odeur d'eſprit de ſel, mêlée de celle d'eſprit ſulfureux.

Enfin le reſte de l'eau ayant été évaporé, elle s'eſt troublée, & tout d'un coup elle a été réduite en conſiſtance de miel : cette matière s'eſt gonflée en ſe deſſéchant comme le ſel de tartre, & a répandu alors une forte odeur d'urine ; cette réſidence peſoit quarante-cinq grains & attiroit un peu l'humidité de l'air : le goût étoit celui du ſel ammoniac mêlé de ſel marin, avec une grande amertume : elle a donné ſur le charbon ardent une odeur de laine brûlée ; une partie s'eſt fondue très-promptement, l'autre s'eſt noircie, gonflée & eſt demeurée ſous la forme d'une croûte ; l'acide vitriolique a agi bien plus fortement & plus vivement ſur cette matière que ſur les autres réſidus ; il en a fait élever avec une violente ébullition beaucoup de vapeurs d'esprit de sel, & ce mélange exposé à l'air a attiré beaucoup d'humidité dans laquelle il s'est cristallisé du sel de glauber (1).

M. le Monnier évalue à-peu-près à deux grains par pinte la quantité de matières fixes que contiennent les Eaux de Barèges, partie foie de soufre, partie bitume, alkali, sels & terre. On voit par-là combien peu il faut de matières pour donner à l'eau de très-grandes propriétés, puisque les Eaux de Barèges sont parmi les Eaux sulfureuses celles qui jouissent de la plus haute réputation & une des plus justement méritées.

Nous ne sommes pas tout-à-fait du même avis que M. le Monnier sur l'existence du bitume (2); nous croyons qu'il n'en existe nullement dans les Eaux de Barèges. Les bitumes ont un goût & une odeur qui leur sont propres & particuliers, & que l'on distingue aisément sans qu'il soit besoin de recherches ultérieures: les Eaux de Barèges n'ont ni ce goût, ni cette odeur:

---

(1) Extrait de l'analyse de M. le Monnier, insérée dans les Mémoires de l'Académie des Sciences, année 1749.

(2) M. Alphonse le Roy a lu à une de nos Assemblées de la Faculté un Mémoire sur l'art d'imiter les Eaux sulphureuses: il prend les Eaux de Barèges pour exemple & y admet du bitume. (Gazette de Santé, N°. 24, an. 1778.)

l'analyse par l'évaporation & les réactifs ; ne montre également rien de bitumineux : comme ces Eaux sont onctueuses, qu'elles semblent grasses, que l'espèce de crême qui les surnage paroît huileuse, & que leur dépôt desséché brûle ; c'est, sans doute, ce qui en a imposé ici, comme dans bien d'autres circonstances : mais il nous paroît très-probable que ce n'est qu'une terre schiteuse phlogistiquée & mêlée avec d'autres matières des Eaux. Quant à l'odeur qu'exhalent quelquefois les derniers résidus de ces eaux ; qui ne sait que l'analyse par le feu apporte presque toujours quelques variétés dans la représentation des principes des eaux, surtout dans les matières volatiles ou qu'il volatilise, & spécialement celles qui sont susceptibles d'affecter l'odorat ?

Je n'admets de principes minéralisans dans les Eaux de Barèges, que du foie de soufre à base d'alkali, de l'argille phlogistiqué & du sel marin à base terreuse ; & voici sur quoi j'appuie mon sentiment : les Eaux de Barèges à leur source sont claires & limpides, elles ont le goût & l'odeur des sulfureuses, le sel de saturne les rend un peu louches, la dissolution d'argent y produit un nuage brun & l'huile de vitriol en exalte de l'odeur ; il est donc tout naturel d'en conclure, avec M. le Monnier, que ces

Eaux contiennent l'hépar sulfureux. L'huile de tartre par défaillance ne produit nul précipité & l'eau n'est point gaseuse; ce n'est donc pas un hépar terreux : l'évaporation portée à un certain degré, on sent une odeur de lessive très-sensible qui, jointe à d'autres indices, portent à croire que l'hépar est de nature alkaline. Outre ce foie de soufre, les Eaux de Barèges contiennent un principe capable de former une espèce de gelée semblable à du frai de grenouilles & pareille à celle qu'on ramasse dans les tuyaux & les égoûts des bains; cette gelée se desseche aisément & ne fermente point avec les acides; dans cet état elle prend flamme, elle brûle; la même matière se présente sous la forme de flocons qui, desséchés, forme une masse, laquelle ressemble alors à de la gelée séchée. Il est donc évident que cette matière terreuse des Eaux de Barèges est une espèce de schith saturée de phlogistique, une sorte d'argille phlogistiquée & inflammable (1). L'évaporation poussée à bout, il reste une

(1) Outre la quantité d'argille que l'eau est en état de dissoudre, ici elle est plus abondante par le pouvoir qu'a le foie de soufre sur cette espèce de terre.

matière qui exhale l'odeur d'esprit de sel que l'acide vitriolique développe encore bien davantage : ce résidu attire l'humidité de l'air, il est d'un goût âcre & très-amer ; ce qui indique assez la présence du sel marin à base terreuse. M. le Monnier a aussi trouvé un tant soit peu de sel de glauber ; mais ce sel est le résultat de la décomposition du foie de soufre & une nouvelle preuve de son alkalinité.

Il se présente naturellement deux difficultés dans l'exposé de l'analyse des Eaux de Barèges : la première est de savoir pourquoi il faut que l'évaporation soit portée à un certain point avant que de pouvoir distinguer qu'il existe de l'alkali dans ces Eaux ; la seconde, comment un sel à base terreuse peut se trouver & exister dans une eau où il y a de l'alkali ? C'est que l'alkali est en très-petite quantité, qu'il est sous la forme d'un sel surcomposé, l'hépar, & surtout parce qu'il est prémuni, ainsi que le sel marin déliquescens, par la présence d'une terre onctueuse & mucide qui sert pour ainsi dire de bouclier aux matières que les Eaux charrient, en s'opposant à l'approche immédiate & par conséquent à l'action des précipitans ; peut-être aussi l'hépar & l'argille phlogistiqué forment-ils, ensemble un sel surcomposé qui auroit des propriétés encore inconnues (1).

Je terminerai cette analyse par une remarque de M. Thierry, qui a observé que la quantité des glaires ou filamens savonneux augmente en général en proportion que le degré de chaleur diminue, & réciproquement. Cela tient à la propriété qu'a la chaleur de favoriser la dissolution d'une plus grande quantité de cette matière savonneuse & d'en tenir les molécules plus divisés & plus étendus : à mesure que la chaleur diminue, les principes se rapprochent, se font mieux sentir au tact, & quelquefois même ils s'apperçoivent à l'œil par la couleur louche & laiteuse que prend l'eau, ainsi que cela arrive à la source dite la Savonneuse de Plombières, aux deux sources tièdes de Bagnères & à plusieurs autres.

EAUX DE BAGNIÈRES DE LUCHON. Il y a à Bagnières de Luchon plusieurs sources ; elles ne diffèrent pas essentiellement les unes

---

(1) Il se pourroit que dans les Eaux de Barèges, outre l'hépar alkalin, l'argille phlogistiqué & le sel marin déliquescens, il existât encore un autre sel singulier composé d'alkali & de magnésie unis ensemble à la manière des sels neutres. (Voyez notre article des Eaux salines.)

des autres; auſſi les mêle-t-on indifféremment pour régler leur température à des degrés que l'obſervation a prouvé convenir davantage pour le traitement des maladies.

Ces Eaux dépoſent un cédiment noirâtre, luiſant & balſamique, & par-deſſus, une autre couche blanche & ſavonneuſe; la même matière qui forme ce dépôt laiſſe de ſes traces dans tous les canaux où les eaux paſſent; on obſerve auſſi en certains endroits des roches ſur leſquelles les eaux coulent, une couche de matière blanche & ſavonneuſe qui reſſemble, au rapport de M. Campardon, à la pâte avec laquelle on fabrique le papier; il s'en exhale des vapeurs abondantes & fortes qui ont l'odeur du ſoufre.

Les Eaux de Luchon, quoique très-claires, paroiſſent noires dans la plupart des ſources à cauſe de certaines petites pierres de couleur d'ardoiſe pareilles à celles que M. de la Force a obſervées dans le fonds de la ſource du Salut à Bagnères en Bigorre, & qui garniſſent le fond des réſervoirs; ce qui indique aſſez de quelle nature eſt la terre ſavonneuſe qui minéraliſe les Eaux de Luchon.

L'argille bleu ſert ordinairement de baſe aux lits d'ardoiſe, & l'on ſait combien elle

eſt

est commune dans les Pyrénées : l'ardoise est une sorte d'argile qui, quand elle est encore molle, se gonfle, s'imbibe aisément d'eau, & se dissout en partie, sur-tout si le dissolvant (l'eau) est secondé par la chaleur; il n'y a pas de doute que c'est dans cette espèce de schith que les Eaux chaudes de Bagnières puisent un principe savonneux si abondant. M. de Secondat rapporte dans ses Observations de physique & d'histoire Naturelle, que, se promenant un jour dans le nouveau chemin qu'on avoit fait à Bagnières en Bigore, pour aller à la fontaine du Salut, il apperçut que pour faire le fossé, l'on avoit creusé dans une carrière d'une espèce d'ardoise imparfaite plus molle & d'une couleur plus claire que l'ardoise ordinaire, & il observa que cette matière schiteuse étoit analogue aux petites pierres douces & brûnâtres qu'il avoit vues dans le fond de la source même du Salut.

Quand on sort du bain des sources de Luchon, & que l'eau se trouve un peu réfroidie, elle paroît laiteuse & blanche, comme de l'eau de savon ; ce qui vient de ce que la terre qui forme le dépôt est si légère que par le mouvement elle s'étend de nouveau dans l'eau, mais dans un état de division moindre qu'auparavant que d'en avoir été précipitée.

Nous ne nous étendrons pas davantage sur l'analyse des Eaux de Luchon, elles ressemblent parfaitement à celles de Barèges ; nous n'en avons parlé que pour assoir davantage nos idées sur la nature de la substance savonneuse des Eaux ; aussi n'avons-nous touché qu'à ce qui regarde cette matière : quant au reste, on peut consulter les détails que nous en a donné M. de Campardon.

EAUX DE COUTERETS. Les Eaux de Couterets appartiennent à la même classe, & sont de la même nature que les Eaux de Barèges & de Bagnères de Luchon. Le nombre des sources y est assez considérable : elles ne diffèrent que par leur degré des température ; l'une a 31 degrés, l'autre 33, la troisième 34, d'autres 38, 40 & 44 du thermomètre de Réaumur : elles sont claires & limpides, sulfureuses & savonneuses : l'on observe dans le fond des bassins & des couloirs des eaux une matière terreuse, douce & mucide ; la source du Mauhourat jaillit dans la fente d'une roche de granit, & au-dessus de sa source, cette fente est garnie d'une veine de quarts très-blancs.

MM. Montaut & de Campt-Martin appuyent ſur l'expérience & l'obſervation, leur ſentiment ſur la nature de ces Eaux; ils penſent que les Eaux de Couterets ne diffèrent de celles de Barèges & de Bagnères que par leur intenſité : quelques obſervations cependant recueillies de divers Auteurs ſemblent indiquer qu'elles ſont plus ſpiritueuſes, & que le foie de ſoufre qui les compoſe eſt terreux : peut-être charrient elles l'eſprit ſulfureux ? Nous attendrons, pour prendre un parti, de nouveaux renſeignemens ſur l'analyſe de ces Eaux.

EAUX BONNES. Les Eaux Bonnes ſont très-douces, très-ſavonneuſes & ſulfureuſes; elles diffèrent de celles de Barèges par la nature du foie de ſoufre qui eſt terreux, & par l'abſence du ſel marin à baſe terreuſe qu'on n'y trouve pas plus que dans les Eaux de Couterets.

Les Eaux bonnes ſupportent plus aiſément le tranſport que les Eaux de Couterets, ſans doute parce que le foie de ſoufre de magnéſie eſt plus odorant, & qu'ayant plus d'analogie avec la terre ſavonneuſe, leur union eſt plus intime & plus cohérente : les Eaux de Couterets laiſſent non-ſeulement échapper leurs vapeurs ſulfureuſes plus aiſément, mais elles portent plus volontiers à la tête, & diſpoſent à l'ivreſſe ceux qui les boivent, ce qui donne à penser qu'elles sont plus spiritueuses, & que le principe qu'elles charrient est, comme nous l'avons soupçonné, l'esprit sulfureux.

EAUX DE SAINT-AMANT. Les Eaux de Saint-Amant sont tièdes. La source, dite le Bouillon, laisse échapper beaucoup d'air athmosphérique, lequel n'est nullement combiné avec l'eau qu'on ne doit pas distinguer de l'eau commune, puisque comme elle, elle sert à tous les usages domestiques. La source d'Arras est sulfureuse au goût & à l'odeur, mais la vapeur sulfureuse se dissipe avec la plus grande facilité, & laisse l'eau aussi pure que l'eau commune : ensorte que les Eaux minérales de Saint-Amant, d'après l'analyse qu'en a fait M. Monnet (1), ne sont que de l'eau commune impregnée d'une vapeur sulfureuse qui n'est autre chose que du phlogistique que l'eau a rencontré dans le sein de la terre, & dont elle s'est chargée, mais qu'elle abandonne aisément.

Les boues de Saint-Amant ont de grands avantages sur les eaux dans l'emploi que la Médecine en fait ; c'est une espèce de terreau mêlé d'argille, impregné de phlogistique, animé par la chaleur : à mesure que les eaux arrosent ce tertein boueux, la terre

(1) Nouvelle Hydraul.

graſſe & onctueuſe qui leur ſert de filtre, s'empare du phlogiſtique & le retient à raiſon de leur affinité & de la nature du local, enſorte que ces boues ſont pour ainſi dire, le réſervoir où vient s'arrêter le phlogiſtique que les eaux amenent du fond des entrailles de la terre ; il ſe fait d'ailleurs dans le tems des chaleurs une ſorte de fermentation qui developpe dans ce terrein un phlogiſtique qui lui eſt propre : nous ne dirons que ce mot des boues de Saint-Amant, parce que nous devons nous occuper plus particulièrement de cet objet dans un article à part.

EAUX D'AIX. Les Eaux d'Aix-la-Chapelle ſont de toutes les ſulfureuſes celles qui ſont le plus chargées de matières ; elles tiennent le milieu entre les eaux ſalines & les eaux ſulfureuſes, & ſont en général, exceſſivement chaudes. Il y a des ſources qui font monter juſqu'au 51e, même juſqu'au 60e. le thermomètre de Réaumur : il ſe ſublime du ſoufre aux voûtes des fontaines, & il s'en dépoſe dans les lieux où s'écoulent les eaux.

Les Eaux d'Aix, indépendamment de l'odeur & du goût du foie de ſoufre, ſont un peu ſalées & alkalines ; quelques-unes font une efferveſcence marquée avec les acides, mais la plupart ne verdiſſent le ſirop violat que foiblement ; une pièce d'argent plongée dans ces eaux s'y brunit ; expoſée ſeulement à la vapeur, elle ſe brunit davantage & plus promptement ; il en eſt de même ſi l'on expoſe à cette vapeur un nouet de céreuſe & de litharge, elles ſe noirciſſent & ſe minéraliſent ; la diſſolution mercurielle y produit un précipité blanc, & elles précipitent le vitriol martial à-peu-près comme font les alkalis fixes ; l'huile de tartre ne les trouble point ; les dépôts & croutes qui ſe forment dans les baſſins & réſervoirs de ces eaux ſont entièrement de nature calcaire, des morceaux ſe ſont diſſous tout entiers dans l'eau-forte, & avec l'acide vitriolique elles forment une véritable ſélénite, à la vérité, elle s'eſt criſtalliſée en petites écailles ſoyeuſes & légères.

Douze pintes de ces eaux expoſées à l'évaporation, il ſe forme bientôt une pellicule terreuſe ; cette terre ayant été précipitée & ſéchée, peſoit vingt-ſix grains : l'eau décantée & évaporée au degré de criſtalliſation a donné des criſtaux du ſel marin quarante-quatre grains : la liqueur alors devenue épaiſſe quoique claire & ſans couleur, eſt fortement alkaline ; l'ayant ôtée & laiſſée au réfroidiſſement pendant vingt-quatre heures, il ne reſta au bout de ce tems que quelques cubes de ſel marin (1).

M. Caeberg, habile Apoticaire d'Aix, a obtenu en matières fixes de vingt-cinq pintes d'eau du bain de l'Empereur, trois onces & un gros de réſidu; de la fontaine de Saint-Guérin, trois onces & un ſcrupule; de celle de Saint-Camille, trois onces deux gros & demi, partie ſel marin, partie alkali & partie terre calcaire, ſur quoi il y a environ cinquante grains de terre calcaire, un gros & demi de ſel marin & trois onces d'alkali, ce qui fait par pinte d'eau, deux grains ou environ de terre calcaire, quatre grains de ſel marin, & près de deux gros d'alkali d'une nature particulière.

M. Monnet ne penſe pas qu'il y aït de foie de ſoufre dans les Eaux d'Aix, puiſque la diſſolution de mercure produit un précipité blanc, tandis qu'il devroit être noir, & que les acides n'en précipitent point de ſoufre.

La ſublimation du ſoufre aux voûtes des fontaines & aux parois des tuyaux, la couleur louche & laiteuſe que prend l'eau en ſe réfroidiſſant, la vivacité de ces eaux qui portent aiſément à la tête de ceux qui les

(1) Analyſe des Eaux d'Aix. Traité des Eaux min.

boivent, la propriété qu'a la vapeur de ces eaux plus que l'eau elle-même de brunir & noircir l'argent, me donnent à penser que le phlogistique dans ces eaux est sous la forme d'esprit sulphureux, c'est-à-dire, uni à l'air fixe précipité d'un foie de soufre : cette vapeur areo-sulphureuse entraînant avec elle les atômes les plus fins du magister de soufre, de la même manière que dans l'expérience de Meyer (1), partie minéralise l'eau en passant, & partie va se déposer & se cristalliser sous les voûtes des fontaines tant que l'eau est très-chaude, car si elle se réfroidit le magister ne peut être enlevé, il se précipite & rend l'eau laiteuse. Cette explication des phénomènes des Eaux d'Aix me semble la plus simple & la plus naturelle.

(1) Essai de Chymie. Traduct. Tom. I, pag. 101.

DES EAUX MARTIALES

SULFUREUSES.

IL y a des fontaines qui font minéralifées par le foufre & le fer. A Château-Thiery, à Caranfac, à Verdufan, à Dieu-le-fils, & dans beaucoup d'autres endroits les fources qui y fourdent font de ce nombre : en attendant que les maîtres de l'art ayent porté le flambeau des nouvelles connoiffances en chymie fur la compofition de chaque fontaine en particulier, nous nous contenterons de propofer les différents moyens que l'art peu mettre en ufage pour fuppléer aux Eaux martiales fulfureufes de fources, quelque foit le travail fecret de la nature. Ce que nous avons dit précédemment & du fer & du foufre nous difpenfe d'entrer dans aucun détail relatif à la théorie des eaux de cette claffe.

On peut en mêlangeant une eau martiale avec une eau fulfureufe artificielle fe procurer une eau fulfureo-martiale : comme il exifte plufieurs manières de compofer des eaux martiales & des Eaux fulfureufes, on a par-là autant de moyens de former différentes fortes d'Eaux martiales fulfureufes capables d'imiter parfaitement, & de remplacer celles qu'il faudroit aller chercher au loin. On ſait d'ailleurs le pouvoir qu'à le foie de ſoufre ſur le fer; une petite doſe de ce composé, ou d'un mélange de vitriol & d'hépar, dans de l'eau commune, composeroit des Eaux dont la Médecine peut tirer les plus grands avantages. M. Navier, très-habile Médecin de Châlon, Auteur d'un Traité ſur les Contre-Poiſons, nous a donné dans cet ouvrage, des formules dont on peut tirer avantage pour l'objet qui nous occupe. On peut, dit cet Académicien, unir le fer, le ſoufre & l'alkali, de façon à ſe procurer un hépar martial. Il y a trois procédés au moyen deſquels on peut l'obtenir : le premier conſiſte à faire bouillir de la limaille de fer avec l'hépar ſulfuris, ſoit alkalin, ſoit calcaire, mais il ne ſe diſſout que peu de fer par ce procédé. Le ſecond ſe fait par la voie de la détonation; on mêle partie égale de ſoufre de nitre & de limaille de fer bien pur, on fait détonner le tout par projection, la détonation finie, il faut retirer promptement le vaiſſeau du feu, & le couvrir exactement, ſans quoi toute la partie ſulfureuſe ſe détruiroit : il réſulte de cette opération une maſſe très-dure, noire, d'un goût ſalin d'hépar fort âcre; cette maſſe réduite en poudre & mise en tas, s'échauffe considérablement sans cependant prendre feu : cet hépar contient peu de fer & peu de soufre. Le troisième procédé consiste à mêler exactement deux gros de soufre en poudre, autant d'alkaly du tartre, & un gros de limaille bien pure ; on met ce mélange dans un creuset couvert, posé sur un feu doux pour y laisser fondre les substances mélangées ; il faut veiller avec soin à ce que le creuset ne rougisse point ; le mélange suffisamment fondu, on le verse sur un marbre un peu huilé : la masse étant réfroidie, on le casse par morceaux, & on l'enferme dans une bouteille bien séche, & même chauffée pour en écarter l'air qui auroit pu y apporter de l'humidité. Si l'on fait fondre une partie de cette matière dans quatre onces d'eau de pluie bouillante, il en résulte un hépar liquide extrêmement chargé qui a l'odeur, la saveur & la couleur jaune d'hépar à un degré supérieur. Pour les boues & douches on fera fondre, continue M. Navier, cinq à six onces de bon hépar martial dans un muid d'eau bien chaude ; & pour l'usage intérieur il suffira d'en faire fondre un grain ou deux par chaque pinte.

On rapporte à cet article les excellentes Eaux de Caransac dont on fait un si grand usage dans le Périgord, le Quercy & les

Provinces voiſines; mais n'ayant pas été ſatisfait des analyſes qui ſont parvenues à ma connoiſſance, j'ai préféré garder le ſilence.

DES EAUX

BITUMINEUSES.

LES BITUMES ſont des matières huileuſes d'une odeur forte & de conſiſtance variable, qu'on trouve en pluſieurs endroits dans l'intérieur de la terre. Il y a beaucoup d'eſpèces de bitumes ; celui qui eſt liquide porte le nom de Pétrole. Les bitumes ne diffèrent du pétrole que comme les réſines diffèrent des baumes. Les bitumes ſe diſſolvent en général dans l'eſprit-de-vin, ainſi que les réſines ; mais plus difficilement & moins parfaitement qu'elles. Les bitumes ſont inſolubles dans l'eau ; ſeulement ils lui communiquent de l'odeur par le lavage, ſur-tout quand l'eau eſt chaude. La chaleur liquefie les bitumes, ſur-tout quand ils ſont déjà en huile. Diſtillés, ils donnent une huile fluide qui reſſemble fort à l'huile de pétrole native (1). Ils s'enflam-

(1) M. Newman a porté l'art juſqu'à changer le ſuccin en pétrole ſans le ſecours du feu. (Lect. de ſuccino page 17.)

ment très facilement, & tous rendent une odeur différente ; mais soit dans leur état naturel, soit mêlés avec d'autres substances, quand ils sont exposés au feu ou à la chaleur, ils répandent une odeur forte qui leur est particulière, & que l'on nomme odeur bitumineuse : cette odeur est plus ou moins désagréable.

Le pétrole est une espèce de baume minéral : on distingue le noir du rouge & le jaune du blanc ; le noir est le plus commun, presque tous les pays du monde en produisent ; le rouge est moins commun, il est presque toujours mêlé avec le noir ; le jaune est plus rare & plus fin ; le pétrole blanc est le plus pur & le plus précieux de tous, il est clair & fluide comme de l'eau, d'une légereté singulière (1), son odeur est très-pénétrante, nullement désagréable, quoique si singulière, qu'on ne peut la comparer qu'à elle-même. Il y a une source de pétrole à vingt milles de Modène, celle du mont Festin ; il y en a une au mont Zibio, & plusieurs autres dans le Royaume de Naples & ailleurs (2).

---

(1) Il est si léger & si tenu, que Boerrhaave le soupçonnoit approcher très-fort de l'alkool.

(2) On peut consulter sur ce point Baccius, Pline & autres Naturalistes.

Outre la pétrole qui découle des fentes de certains rochers, d'où il a pris son nom, il y a aussi des sources qui le charrient. Nous avons à Gabian, près de Beziers, une source très-renommée par le pétrole que l'on en tire (1) ; une seule goutte versée sur une eau dormante a occupé dans peu de tems un espace d'une toise de diamètre ; ce qui prouve combien cette matière est fine, déliée & légère (2) : à Valsbroun, dans le comté de Vitch, étoit jadis une source très-abondante en pétrole très-pur (3) ; deux Méde-

---

(1) Cette source donne par chaque année trois à quatre quintaux de pétrole : il est d'un rouge brun.

(2) Dans les environs de Gabian le territoire renferme, dit-on, beaucoup de concrétions bitumineuses que l'on peut, au rapport de M. Bouillet, prendre pour du savon fossille ou du savon minéral naturel ; puisque les femmes du village s'en servoient jadis en guise de savon pour blanchir le linge. Ces concrétions savonneuses avoient dans la mine la dureté du savon en pierre ; exposées à l'air, elles devenoient encore plus dures. (Dict. des Eaux minér.)

J'ai bien de la peine à me persuader qu'avec du bitume il puisse se former du savon propre à blanchir le linge : il en est sans doute de ce savon fossille comme de celui des environs de Barèges, Cauterets, Bagnères, Plombières & autres lieux : ces savons ne sont, selon nous, que de la terre argilleuse qui a pris de la dureté.

(2) *Fons silvaticus in civitate Bitch infectus est la-*

cins, MM. Gormand & Rougemètre, ont remporté le prix de l'Académie de Nancy à ce sujet; cette Dissertation fait regretter qu'on ne cherche pas à réparer cette source. Le puits de Peige, en Auvergne, donne du bitume épais & noir. On trouve aussi à Gaujac, terre située à quatre lieues de Dax, une source qui donne du pétrole, & dans la même terre, une montagne d'où l'on a retiré du bitume; les fourneaux y existent encore.

Il ne faut pas considérer les sources dont nous venons de parler, & dans lesquelles l'on trouve du bitume, comme des Eaux médicinales; il y est en si grande quantité, qu'on en fait un objet de commerce; il n'est d'ailleurs pas dissous dans l'eau, il la surnage. Si nous en avons fait mention, ainsi que des bitumes en général, c'est pour mettre sous les yeux de ceux de nos Lecteurs qui négligent & l'Histoire Naturelle & la Chymie, un tableau précis des connoissances acquises à cet égard, afin de nous faire mieux entendre dans ce que nous avons à dire, & pour servir d'une sorte d'Introduction à ce qui reste à faire sur cette

---

pidibus bituminosis supra quem oleum album non graviter olens ut Judaïcum, sed potius odoratum apparet. (*D'Audernac de Thermis in Dialog.* 1°.)

partie de l'Examen des Eaux minérales. J'eſpère donc qu'on ne me ſaura pas mauvais gré ſi j'ai paru un inſtant ſortir de mon ſujet.

Les ſources dans leſquelles on croit avoir trouvé du bitume, & que l'on place dans la claſſe des Eaux minérales bitumineuſes, ſont, ſi l'on en croit les anciennes analyſes, en très-grand nombre; on en lit peu où l'on ne trouve le mot bitume, on peut même avancer qu'il n'y a que quelques années que l'on a un peu plus de retenue à cet égard, car on trouve encore dans l'analyſe des Eaux de Plombières, par M. Malouin, qu'elles ſont bitumineuſes, & que la matière qui borde la fente du rocher par où ces eaux coulent, eſt du vrai bitume: M. Lafay en admet également dans celles de Bourbonne; Boulduc, dans celles de Bourbon l'Archambault; Bagard, dans celles de Coutrexeville; M. Cureſchner, dans celles de Chatenay; & où n'en admet-on pas! Aujourd'hui on eſt plus reſervé, peut-être même tombe-t-on dans l'excès oppoſé? les Auteurs modernes gliſſent ſi légérement ſur cet objet, qu'il n'eſt pas poſſible de s'aſſurer quelles ſont les Eaux qui ſont vraiment bitumineuſes, & celles qui ne le ſont pas. M. Monnet, quoiqu'il ait analyſé un grand nombre d'Eux minérales, n'en dit qu'un mot en paſſant, lorſqu'il parle des Eaux de Saint-Amand. M. Schaw, dans ſa méthode d'analyſer les Eaux, n'en dit rien du tout, quoiqu'il paſſe en revue avec beaucoup de détail tous les principes des Eaux minérales, pour indiquer enſuite la manière de les reconnoître & de les analyſer. On peut, ſelon M. le Roi (Précis des Eaux Minérales), démontrer dans quelques Eaux des bitumes, mais en ſi petite quantité, que ces ſubſtances méritent à peine d'y être remarquées, & ne peuvent entrer pour rien dans l'évaluation de leurs propriétés médicinales : Baccius penſoit déjà de ſon tems que les Anciens avoient regardé comme bitumineuſes une infinité de ſources qui ne l'étoient réellement pas ; la critique qu'il en fait eſt ſage & judicieuſe. (*de Thermis, lib. vj. cap. xvj.*)

Il n'eſt donc pas bien décidé encore ſi les Eaux bitumineuſes ſont communes, ou ſi elles ſont rares : ce qui a preſque toujours induit à erreur à cet égard, c'eſt que l'on imaginoit fauſſement que les Eaux qui au tact & à l'œil paroiſſent graſſes & onctueuſes, ſavonneuſes enfin, tenoient preſque toujours ces propriétés des bitumes ; on croyoit également que tout reſidu inflammable étoit ou ſulphureux ou bitumineux, & le plus ſouvent l'un & l'autre ; on avoit auſſi de la peine à concevoir que quand le reſidu des Eaux a un peu d'odeur & de l'amertume, on n'eut pas à faire à une matière bitumineuſe : mais aujourd'hui que nous connoiſſons les propriétés de la terre argilleuſe, qui diſſoute dans l'eau, produit au tact la même ſenſation qu'une matière graſſe & huileuſe, & la ſurnage, que l'on fait que cette même terre acquiert aiſément de l'odeur, qu'elle eſt ſouvent inflammable, qu'elle prend un goût plus ou moins ſenſible, ſuivant ſes mélanges (1), nous attendrons pour nous déterminer en faveur de telles ou telles ſources, que de nouvelles expériences ayent éclairé cette partie eſſentielle des Eaux minérales : cette circonſpection eſt d'autant mieux fondée, que ſi l'on veut bien obſerver que le bitume n'eſt pas la ſeule ſubſtance odorante, qu'il n'eſt ni amer, ni noſéabonde, mais que diſſous dans l'eau, il lui communique une fadeur particulière & remarquable, & une odeur qui lui eſt propre, & qui la diſtingue de toute autre, on ſera forcé, je crois, de convenir qu'on s'eſt déterminé le plus ſouvent à admettre du bitume dans des eaux où il n'y en a point, parce qu'on s'eſt

---

(1) Voyez notre article des Eaux ſavonneuſes & celui des Eaux ſulfureuſes.

laissé séduire par de fausses apparences (1). Pour se determiner à croire qu'il existe du bitume dans une eau minérale quelconque, il faut que la matière que l'on prend pour en être, se liquefie à la chaleur, & qu'elle y acquière une odeur plus forte ; qu'en décomposant ce savon bitumineux, soit par les réactifs, soit par l'esprit-de-vin, la matière qui surnage soit réellement de l'huile minérale ; enfin qu'outre la fadeur particulière qu'il est bien difficile de méconnoître (malgré le goût quelquefois plus marqué des différentes matières avec lesquelles le pétrole peut être uni ou mélangé), l'on distingue l'odeur qui lui est propre. Il reste donc encore à desirer que d'après les nouvelles connoissances sur les principes des Eaux, on fasse des recherches assez scrupuleuses, des analyses assez exactes pour pouvoir classer d'une manière irrévocable les sources qui sont réellement bitumineuses. Les édifices ne peuvent se construire qu'avec le tems, heureux encore ceux qui peuvent en jetter les fondemens, ou en poser les premières pierres !

---

(1) Trompé par les apparences, on avoit toujours cru les Eaux de la mer bitumineuses ; M. Monnet vient de prouver par des analyses exactes qu'elles ne le sont pas. (Nouvelle Hydraul.)

Les bitumes, comme le souffre, nous l'avons déjà dit, ne sont pas solubles dans l'eau, mais l'alkali & les terres ont sur eux du pouvoir, & en forment des savons: si alors une eau courante souterraine les rencontre, elle s'en charge, elle en dissout dans des proportions déterminées, & devient savonneuse, mais avec des propriétés qui la distinguent des Eaux savonneuses dont nous avons parlé précédemment.

L'art a comme la nature les moyens de rendre le pétrole soluble, & donne par conséquent les facultés de composer à volonté des Eaux minérales bitumineuses artificielles: j'ai fait à ce sujet plusieurs expériences qui m'ont très-bien réussi, soit que l'on veuille composer des eaux simples, soit que l'on veuille en faire de plus composées.

J'ai mis une goutte de pétrole pur & sans mélange dans une pinte d'eau bouillante; j'ai agité cette eau, elle a pris du goût & de l'odeur, quoique le pétrole ait paru se déposer à la surface en aussi grande quantité que je l'avois mis; mais il en arrive autant du soufre, on sait d'ailleurs l'excessive divisibilité des matières odorantes, au point qu'elles peuvent donner sans rien perdre en apparence. Le goût de cette eau est fade, l'odeur est celle du bitume, mais

l'eau n'étoit pas ſavonneuſe, au moins ſenſiblement.

J'ai mis vingt grains d'alkali de tartre dans une pinte d'eau bouillante, j'y ai verſé deux gouttes de pétrole à la pointe d'un curedent, & j'ai agité l'eau : une partie de cette huile s'eſt unie intimement avec l'alkali, car outre le goût fade & l'odeur du bitume plus marquée que dans l'expérience précédente, l'eau s'eſt trouvée douce & ſenſiblement ſavonneuſe : je crois même pouvoir aſſurer que c'eſt-là la meilleure manière de former le ſavon bitumineux pour les aux : nous en déduirons bientôt la raiſon (1).

J'ai donné de l'air fixe à une pinte d'eau bitumineuſe préparée, comme je viens de le dire ; cette eau, avant que de prendre un goût acidule, a abſorbé une plus grande quantité de gas que ne le fait l'eau commune (2) : ayant continué de donner de ce

---

(1) Il ſuffit d'agiter la bouteille dans laquelle on fait le mélange pour former une Eau bitumineo-ſavonneuſe; mais l'ébullition rend encore ce ſavon plus ſubtil & plus parfait.

(2) En formant mon ſavon dans l'eau, tout le bitume, quoique je n'en ait employé que deux gouttes, ne s'étoit pas trouvé diſſout, on en voyoit encore quelques lamelles ſurnager ; mais après y avoir introduit de

principe en suffisance pour aciduler l'eau, elle m'a paru moins spiritueuse, que si j'eusse acidulé de l'eau simple & pure; le goût étoit un composé du bitumineux & de l'acidule, celui ci couvroit un peu le désagréable de celui-la, toujours reconnoissable; enfin, ayant chargé cette même eau d'une plus grande quantité d'air fixe, je l'ai rendue spiritueuse, & elle étoit moins désagréableau goût.

J'ai mis dans une pinte d'Eau bitumineo-savonneuse dix grains de sel marin déliquescent, il ne s'est point fait de décomposition, & j'ai obtenu une eau minérale que je crois bien précieuse par ses vertus: le goût de cette eau est entre le fade, le salé & l'amer, & tient des trois; elle a quelque chose de noséabonde, & elle est cependant plus facile à boire que l'Eau simple bitumineuse.

J'ai fait dissoudre dans une pareille Eau bitumineuse simple différens autres sels, le sel marin, le sel de Glauber, le sel d'epsom & autres, tantôt seuls, tantôt mélangés, & quelquefois aussi je leur ai associé l'air fixe: j'ai obtenu par ces différens mé-

l'air fixe & agité de nouveau la bouteille, tout a disparu: est-ce que l'alkali, le pétrole & l'air fixe ne formeroient ici qu'un sel savonneux?

langes plusieurs sortes d'Eaux minérales bitumineuses artificielles dont il est souvent difficile de bien déterminer ou décrire les goûts, mais bien propres à remplacer toutes celles que la nature peut fournir; l'art même peut sans contredit passer de ce côté pour être plus riche qu'elle. Quand j'ai mêlé les foies de souffre dans les Eaux bitumineuses, l'odeur du pétrole a toujours dominé (1).

(1) M. Alphonse le Roi a lu dans une de nos Assemblées de la Faculté un Mémoire sur l'art de faire des Eaux minérales sulfureuses artificielles, & donne pour exemple celles qu'il a composées dans le dessein d'imiter les Eaux de Barèges: sa méthode a été publiée dans la Gazette de Santé (N°. 24, an. 1778.) Voici son procédé: il mêle douze gouttes d'huile de pétrole avec six gouttes d'alkali volatil fluor & douze grains d'alkali minéral; il broye le tout, ajoute par degrés une demi-once d'eau distillée & conserve ce mélange. D'un autre côté il prend de la fleur de soufre qu'il lave pour la dépouiller de l'acide vitriolique tout formé qu'elle contient quelquefois; après l'avoir bien séchée, il mêle un tiers de magnésie ou de terre calcaire & deux tiers de soufre lavé; il broye le tout & le conserve dans un flacon bien bouché. Il met sur le feu un matras de verre rempli d'eau qui contient d'une à deux, trois & même six pintes; il délaye dans une cuillerée d'eau & le savon minéral & la poudre, celle-ci à raison de deux grains par pinte, & celui-là à raison d'une goutte; lorsque l'eau bout il verse son mélange, en douze secondes l'eau minérale est faite; il retire le

J'ai

J'ai mis dans de l'eau bouillante du savon bitumineux tout formé ; l'eau prend le goût

---

matras de dessus le feu & le bouche avec soin. Ces Eaux sont d'autant plus actives qu'on y ajoute plus de matières, ce qui forme des moyens de les varier.

Il y a à Servay, (de Sauvages, Mémoire sur les Eaux Minérales d'Alais) une ou deux sources d'eau claire & froide d'une odeur bitumineuse & plus purgatives que celles d'Hyouzet : du fond & des bords de ces sources il sort un napthe qui s'épaissit & se durcit à l'air & qu'on fait aisément fondre ou ramollir à la moindre chaleur ; ce napthe infusé au poids d'une dragme dans une bouteille d'eau commune forme des Eaux qui, par l'odeur, la couleur & le goût, sont parfaitement semblables aux Eaux d'Hyouzet : voilà donc, continue de Sauvages, une manière de former de pareilles Eaux & de les transporter sans fraix partout où l'on voudra & de les rendre même plus purgatives, si l'on veut.

Auprès de Grenoble est ce que l'on nomme la Fontaine qui brûle : ce n'est point une fontaine, puisque l'endroit ne fournit point d'eau ; mais on y a conduit un courant d'eau du voisinage qui y forme de gros bouillons produits par les vapeurs élastiques & combustibles, qui brûlent par intervalles sans échauffer l'eau pour cela. Cette eau, de claire & limpide qu'elle étoit, change bientôt de couleur, d'odeur & de consistance ; elle devient trouble, grasse, onctueuse & acquiert une odeur semblable à celle des bains bitumineux & sulphureux. (Tardin, Hist. Natur. de la Fontaine qui brûle.)

Ceci est une image de la manière dont les Eaux se minéralisent dans le sein de la terre, & montre la voie que l'art doit tenir.

fade & l'odeur du bitume, elle devient aussi savonneuse mais à un degré inférieur à celle qui nous a jusqu'ici servi d'exemple, il faut plus de chaleur & une ébullition soutenue ; au lieu que le savon minéral fait à grande eau (le pétrole agité dans de l'eau chaude alkaline), forme un savon plus doux, plus expansible, plus soluble & plus parfait.

J'observerai avant de finir que c'est l'air fixe & le sel marin déliquescent qui dans les tentatives que j'ai faites m'ont paru diminuer davantage de la fadeur & de l'odeur, ou, si l'on veut, du mauvais goût du bitume : une autre réflexion, c'est qu'en général, plus l'eau est chargée de matières minéralisantes, moins le goût du savon minéral perce. Quelquefois le bitume est en si petite quantité, qu'on a bien de la peine à le reconnoître, ce qui peut aisément induire à erreur les Analyseurs d'Eaux : faut-il dans ces cas prononcer avec M. Charles le Roi, qu'il mérite alors si peu d'attention, qu'on ne doit pas y avoir égard ? Ce ne seroit pas ma façon de penser ; le bitume ainsi divisé est un remède trop précieux & trop puissant pour réduire ses effets à zéro, quant même il seroit en quantité infiniment petite.

DES EAUX
SALINES.

DE tous les corps solubles dans l'eau, il n'y en a point qui possède cette propriété à un aussi haut degté que les sels; aussi n'y a-t-il point d'Eaux minérales dont la théorie soit aussi simple, aussi facile, aussi lumineuse que celles dont nous allons nous occuper dans ce Chapitre.

Une eau minérale-saline n'est autre chose que de l'eau qui s'est chargée de sels dans son cours souterrein. Les sources d'eaux salées de la Lorraine, de la Franche-Comté & quantité d'autres sources de même nature sont dûes au passage de l'eau à travers de bancs de sel gemme: les sources qui donnent le sel d'epsom, comme sœdlitz & seydscutz sont également le produit du passage de l'eau dans une manufacture souterreine de ce sel amer; & on doit penser de même de la formation des autres eaux salines. Du sel (quelle qu'en soit la nature) dissous dans de l'eau, voilà ce que l'on doit entendre & l'idée que l'on doit se former d'une eau minérale ſaline. On l'appellera eau minérale-ſaline-naturelle, ſi la diſſolution s'eſt faite dans les entrailles de la terre ; & eau minérale-ſaline-artificielle, ſi on la prépare ſoi-même.

Il peut y avoir autant d'eſpèces d'Eaux minérales ſalines, qu'il peut ſe trouver de ſortes de combinaiſons, & de mélanges ſolubles dans les Eaux ; mais nous n'y avons compris que les ſels neutres : le ſel marin, le ſel de glauber, le ſel d'epſom, le nitre, l'alun, le natrum & les ſels déliqueſcens, ſont les matières que les Eaux minérales de cette claſſe charrient & préſentent par l'analyſe. On trouve en outre preſque dans toutes de la terre abſorbante & de la ſélénite ; on y obſerve auſſi quelquefois une terre martiale ou argilleuſe, du bitume, du ſoufre, quelque choſe d'odorant & de l'eſprit, qui les rendent plus compoſées.

Les Eaux minérales d'Epſom, de Sœdlitz, de Seydchutz, de Pouillon, de Balaruc, de Bourbonne, de la Mothe, & une infinité d'autres ſources appartiennent à la claſſe des Eaux ſalines. Les unes ſont à-peu-près ſimples, & ne contiennent qu'une ſorte de ſel ; les Eaux de Sœdlitz, par exemple, paſſent pour ne contenir que du ſel d'epſom, les Eaux de Vaccia-Madrid, du ſel de glauber, &c. &c.: les autres ſont plus où moins compoſées.

L'analyſe découvre communément, dans les Eaux minérales ſalines, le ſel d'epſom, mais en petite quantité; celles où il prédomine ſont amères. Le ſel gemme ſe trouve preſque par-tout, & rarement ſans le ſel marin à baſe terreuſe. Le ſel de glauber, dit-on, n'y eſt pas rare, il y a peu d'analyſes faites par Baulduc, où il n'y ſoit annoncé; le ſel marin & le ſel de glauber, a dit ce Chymiſte, ſont preſque toujours de compagnie; il eſt aujourd'hui conſtaté que Baulduc ſe trompoit. L'alun ſe montre dans quelques eanx, bien rarement dans celles de France; M. Mitouart dit en avoir trouvé dans la ſource de Vals, la Dominique, & M. Opoix dans celles de Provins: en Italie, au rapport de Lancify (1), elles ſont très-communes. Le natrum eſt un principe des eaux minérales, & il s'y rencontre fort communément. Les ſels à baſe terreuſe, ſur-tout les ſels déliqueſcens, ſont les principes les plus puiſſans des Eaux minérales ſalines, & ceux qu'il intéreſſe le plus de bien connoître. Nous allons jetter un coup-d'œil ſur chacun de ces ſels.

Le ſel marin eſt très-commun, il s'en

(1) *Opera Medica Lancify.*

trouve presque par-tout, il en existe des mines ou carrières immenses dans l'intérieur de la terre, aussi y a-t-il peu d'eaux minérales où il n'y en ait, il surabonde & tient le premier rang dans beaucoup; il est susceptible, dit M. Macquer, de contracter une certaine union avec le sel marin à base calcaire, & c'est pour cette raison que tout le sel commun que l'on retire soit de l'intérieur de la terre, soit des eaux de la mer & des fontaines salées, en est toujours chargé d'une certaine quantité (1).

Le sel fébrifuge de Sylvius ressemble beaucoup au sel marin, & souvent en impose, il est salé comme lui, mais il a un petit goût d'amertume. M. Monnet nous assure qu'il en existe du natif, & qu'il peut se trouver dans les Eaux minérales (2).

Le sel de glauber & le sel d'epsom ont souvent été confondus, & même ces deux sels ont passé dans le commerce pour être le même; cependant le sel d'epsom est plus amer, & il se décompose par l'alkali fixe: le sel de glauber pris pour le sel d'epsom, est mal cristallisé, âcre, amer, & s'humecte facilement à l'air, parce qu'il est mêlé de sel commun & de sel marin à base calcaire.

---

(1) Dict. de Chym. au mot *Sel.*

(2) Nouv. Exposit. des Sels naturels.

On le trouve abondamment dans les fontaines ſalées de Lorraine & autres lieux, mais il eſt plus rare qu'on ne penſe communément dans les Eaux minérales (1). M. Macqüer, de ſon côté, paroît toujours tenir pour le ſentiment de Baulduc; voici ce qu'il en dit. Il y a du ſel de glauber dans beaucoup d'eaux minérales; il n'y a guère & peut-être même point du tout d'eaux tenant naturellement du ſel commun en diſſolution, qui ne contiennent en même-tems plus ou moins de ſel de glauber (2).

Il y a quelques ſources où l'on trouve du ſel de nitre à baſe alkaline, & même à baſe terreuſe; mais ce n'eſt qu'accidentellement, & l'on en devine aiſément la raiſon.

Le ſel d'epſom eſt, ſelon M. Brownrig, le ſel le plus généralement répandu ſur la ſurface de nôtre globe après le ſel marin: il eſt natif: la plupart des eaux purgatives tiennent leurs vertus de ce ſel plus ou moins pur (3). On remarque, dit M. Monnet, quelques variétés dans ce ſel; l'un attire l'humidité, tandis que l'autre tombe

(1) Nouv. Expoſit. des Sels naturels.
(2) Dictionn. de Chymie, nouv. Edit. au mot *Sel*.
(3) Journal de Phyſique, Août 1776.

en efflorefcence comme le fel de glauber (1).

Le natrum eft un fel alkali-terreux qu'il faut bien diftinguer & de l'alkali de la fonde, & de l'alkali végétal ; il fe fond aifément à l'humidité de l'air, & réfout en deliquium, il fait moins effervefcence avec les acides que fous forme folide. Ce fel étoit fort commun autrefois ; l'Egypte en fourniffoit une très grande quantité ; aujourd'hui il eft fort rare parmi nous, parce qu'on n'en fait plus le commerce. Le fel alkali qui fe trouve dans la plupart des Eaux minérales, a, felon les Naturaliftes, beaucoup de rapport avec le natrum ; je crois qu'en cela ils fe font trompés, car le natrum proprement dit, fait avec les acides une effervefcence moindre que l'alkali ordinaire, au lieu que l'alkali des eaux le plus fouvent en fait un plus confidérable (2). Le natrum, celui qui nous venoit du levant, eft un alkali avec excès dans fa bafe (3), celui des eaux eft le plus fourvent

(1) Mémoire fur le fel d'epfom.

(2) Voyez ce que nous avons dit à ce fujet dans notre article des Eaux alkalines.

(3) Nous avons un Mémoire bien précieux en Phyfique du très favant M. Fontana, fur la nature de la terre des deux alkalis fixes. (Journal de Phyfique, Décembre 1778.)

un alkali ſaturé d'acide gaſeux; ce n'eſt pas qu'on ne puiſſe rencontrer du natrum dans les Eaux minérales; nous voulons ſeulement dire que la manière d'être la plus générale de l'alkali dans les eaux, eſt d'exiſter ſous la forme d'un ſel neutre extrêmement doux & ſavonneux.

De tous les ſels, il n'en eſt peut-être pas de plus rare dans le règne minéral que l'alun: la plupart des ſubſtances que l'on a cru telles, ſelon M. Monnet, n'en ſont pas. Ce que l'on a pris pour alun dans les eaux n'eſt autre choſe que notre ſel d'epſom; j'avoue, ajoute M. Monnet, que je ne crois pas aux Eaux minérales alumineuſes, au moins ſont elles très-rares: cela ne doit point étonner, car l'acide vitriolique ne peut diſſoudre la terre argilleuſe, qu'autant qu'il eſt chaud & concentré (1).

Cette aſſertion de M. Monnet ſur l'alun eſt peut-être un peu rigoureuſe: on ne peut douter qu'en Italie il n'y ait des mines d'alun, puiſqu'on en retire aſſez pour en faire une branche de commerce conſidérable: nous avons d'ailleurs cité dans le courant de cet ouvrage, une expérience qui prouve que l'acide vitriolique n'a beſoin d'être ni chaud, ni concentré pour avoir priſe ſur

(1) Nouv. Expoſit. des Sels naturels.

l'argile; nous la rapporterons encore ici, parce que le ſujet en eſt aſſez important pour cela: j'avois mélangé enſemble, en conſiſtance de bouillie claire, de l'argille en poudre, & du vitriol de mars avec ſuffiſante quantité d'eau; il s'eſt effleuri ſur l'aſſiette dans tout le pourtour de mon mélange un ſel criſtalliſé qui étoit pur alun. Or s'il ſe forme de l'alun dans les entrailles de la terre, rien n'empêche que l'eau ne ſe minéraliſe s'il en paſſe où eſt ce ſel. Abſtration faite de la formation de l'alun ſous terre, ce ſel ſtiptique eſt-il vraiment auſſi rare dans les eaux que M. Monnet le penſe? Je le crois: ce qui en a ſouvent impoſé à cet égard, c'eſt qu'il exiſte ſelon nous dans beaucoup d'Eaux minérales de l'argille pure que l'on a toujours méconnue (1); car ſi dans une eau où il y a de l'argille en diſſolution, il ſe trouve quelque ſel neutre vitriolique qui ſe décompoſe avec facilité, comme le vitriol martial, par exemple, alors l'acide qui abandonne ſi volontiers ſon fer pendant l'évaporation des eaux, ſe porte ſur la terre argilleuſe, & le réſidu montre un ſel alumineux qui n'exiſtoit réellement pas.

(1) Voyez notre article des Eaux ſavonneuſes.

Il existe dans les Eaux minérales un sel très-actif & très-pénétrant qui a souvent donné le change aux analyseurs d'Eaux minérales, par la difficulté, l'impossibilité même de l'obtenir en cristaux; délisquescens de sa nature & très-fixe, il reste toujours le dernier dans les évaporations sous forme d'eau mère ou de magma; pour l'obtenir, on est obligé de sécher le résidu, & alors il se trouve confondu avec les matières terreuses aussi fixes, & plus fixe encore que lui. Son goût pénétrant & âcre, & sa déliquescence l'ont fait prendre pour de l'alkali embarrassé ou associé à du sel marin, à du sel de glauber, à du sel d'epsom, à des matières grasses, bitumineuses ou terreuses; d'autres fois on l'a pris pour l'embryon d'un sel, ou un sel encore imparfait. Dans ces derniers tems cependant, où la Chymie par ses progrès semble ne vouloir plus rien laisser derrière elle, la matière s'est débrouillée, & a été éclaircie; l'odeur d'esprit de sel que l'on dégage de ce magma ou résidu salin, a mis sur la voie, & l'on à reconnu par des expériences ultérieures que l'on avoit à faire à un sel marin à base terreuse. Cette découverte, en est une de plus importantes pour la science des eaux, mais on confond encore le sel marin à base de terre calcaire, & le sel marin à base de magnésie (1).

Le sel marin déliquescent est un sel très-abondant dans la nature: nous l'avons déjà observé, il est rare que le sel commun n'en porte pas avec lui ; ces deux sels ayant ensemble une sorte d'affinité, ils ne font pour ainsi dire qu'un sel surcomposé : c'est lui qui donne ce goût d'amertume & d'âcreté à l'eau de la mer (2) : on le trouve dans toutes les eaux salées, & il entre pour beaucoup dans la composition des eaux de la classe qui nous occupe maintenant, non parce qu'il s'y trouve en grande quantité, mais parce que c'est un sel très-actif & capable des plus grands effets.

La sélénite est sans contredit le sel le plus commun des eaux, & cependant le moins soluble de tous ; on le trouve presque par-tout, même dans les eaux non

(1) Ces sels sont tous les deux déliquescents. M. Costel a découvert un sel marin à base terreuse d'une autre nature & qui n'est point déliquescent; l'eau la plus pure n'en peut pas dissoudre au delà de trente grains par pinte : ce sel est, si l'on en croit M. Costel, le résultat de l'union d'une terre alkaline particulière & inconnue avec l'acide marin. (Voyez ci-après l'analyse des Eaux de Pouillon).

(2) Analyse des Eaux de la mer. Nouv. Hydraul.

minérales qui servent de boisson & aux usages domestiques habituels. La sélénite dans les eaux est regardée comme nuisible, c'est elle qui le plus souvent rend les eaux crues & indigestes; on n'aime point les eaux séléniteuses. Nous observerons que souvent dans les analyses d'eaux minérales on recueille à la surface de l'eau en évaporation de la sélénite qui n'existoit réellement pas avant l'analyse, mais qu'elle est le produit de la décomposition de deux sels, l'un vitriolique & l'autre à base calcaire: nous avons déjà observé plus d'une fois qu'il n'y a peut-être pas d'eaux, où il n'y ait de la terre crayeuse tenue en dissolution par l'acide gaseux (on sait combien aisément cet acide s'envole & abandonne sa base); d'un autre côté la terre calcaire qui quelquefois ne doit sa dissolution qu'au sel marin commun (par un petit excédent d'acide qui n'abandonne point sa base alkaline) l'abandonne aisément au premier degré de chaleur, & est portée à la surface de l'eau. Or, si en même tems que cette terre calcaire est abandonnée, & va se déposer à la surface, un sel vitriolique se décompose & laisse échapper son acide, cet acide racroche la terre absorbante précipitée, & il en résulte de la sélénite. L'observation que nous faisons nous paroît si juſtement fondée, que ſouvent l'on recueille dans les évaporations, de la ſélénite beaucoup au-delà de ce que l'on ſait que l'eau peut en tenir en diſſolution. Cela prouve bien combien on doit ſe méfier des analyſes par le feu. Il y a des Auteurs qui appellent ſélénite l'union de l'acide marin avec certaine terre alkaline, auſſi avec la terre de l'alun; on n'a déjà que trop fait abus des termes.

Jadis le préjugé admettoit indiſtinctement dans toutes les Eaux minérales un principe ſingulier, une ſorte d'eſprit, quelque choſe enfin de myſtique, de merveilleux & de divin, au-deſſus des recherches des Phyſiciens & de toute intelligence humaine; mais l'eſprit philoſophique qui règne aujourd'hui, à ſu porter le flambeau de la raiſon ſur cet objet de ſuperſtition, & la phyſique lui a prêté tous les ſecours néceſſaires pour mettre la vérité à ſa place. Nous ne prétendons pas nier qu'il ne puiſſe y avoir dans les eaux qui paroiſſent les plus ſimples quelque choſe de plus qu'une ſimple diſſolution de ſel, un principe quelconque qui a pu en impoſer par ſes effets, & donner lieu en quelque ſorte aux idées ſurnaturelles, qu'on s'étoit formé des Eaux minérales; il ſe pourroit en effet qu'il y eût dans la plupart des eaux, outre les ſubſtances matérielles que l'on peut ſoumettre aux ſens, quelque choſe de ſpiritueux & très-ſubtil que l'on pourroit conſidérer comme l'ame des Eaux minérales, un être enfin qui mérite ici quelques conſidérations.

Cet eſprit *oculte* (qu'on me paſſe l'expreſſion) ſeroit, à notre avis, le produit des chocs des matières ſalines que les eaux charrient; il n'eſt pas aſſez abondant pour qu'on l'apperçoive, pour le rendre ſenſible, pour le ſoumettre à l'expérience; mais on peut le reconnoître par ſes effets. Les Eaux minérales ſalines ſemblent en général avoir des propriétés au-deſſus de ce que paroît promettre une ſimple diſſolution de ſel; il eſt vrai que la température des eaux & la manière de les prendre ajoute beaucoup à leur efficacité; mais je ne ſerois pas éloigné de penſer qu'il exiſte ſouvent dans les Eaux qui paroiſſent les moins ſpiritueuſes quelque choſe qui tient du gas (1).

J'ai déjà dit ailleurs que l'acide gaſeux

---

(1) Il y a bien peu d'Eaux où le gas ne joue un rôle, parce que dans la formation des ſels ce principe s'échappe ainſi que des précipités; c'eſt ce gas qui retient ſouvent une partie de la ſubſtance précipitée. (Traité de la diſſolution des Métaux, pag. 16: voyez auſſi les pag. 25, 26 & 27.)

est où sensible comme dans les eaux acidules, ou masqué & voilé par un principe odorant comme dans certaines eaux sulphureuses & bitumineuses, ou neutralisé comme dans les eaux alkalines, martiales, &c. Ici il existe, mais en si petite quantité qu'il est difficile de le reconnoître ; il est le lien des sels qu'il adoucit en ajoutant à leurs vertus : peut être est-ce à lui que l'on doit la dissolution des terres, plus communes, (ainsi que l'a remarqué M. Springsfeld (1) dans les eaux chargées de sel, que dans une eau pure & simple ? Cet esprit vivifiant des eaux naît de la composition, décomposition & récomposition des sels dont elles sont composées, soit par un choc d'affinité, soit par un choc méchanique produit par le mouvement, la chaleur ou un autre agent. Ce principe éthéré peut différer par sa quantité & par les mélanges qu'il contracte, peut-être aussi tient-il des matières qui le donnent, car il n'est pas encore bien prouvé, malgré les expériences qui ont été faites à ce sujet, que l'esprit élastique qui s'échappe par le choc des divers précipitans soit toujours le même.

Si donc il étoit bien vrai que l'esprit en question existe dans les Eaux salines de

(1) *Iter Medic.*

ſource, comment imiter la nature ſur ce point pour nos Eaux minérales factices? La choſe eſt facile : on peut donner aux Eaux ce principe tout formé, & dans la quantité que l'on voudra; nous en avons indiqué les moyens dans nos généralités ſur les Eaux gaſeuſes : mais comme il n'exiſte ici qu'en très-petite quantité, & que d'ailleurs il ſe peut qu'il tienne en quelque choſe de la nature des différens ſels qui le donnent, quand on a mis dans les eaux les ſels qui doivent les compoſer, le mouvement communiqué par un moyen quelconque, peut, par les chocs multipliés qui donnent lieu au dégagement du gas, produire l'effet deſiré; bien des ſels ont d'ailleurs les uns ſur les autres une action & réaction, peu ſenſibles à la vérité, & que la chymie n'a pu encore bien déterminer, mais qui ne ſont peut-être pas auſſi indifférentes qu'on pourroit le penſer; on peut d'ailleurs, au lieu de mettre dans l'eau à minéraliſer les ſels tous faits, les y compoſer en tout ou en partie, en obſervant que plus l'effervescence eſt fougueuſe, plus on a de peine à retenir l'eſprit élaſtique, *vice versâ*, & qu'il peut y avoir dans les eaux certaines ſubſtances plus capables les unes que les autres de retenir & fixer ce principe actif des Eaux minérales.

Comme les Eaux ſavonneuſes proprement dites, les Eaux bitumineuſes, la plupart des Eaux ſulphureuſes & des Eaux alkalines, les Eaux ſalines ont auſſi le plus ſouvent une ſorte de douceur qui approche quelquefois de l'onctuoſité. A quoi cela tient-il, ſeroit-ce à la petite portion d'acide gaſeux dont nous venons de nous occuper à l'inſtant; on ſait en effet qu'il eſt le lien chéri de la nature pour l'enſemble des principes des eaux, & que c'eſt lui qui le plus ſouvent rend les alkalis doux & ſavonneux; ne pourroit-il pas également émouſſer le mordant des ſels, comme il ôte à pluſieurs la tendance qu'ils ont à ſe décompoſer ou à être précipités (1)? Seroit-ce à la préſence de la terre argilleuſe; nous avons prouvé ailleurs qu'elle a merveilleuſement la propriété de communiquer aux eaux une douceur remarquable (2)? Où, à un alkali; on connoît auſſi la propriété qu'ils ont d'être ou de devenir ſavonneux? Cela viendroit-il du ſimple mélange des ſels dont les pointes ſeroient en quelque ſorte émouſſées par leur enſemble; ou du pouvoir des ſels ſur les terres, c'eſt proba-

(1) Voyez les expériences détaillées à l'article des Eaux martiales vitrioliques & à celui des Eaux alkalines.

(2) Voyez notre article des Eaux ſavonneuſes.

blement, dit M. Monnet, la propriété qu'ont certains sels neutres de rendre les terres solubles en se les appropriant, qui rend les sels plus doux (1)? Ces réflexions nous portent à conclure que la nature ayant plus d'un moyen pour produire le même effet, elle employe tantôt l'un, tantôt l'autre, & quelquefois plusieurs à la fois.

Comme il est très-essentiel pour acquérir une connoissance exacte des Eaux minérales salines, de savoir non-seulement quelle est la nature & la quantité des matières qui les composent, mais encore de connoître les effets de leur ensemble, j'ai tenté quelques expériences à ce sujet, pour entrevoir, s'il est possible, quel pourroit être le pouvoir de quelques substances les unes sur les autres, & éclairer d'autant plus la matière qui nous occupe. Je vais en rendre compte : ce sont de simples essais.

EXPÉRIENCE PREMIÈRE. J'ai mêlé ensemble à parties égales, l'alkali pur (l'alkali caustique) & de la terre calcaire pure (la chaux). 1°. Ce mélange fait à sec s'humecte à l'air sans cependant tomber en déliquium; 2°. l'impression qu'il fait sur la langue n'est pas si vive que l'alkali seul ou

(1) Nouvelle Exposition des Sels naturels.

la chaux ſeule ; 3°. diſſous dans l'eau, elle paroît plus piquante; 4°. une goutte de cette diſſolution verdit beaucoup le ſyrop de violette ; 5°. les acides minéraux verſés dans cette diſſolution n'y font point efferveſcence & n'en précipitent rien ; 6°. évaporée, il ne ſe forme point de cryſtaux ; 7°. les acides verſés ſur le réſidu de cette diſſolution y excitent une efferveſcence conſidérable.

EXPÉR. IIe. Au lieu de chaux, j'ai pris de la terre calcaire (la craye) que j'ai mélangée comme dans l'expérience précédente avec de l'alkali cauſtique. 1°. La ſolution de ce mélange digérée à une douce chaleur, ſemble mieux ſe faire que celle du mélange de la chaux avec l'alkali, c'eſt-à-dire, que la ſolution en eſt plus claire ; 2°. l'impreſſion qu'elle fait ſur la langue eſt vive, mais elle eſt plus moëlleuſe & plus ſavonneuſe ; 3°. il ſe fait une vive efferveſcence par le mélange des acides ; 4°. elle altère vivement le ſyrop violat ; 5°. point de criſtalliſation ; 6°. la matière non diſſoute étoit de la craie pure.

EXPÉR. IIIe. Le même alkali mêlé avec la magnéſie calcinée, a donné les réſultats ſuivans. 1°. Ce mélange à ſec contracte un état doux, ſavonneux ; 2°. il s'humecte ſingulièrement à l'air, & tombe en déliquium, s'il eſt dans un endroit humide ; 3°. l'impression qu'il fait sur la langue est vive, mais plus savonneuse que l'alkali avec la chaux, & moins que l'alkali avec la craie; 4°. mis dans l'eau sa solution en paroît plus complette; 5°. elle n'a pas au goût une action si vive, elle fait une impression plus savonneuse; 6°. l'effervescence avec les acides est très-sensible; 7°. la teinture bleue des végétaux change vivement; 8°. la magnésie qui reste insoluble est aussi insipide qu'avant le mélange, mais elle paroît savonneuse comme le talc ou l'argille.

EXPÉR. IVe. Le même alkali avec la magnésie non-calcinée. 1°. Ce mélange à sec attire l'humidité & jaunit à l'air; 2°. il est très-doux au toucher, d'ailleurs il ne paroît pas différer du mélange du même alkali avec la magnésie calcinée, seulement la dissolution en est un peu colorée, & le résidu n'est pas si insipide.

EXPÉR. V^{e}. Le même alkali avec la terre argilleuse (précipité de l'alun & bien lavé). 1°. Ce mélange se colore en brun rouge; 2°. il s'humecte beaucoup à l'air; 3°. son impression sur la langue est vive quoique savonneuse; 4°. fait vive effervescence avec les acides, & s'échauffe beaucoup; 5°. la solution dans l'eau est claire, limpide & cependant un peu colorée; 6°. elle fait effervescence avec les acides,

Il ſuit des différentes expériences qui ont été tentées avec l'alkali cauſtique & pluſieurs ſortes de terres ; 1°. qu'il a de l'affinité avec toutes, c'eſt-à-dire, avec la chaux, avec la terre calcaire, avec la magnéſie ordinaire, avec la magnéſie calcinée, & avec l'argille : nous ne ſaurions dire quel eſt le degré de ces affinités, nous n'avons pas pouſſé aſſez loin nos expériences pour cela ; il nous a ſemblé ſeulement que notre alkali cauſtique diſſolvoit mieux les terres pures, comme la chaux & la magnéſie calcinée, que les terres plus communes comme la craie, la magnéſie & l'argille ; avec toutes il devient plus doux & plus ſavonneux.

Expér. VIe. Au lieu d'alkali cauſtique j'ai employé pour les expériences ſuivantes de l'alkali minéral en criſtaux. J'ai mêlé de cet alkali à parties égales avec la terre calcaire, les ai laiſſé en digeſtion, puis j'en ai fait la diſſolution ; 1°. l'alkali paroît avoir entraîné un peu de terre calcaire ; 2°. cette diſſolution fait avec les acides une efferveſcence complette ; 3°. ſon goût eſt très-lixiviel, mais un peu moins vif que l'alkali ſeul ; 5°. l'altération du ſyrop violat complette ; 6°. le réſidu de cette diſſolution avec l'acide vitriolique ne fait pas d'efferveſcence, & n'altère que foiblement le ſyrop de violette ; 7°. criſtalliſe bien difficilement.

EXPÉR. VIIe. Le même alkali & la chaux ; 1°. le goût de cette diſſolution eſt très-piquant & cauſtique ; 2°. l'efferveſcence avec les acides très-ſenſibles ; 3°. l'altération du ſyrop violat en un verd obſcur ; 4°. ne peut criſtalliſer ; 5°. le réſidu fait une efferveſcence des plus fortes avec les acides : ce même réſidu lavé, jetté ſur une diſſolution de ſyrop violat, l'altère bien plus ſenſiblement.

EXPÉR. VIIIe. Le même alkali & la magneſie ; 1°. la ſolution eſt colorée en jaune ; 2°. ſon goût eſt lixiviel, & approche de celui de la terre calcaire ; 3°. l'efferveſcence avec les acides très-ſenſible ; 4°. colore fortement en verd le ſyrop violat ; 5°. criſtalliſe avec beaucoup de peine & ſans forme ; 6°. le réſidu fait une vive efferveſcence avec les acides.

EXPÉR. IXe. Le même alkali & la terre argilleuſe ; 1°. la diſſolution eſt très-colorée en jaune ; 2°. ſon goût plus lixiviel & plus déſagréable que l'alkali pur ; 3°. l'efferveſcence avec les acides très-conſidérable ; 4°. altere le ſyrop violat très-fortement ; 5°. ſon marc avec les acides fait efferveſcence ; 6°. ne criſtalliſe pas.

Nous nous ſommes convaincus par ces

expériences que l'alkali criſtalliſé a ſur les terres à-peu-près la même action que l'alkali cauſtique.

Expér. Xe. A la place de l'alkali j'ai employé la chaux (comme terre pure) que j'ai mêlée de la même façon d'abord avec de la craye ; 1°. ce mélange à ſec n'éprouve aucun changement ſenſible, ne s'humecte point, &c. ; 2°. ne fait pas avec les acides une effervescence ſenſible ; 3°. l'impreſſion qu'il fait ſur la langue eſt la même que celle de la chaux, mais moins vive ; 4°. la ſolution dans l'eau eſt peu piquante & douce ; 5°. elle colore en verd le ſyrop violat ; 6°. ne fait point effervescence avec les acides ; 7°. forme une pellicule qui ſe précipite.

Expér. XIe. De la chaux & de la magneſie calcinée ; 1°. ce mélange reſte ſec, ſans attirer l'humidité de l'air ; 2°. fait une impreſſion plus douce ſur la langue, que la chaux ſeule ; 3°. fait une vive effervescence avec les acides ; 4°. la ſolution dans l'eau ne fait pas plus d'impreſſion ſur le palais, que celle de l'expérience précédente ; 5°. ne fait point effervescence avec les acides ; 6°. colore en verd le ſyrop de violette ; 7° il ſe fait également la petite pellicule par évaporation.

Expér. XIIe. La chaux & la magneſie non

non calcinée; 1°. ce mélange à ſec n'a rien de remarquable; 2°. fait vive effervescence avec les acides; 3°. diſſous dans l'eau ne fait plus d'effervescence, & ne préſente rien qui differe de l'expérience précédente.

EXPÉR. XIIIe. La chaux & la terre argilleuſe : 1°. ce mélange à ſec eſt moins piquant ſur la langue, plus pâteux, plus déſagréable ; 2°. avec les acides il ſe met en pâte, & ne donne pas une effervescence bien ſenſible; 3°. colore vivement le ſyrop de violette ; 4°. la ſolution dans l'eau eſt très-claire & limpide; 5°. elle a un goût piquant, ſavonneux & ſtiptique; 6°. ne fait pas effervescence avec les acides; 7°. ſon marc s'échauffe beaucoup avec les acides minéraux.

Les expériences que nous venons de tenter ſur la chaux avec différentes ſortes de terres, nous prouvent qu'elle agit ſur elles comme diſſolvans. La chaux & la craie, par exemple, (*Expér. 10.*) ſoit à ſec, ſoit en diſſolution dans l'eau, font ſur la langue une impreſſion douce & moëlleuſe que n'a pas la chaux ſeule, ce qui ne peut venir que de l'action de la chaux ſur la terre calcaire. La chaux avec la magnéſie calcinée (*Expér. 11.*), la chaux avec la magnéſie ordinaire (*Expér. 12.*), & la chaux avec l'argille (*Expér.* 13.), produisent à-peu-près la même sensation de douceur & de moëlleux au goût, & font pencher pour la même conséquence. Nous observerons cependant, relativement au mélange de la chaux avec l'argille, que, quoique la dissolution en soit savonneuse, elle conserve cependant un goût plus piquant que celle des mélanges précédens, & elle a même quelque chose de stiptique; mais il n'y a pas de doute que la chaux ne s'unisse à l'argille, soit en qualité de dissolvant, soit par un autre méchanisme.

Nous avons une observation à faire, elle est relative à l'effervescence que font ou ne font pas ces terres unies ensemble. Dans la dixième expérience, par exemple, la chaux & la craie, avant que de les dissoudre, ne font point effervescence avec les acides; la dissolution de ce mélange n'en fait pas plus. Est ce qu'il se feroit une neutralisation assez parfaite, ou plutôt assez singulière pour éluder le pouvoir de l'acide vitriolique; ou bien la chaux, par son extrême affinité avec l'air fixe, se chargeroit-elle d'une portion de ce fluide qu'elle auroit pris à la terre calcaire, de façon que ce principe élastique ainsi partagé & en petite quantité par proportion dans chacune de ces terres, s'échapperoit d'une manière trop peu marquée pour produire une effervescence sensible? Dans la onzième expérience c'est le contraire, la chaux & la magnésie calcinée qui ne devroient point faire d'effervescence avec les acides, en font à sec; il est vrai que leur dissolution n'en fait pas. De même la chaux & la magnésie ordinaire (*Expér. 12.*) font effervescence à sec, & ne le font plus en dissolution. La chaux & l'argille (*Expér. 13.*) ne font point d'effervescence; mais l'acide vitriolique versé sur ce mélange à sec ou sur le résidu de l'évaporation, y excite une chaleur remarquable.

EXPÉR. XIVe. J'ai mêlé ensemble le sel marin commun & la magnésie calcinée; je les ai fait digérer & lessiver: 1°. cette solution fait sur le palais une impression qui ne differe pas de celle que feroit le sel marin seul; 2°. elle ne change point la couleur du sirop de violette; 3°. évaporée, le résidu fait une effervescence bien plus considérable avec l'acide vitriolique que la solution, & sans donner des vapeurs d'acide marin; 4°. ce sel cristallise en cube, mais pas aussi régulier que le sel commun pur, & il a plus de disposition à s'humecter à l'air.

Le résidu de ces Eaux prouve qu'il y avoit de la magnésie en dissolution, & que cette magnésie, pendant l'évaporation, a absorbé de l'air fixe ambiant.

EXPÉR. XVe. Le sel marin déliquescent & la magnésie non calcinée : 1°. la dissolution de ce mélange fait sur le palais une impression qui ne diffère en rien de celle que feroit le sel marin à base d'alkali ; 2°. elle ne change pas sensiblement la couleur du sirop de violette ; 3°. ne fait point effervescence avec l'acide vitriolique ; 4°. devient laiteuse & précipite beaucoup par l'addition de l'huile de tartre ; 5°. ne cristallise pas ; 6°. le résidu séché s'humecte à l'air.

Le goût âcre & piquant du sel marin à base terreuse se trouve ici si adouci que sa dissolution dans l'eau ne fait pas sur le palais une impression différente de celle du sel commun ; cela prouve bien l'union de la magnésie avec ce sel marin : une autre preuve que la magnésie est engagée dans le sel, qu'elle forme un composé avec lui, enfin qu'elle n'existe pas dans cette eau d'une manière libre ; c'est qu'à peine elle prend sur la couleur bleue du sirop de violette & qu'elle ne fait point effervescence avec les acides.

EXPÉR. XVIe. Le sel marin commun & le sel marin déliquescent mis en dissolution & ensuite dissous, offrent les phénomènes suivans ; 1°. cette eau salée fait sur le palais une impreſſion vive & approchante du ſel ammoniac ; 2°. elle verdit le ſirop violat, quoique le ſel déliqueſcent ſeul n'en change point la couleur ; 3°. l'acide vitriolique excite un peu d'effervefcence, mais elle eſt bien légère ; 4°. l'huile de tartre par défaillance en précipite beaucoup de terre qui ſe dépoſe ſous forme d'un corps onctueux blanchâtre ; 5°. beaucoup de peine à criſtalliſer, & les criſtaux en ſont irréguliers, troubles & s'humectent à l'air.

EXPÉR. XVIIe. Le ſel commun, le ſel marin déliqueſcent & le ſel d'epſom : 1°. ce mélange donne à l'eau un goût amer, ſtiptique & déſagréable ; 2°. elle n'altère pas ſenſiblement le ſirop violat ; 3°. ne fait point effervefcence avec l'acide vitriolique ; 4°. devient laiteuſe & dépoſe beaucoup par l'addition des alkalis ; 5°. une manière de criſtalliſer à ſoi.

EXPÉR. XVIIIe. Les deux ſels marins & la magnéſie : 1°. l'eau qui a leſſivé ce mélange fait ſur le palais une impreſſion vive & preſqu'alkaline ; 2°. elle altère un peu le ſirop de violette ; 3°. fait une effervefcence foible avec l'acide vitriolique ; 4°. devient laiteuſe & précipite par l'addition de l'huile de tartre.

EXPÉR. XIXe. Le ſel commun, l'alkali cauſtique & la magnéſie : la diſſolution de ce mélange, 1°. fait sur le palais une impression vive, mais non pas proportionnée à l'alkali; 2°. altère en verd le sirop de violette; 3°. fait une violente effervescence avec les acides; 4°. le résidu fait une effervescence encore plus vive.

Ces tentatives indiquent que la plupart des sels sont dissolvans des terres & qu'ils ont sur eux-mêmes une action réciproque qui leur donne quelques propriétés particulières & un ensemble qui n'a point encore été bien développé. Nous nous gardons bien de tirer aucune conséquence décisive d'après de si légers essais; il faudroit auparavant avoir multiplié les expériences, soit en variant les doses, soit par des digestions plus ou moins longues & à des degrés de chaleur variés, &c, &c. On ne peut mieux faire pour cela que de suivre le plan qu'a tracé l'Académie de Dijon dans ses Elémens de Chymie. Cette illustre Compagnie a rangé, pour ainsi dire, tous les corps élémentaires & même plusieurs composés dans la classe des dissolvans, & elle a suivi en cela la chaîne de la Nature dans les décompositions & recomposition des êtres. Nous croyons entrer dans l'idée de ce plan si simple & si naturel, en rangeant les sels neutres & même les terres dans la même classe des dissolvans. C'est ſous ce point de vue que l'on enviſage le foie de ſoufre ; c'eſt dans la même intention que M. Monnet a fait ſes expériences ſur le mélange du ſel d'epſom & du vitriol de mars ; c'eſt auſſi dans le même eſprit que nous avons fait quelques eſſais ſur ces affinités de composés, dont nous venons de rendre compte. Il ſeroit donc à ſouhaiter pour les progrès de la Chymie & ſpécialement pour la perfection du ſujet qui nous occupe, que l'on multipliât aſſez les expériences, en prenant les compoſés neutres comme diſſolvans, pour prononcer enfin ſur ce que l'on pourroit obtenir par cette voie de recherche.

Exemples d'Eaux Salines.

EAUX DE SŒDLITZ, DE SEYDSCHUTZ ET D'EPSOM. Je ne connois d'analyſe des Eaux de Sœdlitz faite ſur les lieux, que celle que nous a donné Hoffman ; auſſi eſt-ce la meilleure que nous ayons, & celle qui nous ſervira de modèle (1).

L'Eau de Sœdlitz eſt froide, elle eſt claire & limpide, elle a un goût très-amer & ſalé.

(1) Hoffman. *De fonte & ſale Sœdlicenſi.*

elle ne fermente point avec les acides vitriolique & nitreux, ne change point ou très-peu la couleur du ſirop de violette, la noix de galles n'y produit aucun changement, l'huile de tartre par défaillance en trouble la tranſparence, & occaſionne un précipité abondant, enfin, par une évaporation lente, on obtient par chaque livre d'eau deux dragmes & quelques grains d'un ſel amer à baſe terreuſe, qui reſſemble au ſel d'epſom; une once d'eau peut en diſſoudre une once& deux ſcrupules.

Les Eaux de Seydſchutz ſont encore plus amères & plus ſalées que celles de Sœdlitz; cela tient, ſelon Hoffman, à ce qu'elles contiennent quelques grains de ſel de plus, deux dragmes & dix grains par chaque livre d'eau, & dix grains de terre calcaire, d'ailleurs ſon ſel eſt abſolument de même nature (1).

Les Eaux ſalines d'Epſom ſont bien moins chargées de ſel que les Eaux de Sœdlitz & Seydſchutz, elles n'en contiennent qu'une demi-dragme, *non ultrà drachmam dimidiam ſalis præbet epſomenſium aquarum libra medica* (2).

Hoffman, après avoir prouvé la reſſemblance & l'identité entre les ſels de Sœdlitz,

---

(1) Ibidem. *De fonte & ſale*, &c. (§. vij.)
(2) Ibidem. (§ viij.)

de Seydſchutz & d'Eqſom, fait obſerver quelques différences bien dignes de remarque, puiſqu'elles établiſſent, ſelon nous, la preuve de l'exiſtence d'un ſel marin déliqueſcent uni au ſel amer dans les Eaux de Sœdlitz & Seydſchutz, qui ne ſe trouve pas dans celles d'Epſom, choſe à laquelle ceux qui depuis Hoffman ſe ſont occupés de l'analyſe de ces Eaux n'ont point fait aſſez d'attention (1).

Les Eaux de Sœdlitz ſont amères & ſalées, celles de Seydſchutz ſont encore plus amères & plus ſalées; le ſel de l'une & de l'autre ſource attire plus puiſſamment l'humidité de l'air, que celui d'Epſom; ſoit concret, ſoit diſſous dans l'eau, il a une ſaveur plus forte, & quelque choſe de noſéabonde; ſi l'on expoſe ce ſel dans un creuſet ſur les charbons, il donne d'abord de l'eſprit de ſel, puis de l'acide vitriolique; les cryſtaux du ſel d'epſom ſont plus longs, & ont plus de conſiſtance que ceux du ſel de Sœdlitz, leſquels ſe diſſolvent en plus grande quantité dans l'eau (2). Or, ſi les Eaux de Sœdlitz & de Seydſchutz, outre la

---

(1) Il ſera fait mention ci-après d'une analyſe des Eaux de Seydſchutz, que nous ne ſavions pas exiſter quand nous avons fait cet article.

(2) Ibidem. *De fonte & ſale.* (§. ix.)

ſaveur amère dominante, ont un goût ſalé qui ſe diſtingue, ſi le dépôt de ces Eaux attire plus puiſſamment l'humidité de l'air, s'il a une ſaveur plus vive que le ſel d'epſom, & que d'ailleurs expoſé au feu il donne de l'eſprit de ſel, on ne peut ſe refuſer d'admettre un ſel marin à baſe terreuſe : on ne ſera donc plus étonné que ces Eaux ſoient plus actives que les Eaux de comparaiſon que l'on a faites, Hoffman lui-même le premier, par une ſimple diſſolution de ſel d'epſom : on ſait combien le ſel déliqueſcent eſt actif, & combien il ajoute à l'action & à l'efficacité des Eaux (1).

Nous ne pouvons pas déterminer quelle eſt la doſe du ſel déliqueſcent que contiennent les Eaux de Sœdlitz, parce qu'Hoffman ne l'a pas diſti[illegible]é du ſel catarctique amer, quoiqu'il nous ait donné les ſignes pour le reconnoître ; le ſeul guide que nous ayons ici, c'eſt le goût ſalé & amer qu'ont ces Eaux : en conſéquence j'ai mis dans de l'eau commune deux livres (la livre de Médecine, dont parle Hoffman, eſt de 12 onces), quatre dragmes de ſel d'epſom bien pur & bien net ; cela forme une eau d'une amertume ſupportable ; j'ai ajouté

(1) Voyez ce que nous avons précédemment dit de ce ſel à baſe terreuſe.

dans cette même eau du ſel marin déliqueſcent, d'abord ſix grains, puis j'ai augmenté juſqu'à quarante-deux; j'ai goûté cette eau, à meſure que j'ajoutois du ſel marin, elle n'a commencé à montrer un peu le goût ſalé que quand il y a eu une trentaine de grains de ce ſel : mais pour qu'il y fût bien ſenſible, j'ai été juſqu'à 36 & même 42 : j'obſerverai que juſqu'à ce que le petit goût ſalé ait commencé à ſe faire ſentir, celui d'amertume prenoit toujours plus d'intenſité. Cette eau minérale factice nous paroît reſſembler parfaitement aux Eaux analyſées par Hoffman, par la doſe & la nature des ſels, & par ſon goût & par ſes propriétés, puiſque l'ayant eſſayée, elle a fort bien purgé à la quantité de trois verres. J'ai verſé de l'acide vitriolique dans cette eau, & il n'y a produit aucun changement ſenſible; l'huile de tartre par défaillance y occaſionne un précipité; le ſirop de violette prend une teinte verte, &c. &c.

M. Fourcy, au rapport de M. Raulin (1), a fait, ſous ſes yeux, l'analyſe des Eaux de Sœdlitz, & il n'y a trouvé que du ſel d'epſom, trois gros & dix-huit grains par livre (de ſeize onces) : mais il n'y a rien d'étonnant à cela, puiſque M. Raulin prouve que

(1) Parallele des Eaux minérales.

les Eaux de Sœdlitz, que l'on ſe procure à Paris, ſont des Eaux factices. Elles ſont mal imitées, puiſqu'elles ne contiennent qu'une eſpèce de ſel; auſſi l'y met-on à plus forte doſe, pour les rendre auſſi purgatives que les véritables Eaux de Sœdlitz.

M. le Docteur Renaudin à fait (à Straſbourg) l'analyſe des Eaux de Sœdlitz (1), & il a obtenu par le moyen de l'évaporation de cinq livres & demie de ces Eaux, trois onces & près de trois gros du même ſel que Hoffman y avoit reconnu, ce qui fait cinq gros moins ſept grains par livre d'eau. M. Renaudin obſerve que les Eaux qui ſont fidèlement priſes à la ſource, rendent par l'évaporation un ſel déliqueſcent.

Il réſulte de ces analyſes des Eaux de Sœdlitz, qu'elles rendent, ſelon Hoffman, deux gros & quelques grains de ſel par chaque livre d'eau, & ſelon M. Renaudin, cinq gros moins ſept grains: la différence eſt grande. Il eſt vrai que Hoffman contoit par livre de douze, & M. Renaudin par livre de ſeize onces; mais en ajoutant un demi-gros aux deux dragmes d'Hoffman, pour compenſer la différence des poids de l'eau, il reſtera encore preſ-

(1) Inſérée dans le Recueil de M. Richard.

que moitié de plus de ſel dans l'une que dans l'autre analyſe.

Les Eaux de Seydſchutz ont été analyſées par ordre de la Faculté de Médecine de Paris; (Journ. de Méd. Octobre 1770.) on a pris les précautions néceſſaires pour s'aſſurer que ces Eaux avoient été puiſées à la ſource. L'examen qui en a été fait eſt un vrai modèle d'analyſe & fait beaucoup d'honneur aux Commiſſaires, MM. Bertrand, Roux & d'Arcet, que la Faculté avoit chargés du travail. Il réſulte de cette analyſe extrêmement bien faite, que les Eaux de Seydſchutz contiennent par pinte près d'une once de ſel d'epſom, un ſcrupule de ſélénite & une vingtaine de grains de ſel déliqueſcent.

Nous avons vu avec ſatisfaction que cette analyſe, de mains de Maîtres, juſtifie pleinement le jugement que nous avions porté ſur les Eaux de Sœdlitz, d'après les expériences d'Hoffman.

EAUX DE POUILLON. Ces Eaux ſont froides, la ſource en eſt très-abondante, elles ſortent du fond de leur baſſin en bouillonnant, elles purgent très-bien la plupart des ſujets & même ſans addition, leur goût eſt fort ſalé & légérement martial, &c : la rigole par où ces Eaux s'épanchent préſente ſur les bords un léger limon ocreux;

la poudre de noix de galles les teint en rouge; l'alkali fixe occasionne un précipité blanc très-considérable ; ces Eaux n'ont point d'odeur : trente-neuf livres ont donné douze onces de résidu sec, savoir six onces six gros de sel marin commun ou à base alkaline, & une once cinq gros de sélénite ; l'augmentation de trois gros est due à l'eau de cristallisation qu'a reçue le sel marin dans les dernières opérations.

M. Costel a aussi fait l'analyse des Eaux de Pouillon, & il estime que ce que Venel a pris pour de la sélénite, est un sel marin à base terreuse d'une nature particulière. Cette découverte, si elle se vérifie, fera beaucoup d'honneur à son Auteur; elle évitera la plus commune de toutes les erreurs dans les analyses des Eaux, celle de trouver presque partout de la sélénite & de la confondre avec un sel qui lui est bien opposé & par ses qualités & par ses vertus.

M. Costel admet, par chaque peinte d'eau, deux gros & quelques grains de sel cubique, cinquante-quatre grains de sel marin à base terreuse non déliquescent, & une certaine dose de gas, non assez suffisante pour rendre les Eaux spiritueuses, mais qui ne doit pas pour cela être passée sous silence.

La forme des cristaux, la saveur particulière & propre au sel marin des cuisines, ne nous laisse, dit M. Costel, aucun doute sur la nature du sel cubique; mais il n'en est pas de même du sel à base terreuse, & si je n'avois pas observé avec la plus scrupuleuse attention les cristaux de ce sel dans le tems même de l'évaporation, je n'aurois pas manqué de les prendre pour une sélénite; d'ailleurs il me paroissoit extraordinaire qu'un sel de cette espèce pût être en aussi grande quantité, en dissolution parfaite, relativement à la quantité d'eau dans laquelle il étoit contenu. Nous renvoyons à l'Ouvrage de l'Auteur pour les preuves sur lesquelles il appuie son assertion. Cette analyse intéressante est insérée dans le Traité analytique de M. Raulin.

Quelle est la nature de la base de ce sel marin terreux non déliquescent? C'est le sujet d'un travail dont s'occupe M. Costel: ce que l'on sait déjà, c'est qu'une livre d'eau distillée n'en peut dissoudre que trente-deux grains, qu'il se cristallise par conséquent avant le sel marin ordinaire, & que sa base unie à l'acide vitriolique forme un sel qui est plus soluble que la sélénite, mais qui l'est beaucoup moins que le sel d'epsom.

Je ne connois, dit M. Costel, aucun

Auteur de Chymie qui fasse mention de ce sel ; au contraire, tous les Auteurs conviennent que les sels marins à base terreuse sont tous déliquescents. Je viens cependant de me rappeller qu'un Chymiste de nos jours parle de sel à base terreuse qu'il a trouvés dans les Eaux mères du sel marin (Voyez la Chymie de M. Beaumé, Tom. II, pag. 555.) ; lui même avoit dit dans son Manuel de Chymie, « l'acide marin » forme avec les terres calcaires, des sels » neutres déliquescens qui ne peuvent cris- » talliser que par le réfroidissement ; mais » je trouve dans celui des Eaux de Pouil- » lon des propriétés particulières dont je » rendrai compte. »

EAUX DE BALARUC. L'Eau de Balaruc est limpide ; son goût salé indique d'avance qu'elle contient du sel marin ; puisée à sa source, elle dépose bientôt après aux parois du vaisseau dans lequel elle est contenue des bulles d'air qui couvrent toute la surface intérieure de ce vaisseau ; elle est chaude au 42e. degré du thermomètre de Réaumur (1).

Il suit des expériences de M. le Roy, dont on peut lire les détails dans l'ouvrage

(1) Analyse de M. Charles le Roy, insérée dans ses mélanges de Physique & Médecine.

même, que les Eaux de Balaruc contiennent de la terre abſorbante, un ſel ſéléniteux, & du ſel marin ſous les deux baſes. Trente livres d'eau ont donné trois gros de terre abſorbante & de ſel ſéléniteux, du ſel marin une once, & de ſel déliqueſcent trois gros.

On imitera les Eaux de Balaruc ſi dans ſoixante livres d'eau chauffée au 42e degré du thermomètre de Réaumur, & légérement gaſeuſe, on met en diſſolution trois gros de terre abſorbante, une once de ſel marin & trois gros de ſel déliqueſcent.

Nous obſerverons qu'il y a un avantage de compoſer les Eaux ſalines en grand, parce que la maſſe de l'eau retient mieux les principes fugitifs. L'agitation ou mouvement des eaux à vaſe fermé, coopère auſſi très-efficacement à une combinaiſon plus intime des matières fixes & au ſuccès des diſſolvans: on voit les terres qui ſe diſſolvent très-bien dans les opérations en grand, ne pas le faire de même dans les eſſais en petit.

Une bonne manière de faire les Eaux de Balaruc, ſeroit de mettre dans l'eau chaude de la terre abſorbante & de la terre calcaire dans les proportions indiquées, d'y verſer quelques gouttes d'acide vitriolique étendu d'eau aſſez pour que l'efferveſcence ſoit lente & douce, bien boucher le vaſe pendant douze heures, puis y ajouter le ſel marin & le ſel déliqueſcent.

EAUX DE BOURBONNE. M. Monnet nous a donné, dans ſa nouvelle Hydraulique, l'analyſe des Eaux de Bourbonne. On ſait qu'il eſt parmi les Auteurs modernes celui qui s'eſt le moins laiſſé aller aux préjugés & qui a mis le plus de courage à bannir cette fauſſe idée des Médecins des Eaux, qu'elles ont d'autant plus de vertus qu'elles contiennent un plus grand nombre de principes. Peut-être auſſi ce courage & le deſir de montrer la vérité, ont-ils porté quelquefois trop loin notre Auteur; mais à ce tort près qu'on lui a reproché, on ne lui en doit pas moins tribut de reconnoiſſance.

Les Eaux de Bourbonne, c'eſt M. Monnet qui parle, ſourdent très-abondamment, &c, &c. La chaleur de ces Eaux n'eſt point égale partout, celle du Puits quarré eſt à 55 degré du thermomètre de Réaumur, tandis que les autres ſources ſont à quelques degrés au-deſſous: ces Eaux ſont claires & limpides comme une eau chaude ordinaire: on a voulu y trouver du ſulfureux, pour moi je n'y ai rien trouvé qui en approchât; une cuiller d'argent ſuſpendue à la vapeur de ces ſources n'y a point été colorée; il eſt bien vrai que la boue qui ſe trouve au fond du grand baſſin & de quelqu'autre, préſente une odeur ſenſible de foie de ſoufre ; mais j'ai remarqué que l'odeur de cette boue n'avoit point d'autre cauſe que la malpropreté qui vient des baigneurs & du *ditritus* des végétaux qui s'y trouvent ; au reſte cette boue eſt compoſée auſſi avec du ſable ferrugineux & de la terre abſorbante, le fer y eſt ſi ſenſible que l'acide vitriolique ou le nitreux en diſſolvent une aſſez grande quantité en même-tems qu'ils diſſolvent la terre abſorbante ; quant à la vapeur du foie de ſoufre, on ſait, d'après ce que nous avons dit ailleurs, qu'il ne faut pas toujours en rapporter la cauſe au ſoufre ni au foie de ſoufre, étant ſouvent le produit de toute autre matière : ces Eaux ne font au goût qu'une impreſſion d'une eau légérement ſalée & telle qu'une diſſolution de trente à trente-ſix grains de ſel marin par livre d'eau ; il y a cependant cette différence, ſuivant la comparaiſon que j'en ai faite, que l'Eau minérale de Bourbonne a un goût plus moëlleux ; cela peut venir des autres matières qui s'y trouvent, l'analyſe m'ayant démontré qu'elles contiennent en outre de la ſélénite & de la terre abſorbante.

J'ai ſoumis vingt-quatre livres de ces Eaux à l'analyſe ; je m'attendois que ſur la fin de l'évaporation j'aurois quelque portion de sel marin à base terreuse & du sel de glauber, il est assez ordinaire d'en trouver dans les Eaux qui contiennent du sel marin; mais je n'eus pas la moindre marque ni de l'un, ni de l'autre; je n'obtins seulement que de la sélénite, de la terre absorbante & du sel marin, le tout pésant une once six gros, savoir deux gros de sel commun, un gros & quarante-deux grains de sélénite & trente grains de terre.

On voit donc que ces Eaux ne sont simplement que des Eaux salées, telles qu'il y en a communément dans ce pays & dans la Lorraine, dont quelques-unes, comme on le sait, sont exploitables à profit pour le sel.

Rien n'est plus simple, ni plus facile que d'imiter les Eaux de Bourbonne; il suffit de faire dissoudre dans chaque pinte d'eau commune chauffée à des degrés qui varient depuis le 45 jusqu'au 55e du thermomètre de Réaumur, un gros de sel marin ordinaire, huit grains de sélénite & quelques grains de terre absorbante: c'est l'union de cette terre avec le sel marin qui donne aux Eaux de Bourbonne cette douceur que n'a pas une simple dissolution de sel marin; peut-être aussi charrient-elles, comme presque toutes les Eaux minérales de ces contrées, une légère portion de terre argilleuse.

EAUX DE LA MOTHE. On vient d'annoncer dans les papiers publics (1) une nouvelle analyse des Eaux de la Mothe : on en donne d'abord l'extrait, en attendant qu'on la publie en entier. Elle a été faite à la source même & sous les yeux de M. de Vinterol & M. Binelli, Directeurs de la Mine d'Alemont, par M. Nicolas, Médecin à Grenoble, & par un Démonstrateur en Chymie de la même Ville.

Le thermomètre de Réaumur plongé dans le bassin, la liqueur monte jusqu'au 64e. degré : les expériences par les réactifs détruisent absolument l'opinion de ceux qui avoient assuré que ces Eaux étoient ferrugineuses & alkalines ; l'alkali phlogistiqué ne donne qu'un précipité blanc, l'indice d'un sel à base terreuse, & l'infusion de noix de galles n'altéra point leur limpidité ; l'alkali fixe végétal produisit un précipité blanc ; la dissolution d'argent par l'acide nitreux procura aussi un précipité blanc, mais un peu coloré de pourpre & en flocons très-distincts, occasionné par l'acide du sel marin qui abonde dans les Eaux de la Mothe ; ces Eaux décomposent le sa-

(1) Avis divers, Juin 1778.

von ; la couleur du ſirop violat diſparoît ſans paſſer cependant aux couleurs caractériſtiques de l'acide ou de l'alkali ; les acides verſés dans ces Eaux n'y occaſionnent aucune effervefcence. Ces expériences par les réactifs ont été répétées à Grenoble, & l'on a eu les mêmes réſultats.

Des recherches ultérieures ont prouvé que les Eaux de la Mothe contiennent par chaque pinte de Paris près de quatre grains de terre calcaire, vingt-quatre grains de ſélénite, quarante-huit grains de ſel marin, dix-huit grains de ſel d'epſom, un demi-grain de matière extractive & à-peu-près autant de ſel marin à baſe terreuſe qui faiſoit partie de l'eau mère.

Pour imiter les Eaux de la Mothe on fera diſſoudre dans chaque pinte d'eau chaude (au 45e degré du thermomètre de Réaumur) quarante-huit grains de ſel commun, un ſcrupule de ſel d'epſom, dix à douze grains de ſel marin à baſe de magnéſie, un grain de terre argilleuſe & vingt-cinq grains de ſélénite.

On a pu voir par les analyſes que nous venons de donner des Eaux ſalines qui ont le plus de réputation parmi nous, qu'à quelques différences près, elles ſe reſſemblent presque toutes. On trouve du sel marin partout & souvent sous les deux bases ; ces agens sont soutenus par un degré plus ou moins considérable de chaleur : voilà les grands moyens de la Nature, quelquefois secondés par le sel d'epsom, d'autres fois par le sel de glauber, l'alkali, les sels gaseux, &c, &c. Les matières qui minéralisent les Eaux salines étant les mêmes presque pour toutes, & les différences qu'on observe provenant principalement des doses & des degrés de chaleur, on pourroit suppléer à toutes & les remplacer par un petit nombre d'Eaux artificielles à des degrés de chaleur variés ; dans les unes on feroit dominer le sel d'epsom, dans les autres le sel marin : veut-on les composer davantage soit avec le foie de soufre, soit avec le bitume, le mars ou autres substances ? Nous en avons indiqué les moyens.

DES BOUES
ET
DES MARCS.

LES boues des Eaux minérales ſont des eſpèces de marais qui ſe ſont impregnés de matières que les eaux charrient avec elles. Ces boues ſont formées de terres aſſez molles, aſſez ductiles pour que le corps, un bras ou une jambe puiſſent y être plongés. Ces terres ſont continuellement abreuvées par les eaux minérales qui, en même-tems qu'elles entretiennent leur molleſſe & les nourriſſent de minéraux, leur donnent de la chaleur & la perpétuent. Les boues ſont donc des eſpèces de bains qui ne diffèrent des bains ordinaires que par la conſiſtance & les matières qui les forment.

On diſtingue les boues des marcs. Les marcs ne ſont que le dépôt des eaux qui ſe fait ou dans la ſource même, ou dans les reſervoirs, ou dans le ruiſſeau de décharge. On n'emploie les marcs que ſous la forme de cataplaſme ; les boues ſont d'uſage comme topiques & comme bains. Les marcs ne ſont

ſont pas ſans mérite, nous ſommes même bien éloignés de le penſer; mais les boues ont encore plus d'efficacité dans beaucoup de cas.

Il y a quatre choſes à conſidérer pour ſe faire une idée juſte de la compoſition & de la manière d'agir des boues, l'excipient, les minéraux, la chaleur, & la fermentation qui ſouvent s'y opère.

Le marais, ou limon, qui ſe trouve aſſez abreuvé pour pouvoir ſervir de bain (abſtraction faite des minéraux & de la chaleur), eſt ce que nous entendons par excipient. On ne s'eſt jamais trop occupé de cet objet; ſans doute parce qu'on penſoit qu'il importoit aſſez peu quelle que ſoit la nature des terres qui forment ces marais, pourvu qu'on connut bien celle des ſubſtances qui les minéraliſent. Nous ne croyons pas cette idée juſte; nous eſtimons au contraire qu'elles ont beaucoup de vertus par elles-mêmes, & qu'elles ajoutent aux propriétés des minéraux; il eſt donc important de les connoître: nous nous en occuperons dans un inſtant au ſujet des boues de Saint-Amant.

Les minéraux qui entrent dans la compoſition des boues ſont ceux que leur amènent & dépoſent les eaux qui les arroſent & les pénètrent: en conſidérant les boues comme une ſorte d'éponge, ou une eſpèce de filtre qui retient les matières (dissoutes ou non), que les eaux charrient & abandonnent en les traversant, on aura une idée juste de la chose. On conçoit aisément que les boues sont beaucoup plus chargées de minéraux que les eaux & les bains ; mais on s'est donné assez peu de peine pour les analyser & les connoître, parce que l'on a conclu pour les boues par la connoissance des eaux. Il est vrai que l'induction est grande, mais une induction n'est pas une preuve. Nous reviendrons à cet objet dans l'instant où nous parlerons de la fermentation.

La chaleur pour les boues comme pour les bains, est une chose très-importante ; elle est l'ame de ces deux puissans remèdes ; sans elle peu de chose, avec elle presque tout. On ne demande cependant pas pour les boues autant de variété dans les degrés de chaleur que pour les bains ; parce que les intentions dans l'emploi que l'on en fait, souvent ne sont pas les mêmes ; on exige toujours pour les boues qu'elle soit portée à un certain degré de force comme à 30, 31, 32, 33 & même 34 du thermomètre de Réaumur. A Saint-Amant, par exemple, où la chaleur de l'eau n'est point assez grande pour échauffer suffisamment les boues, on attend pour en faire usage que les chaleurs de l'été soient venues, afin que le soleil supplée à ce que ne peuvent faire les eaux.

La chose que l'on a le moins considéré dans les boues, & qui le mérite peut-être le plus, c'est une sorte de travail spontané, une espèce d'effervescence ou fermentation insensible qui s'opère entre les minéraux qui les composent, mis en mouvement par la chaleur. L'esprit odorant qui s'en élève sans cesse, les bouillonnemens instantanés qui s'y opèrent & les bulles que l'on voit souvent se former à la superficie des boues auroient pu mettre sur la voie; le raisonnement d'ailleurs y auroit conduit. Les boues sont impregnées non-seulement des minéraux que les eaux tiennent en dissolution, mais aussi de ceux qu'elles charrient sans être dissous (1). Outre cela il se fait dans les

(1) A Bourbonne & dans une infinité d'autres endroits où coulent des sources minérales, on observe qu'il existe dans les marcs du fer attirable par l'aimant & un peu de phlogistique étrangers aux Eaux. A Montmorency, dans une des sources de Dax dite la Couloubre, dans plusieurs sources des environs d'Alais & autres, les Eaux déposent du soufre en substance. A Saint-Amant les Boues sont bitumineuses & les Eaux ne le sont pas; elles contiennent du soufre, & les Eaux du phlogistique seulement. Dans beaucoup de sources on trouve des terres isolées & autres matières non dissoutes qui vont toutes faire dépôt.

boues de nouveaux composés qu'on chercheroit inutilement par l'analyse dans les sources (1). Or si dans un marais chaud une ou plusieurs fontaines minérales déposent du fer ou du soufre en substance, de l'alkali, des terres délayées de différentes espèces, des sels dans un point de saturation plus ou moins parfait, du phlogistique, du gas ou autres matières analogues, il est certain que du pouvoir de ces différentes matières les unes sur les autres, secondé par une chaleur continuelle & par de nouveaux agents sans cesse renouvellés & entretenus, il doit se former continuellement dans le lieu où elles se rassemblent, des décompositions & recompositions d'où procède le mouvement d'effervescence en question; & c'est de ce travail spontané entre les parties composantes des boues que naît cet esprit subtil des minéraux, ce gas actif qui varie suivant les principes volatils ou qu'il volatise; c'est cet agent qui conjointement avec la chaleur donne aux minéraux toute l'action & l'efficacité que l'observation a constamment prouvé que l'on retiroit de l'usage bien

(1) A Aix-la-Chapelle on recueille des cristaux de soufre qui se forment aux voûtes. A Bains, dans les Vosges, on observe du sel beau, blanc & bien cristallisé qui n'existe pas dans les sources. Le foie de soufre est commun dans les Boues & rare dans les Eaux, &c.

entendu des boues. On voit en quoi les boues différent des bains, & combien ce remède doit être puiſſant.

Nous n'avons pas intention de porter plus loin nos réflections. Il nous ſuffiſoit de faire ſentir combien cette matière intéreſſe & mériteroit qu'on l'approfondît davantage. Nous nous en tiendrons pour exemple à l'examen des boues de Saint-Amant; elles ſont voiſines de nous, elles ſont les plus en uſage & les plus eſtimées.

Les boues de Saint-Amant ſont compoſées d'une eſpèce de tourbe, mélangée d'une terre noire & ſpongieuſe. Elles ont en pluſieurs endroits, depuis quatre pieds, plus ou moins, juſqu'à dix de profondeur. Elles repoſent ſur un lit de terre graſſe mélangée de ſable. L'eau qui en ſort en détache quelques parties ſablonneuſes qu'elle amène en bouillonnant à la ſurface du bourbier. Ce lit de terre eſt ſemblable, quant à ſa couleur, à celui qu'on rencontre en fouillant dans les houillières; mais on y remarque plus de parties graſſes & brillantes.

Il s'exhale du bourbier une odeur ſulphureuſe & marécageuſe aſſez forte à laquelle cependant on s'accoutume fort aiſément. Une portion de ces boues jettées dans le feu donne une odeur plus diſgracieuſe que les tourbes du pays.

Les bouillons bourbeux ammenent à la ſurface une matière graſſe & onctueuſe : ſi on la fait ſécher & brûler, elle répand une odeur ſulphureuſe & bitumineuſe approchante de celle qu'on éprouve lorſqu'on enduit les bateaux de goudron. Cette remarque confirme, ſelon M. Goſſe, Auteur de ces Obſervations, ce que les Médecins ont avancé ſur l'exiſtance du ſoufre fixe & volatil contenu dans ces boues : ce principe ſulphureux y domine effectivement plus que dans les eaux. La terre graſſe & bolaire, continue M. Goſſe, arrête apparemment dans les filières les particules ſulphureuſes que l'eau charie en coulant de toute part ; ce qui tend à fixer une certaine quantité de ſoufre naturel dont la partie volatile s'envole inceſſamment & ſe diſſipe. L'huile graſſe & bitumineuſe, les terres alkalines que l'eau ammene à la ſuperficie des boues ne contribuent pas moins que le ſoufre à les rendre ſalutaires.

Suivant les réſultats des expériences qui ont été faites pour découvrir la nature des matières compoſantes des boues de Saint-Amant, il réſulte, ſelon M. Goſſe, que le ſoufre eſt très-palpable, l'odeur qui s'en exhale frappe plus fortement l'odorat que celui des eaux ; l'huile graſſe & bitumineuſe s'y touche aux doits ; on y trouve un ſel analogue à celui des eaux, & ſans compter les terres alkalines & les principes ferrugineux.

Ces boues forment donc une eſpèce de ſavon ſulphureux & bitumineux très-ſalutaire en médecine.

Feu M. Morand, dans un Mémoire ſur les Eaux de Saint-Amant, a obſervé que le ſol où ſourdent les eaux, forme ordinairement trois lits de matières différentes. Le premier & le plus ſuperficiel eſt une terre noire, le ſecond une eſpèce de marne, le troiſième un ſable très fin qui eſt fort mouvant dans le voiſinage.

La matière noire du premier lit ſe lève quelquefois par feuillets, & il s'eſt trouvé de ces feuillets doux, peſans & chargés de parties métalliques; l'orſqu'on en jette ſur les charbons ardents, elle s'enflamme & répand une odeur de ſoufre.

Les boues ſont une eſpèce de bouillie claire humectée par une eau qui paroît jaunâtre: c'eſt l'eau des ſources qui retenue dans une auſſi grande maſſe (qu'on peut regarder comme une ſorte de filtre) ſe trouve délayer ſeulement les matières bien au-delà de ce qu'elles pourroient en diſſoudre, d'où ſa couleur.

Les boues, ajoute M. Morand, ne tirent leurs qualités médicinales que du charbon de terre ; & en effet toute la Flandre eſt pleine de ce charbon, ſur-tout aux environs de Valenciennes, Saint-Amant, &c., par tout la terre eſt ouverte pour en tirer la houille. Ce charbon eſt une eſpece de bitume ſec ſurchargé de beaucoup de parties ſulphureuſes ; ſi l'on compare ſes effets avec les propriétés des bitumes, on voit que ce que rapportent les plus anciens Naturaliſtes des vertus des bitumes, s'accorde parfaitement avec celles des boues de Saint-Amant : c'eſt conſéquemment le ſoufre & le bitume fournis par le charbon de terre qui paroiſſent être ici les principes dominans.

M. Morand avoit tiré de ſon raiſonnement une conſéquence toute naturelle ; c'eſt qu'avec du charbon de terre pilé & humecté, on peut former des boues artificielles capables de remplacer celles de Saint-Amant : mais ſon raiſonnement étoit-il bien fondé ?

Les boues de Saint-Amant ne ſont, ſuivant M. Monnet, qu'un terreau gras, fin, abreuvé continuellement par les eaux des ſources. Elles exhalent une odeur de ſoufre, mais qui eſt recouverte par une odeur comme bitumineuſe.

Il nous paroît d'après ce qui vient d'être expoſé ſur la compoſition des boues de

Saint Amant, que ce n'eſt autre choſe que de la tourbe (1) mêlée de terreau & de glaiſe, abreuvée par les eaux des ſources qui charient l'une du fer, les autres du phlogiſtique. Le bitume que l'on y obſerve vient probablement du charbon de terre ou de la tourbe: & la fermentation y développe un eſprit ſulphureux volatil, composé par le phlogiſtique & le gas.

Pour imiter la nature & faire des boues artificielles capables de remplacer celles de Saint Amant, il ſuffit de faire dans un réſervoir quelconque, un amas de tourbe, & de la délayer aſſez en y faiſant couler l'eau des ſources artificielles de la nature de celles de Saint-Amant: où bien l'on pourroit faire une ſorte de pâte, en forme de limon ou bourbier, avec de la tourbe, de la houille & de la glaiſe en poudre, du terreau fin & choiſis, du fer & du ſoufre dans des proportions telles que l'odeur en ſoit à-peu-près ſupportable, & l'excipient d'une conſiſtance médiocre. On arroſeroit le tout avec de

(1) Tout le monde ſait que la tourbe eſt une matière poreuſe, communément légère, d'un brun noirâtre, plus ou moins graſſe, bitumineuſe & inflammable. Elle répand en brûlant une odeur plus ou moins déſagréable, &c. &c.

l'eau assez chaude pour lui donner la chaleur qui lui convient (1).

Je proposerois des boues à différens degrés de force : les unes seroient plus émollientes que résolutives ; d'autres émollientes, résolutives & fondantes ; nous en aurions enfin d'une troisième sorte qui seroient spiritueuses, fondantes, fortifiantes, & les plus actives de toutes.

Pour composer & se procurer des boues de la première espèce, (des boues émollientes & légèrement résolutives) il suffiroit de délayer tout simplement de la tourbe

---

(1) Toutes les Eaux de Bagnières de Luchon vont se rendre dans un tuyau commun & souterrein après avoir servi aux bains. Elles se rendent à une espèce de bourbier composé d'un sédiment qui a dans son fond une couche épaisse de trois à quatre pouces d'une boue noire, douce, fine, onctueuse qui n'est vraisemblablement, au rapport de M. Campardon, qu'une terre bitumineuse. Sur cette vase noire on distingue une autre couche fort légère qui, en certains endroits, est roussâtre & en d'autres verdâtre. Enfin une troisième couche beaucoup plus abondante que la seconde forme un enduit blanc & savonneux qui ressemble un peu à la pâte liquide dont on fabrique le papier. A Cauteretz & à Barèges il y a des Boues qui ressemblent à celles de Luchon ; mais comme nous n'avons pas sur ces Boues, ni sur beaucoup d'autres que nous aurions desiré soumettre à l'examen, les renseignemens nécessaires pour en traiter, nous en sommes dispensé de droit.

avec une eau ſavonneuſe chaude, ou bien de la terre glaiſe en poudre & du terreau fin & choiſis avec une eau ſulphureuſe. Ces boues ſeroient ſingulierement utiles pour diſpoſer à des boues plus actives, quand il y a trop de tenſion, trop de roideur, mais ſur-tout dans la diſpoſition à la douleur ou à l'inflammation, ſoit à la ſuite d'une douche inconſidérément priſe, ou dans toutes autres circonſtances.

Pour former des boues plus actives, & ajouter à leurs qualités douces & émollientes les propriétés fondantes & réſolutives, on ajouteroit à la tourbe & l'argille, le charbon de terre réduit en poudre fine, le ſoufre, le fer & l'huile de pétrole.

On ſe ſerviroit du même excipient pour les boues de la troiſième eſpèce, mais outre le fer & le ſoufre, le charbon de terre & même le bitume que l'on y mêleroit, on les arroſeroit avec une eau alkaline, une eau chargée de foie de ſoufre, une eau gaſeuſe, une eau ſaline & une eau martiale vitriolique. On veilleroit à ce que l'effervescence fût modérée, à peine ſenſible & ſoutenue : un peu d'intelligence, d'habitude & de pratique feront plus que tous les conſeils.

Il ne ſuffit pas d'indiquer différents moyens de compoſer des boues artificielles ; il faut pouvoir leur donner & entretenir une chaleur égale & constante. On auroit des bassins ou réservoirs de trois ou quatre pieds de profondeur & de grandeur arbitraire, on les placeroit d'une manière fixe & solide dans d'autres bassins plus amples qui seroient toujours plains d'eau chaudes, à la manière des bains-maries. Je nommerois le bassin où seroient les boues *le bain*, & celui où seroit l'eau, le *réservoir*, afin de les distinguer. On pense bien que le réservoir plein d'eau toujours chaude entretiendra la chaleur du bain ; & par économie on ne conduiroit dans le réservoir (où l'on pourroit placer plusieurs bains) que les eaux qui auroient déjà servi à d'autres usages. On pourroit aisément arranger les choses de façon que l'eau du réservoir ne seroit pas apperçue. On formeroit les bains de boues avec de simples demi-tonneaux ; mais l'industrie trouvera mille moyens de se plier au tems & aux circonstances. On pourroit au lieu de réservoir placer des tuyaux en zigue zagues à travers les boues dans lesquels l'eau chaude circuleroit lentement, & entretiendroit leur chaleur : on la mesure cette chaleur aux degrés d'activité que l'on veut donner aux boues, c'est-à-dire depuis le numéro 28 jusqu'au 34e du thermomètre de Réaumur.

FIN.

RAPPORT
FAIT
A LA FACULTÉ
DE MÉDECINE.

MESSIEURS,

VOUS nous avez chargés de l'examen d'un Traité général ſur les Eaux minérales, conſidérées relativement aux différens principes qui entrent dans leur compoſition, & à la manière dont le Médecin peut les imiter dans les différentes circonſtances où la ſaiſon ou l'éloignement ne permettent pas de s'en procurer.

Cet énoncé ſeul, MESSIEURS, doit vous faire ſentir de quelle utilité un Ouvrage ſemblable doit être pour la ſociété en général, & pour la Médecine en particulier. Il eſt telles circonſtances priſes de la ſaiſon, ou de l'éloignement, même dans la Capitale, où le Médecin faute de pouvoir ſe procurer des Eaux naturelles fraîches & nouvellement priſes à la ſource ; eſt forcé d'en employer d'anciennes ſouvent épuiſées, & perd ainſi un tems précieux pour la guériſon, lequel ſans ce perfide ſecours auroit été, à l'aide d'autres remèdes, plus utilement employé.

Un plus grand inconvénient encore, MESSIEURS, c'eſt celui qui réſulte du prix que l'éloignement & les frais du tranſport rendent déjà conſidérable & que l'eſpèce d'adminiſtration a rendu exceſſif. De-là vient que l'uſage en eſt interdit ſouvent à l'homme d'une fortune bornée, & toujours à coup sûr à l'indigent.

C'eſt ſurtout ce dernier motif, ſi louable & ſi ſacré pour tous ceux qui ſont attachés au bien public, qui nous paroît avoir engagé, encouragé & ſoutenu l'Auteur dans le travail pénible & diſpendieux qu'ont exigé les recherches & les expériences néceſſaires à ſon deſſein.

L'Auteur a diviſé les Eaux minérales naturelles en dix claſſes, qui ſont autant de ſections dans ſon Ouvrage, & il a ajouté à la fin un ſupplément néceſſaire ſur les boues.

Quant aux Eaux gaſeuſes, qui ſont un article conſidérable dans ſon Ouvrage, M. *Duchanoy* a raſſemblé ce qui a été fait de plus connu ſur cet objet ; & après en avoir formé un corps de doctrine, il propose un moyen de composer des Eaux gaseuses en abondance, avec facilité & à peu de frais.

Il fait voir que ce gas joue dans les Eaux minérales un plus grand rôle qu'on ne l'avoit cru jusqu'à présent; ensorte qu'il démontre qu'il n'y a pas de substance saline martiale & terreuse avec lesquelles ce principe ne se combine dans les Eaux.

Nous avons trouvé des observations intéressantes dans l'article des Eaux vitrioliques, relativement à l'état du vitriol dans les Eaux, soit lorsqu'il y est seul, soit lorsqu'il s'y trouve combiné avec différens sels, comme avec le sel d'epsom, la terre absorbante, la magnésie, enfin avec l'alkali minéral.

Il en est de même des divers expériences à l'aide desquelles l'Auteur est parvenu à déterminer les signes auxquels on peut reconnoître les différens états du fer dans les Eaux.

Il est inutile de s'étendre plus au long sur tout ce qu'il y auroit à dire sur l'objet de cet Ouvrage & sur la manière dont M. *Duchanoy* a rempli son but. Nous dirons seulement qu'il n'a rien négligé de tout ce qui peut le rendre utile & intéressant; toujours sobre dans ses conjectures, s'il se livre quelquefois à des spéculations, à la théorie, cependant il en revient toujours aux faits & à l'expérience, qui eſt le ſeul guide raiſonnable qu'on puiſſe ſuivre ſur cette matière difficile, comme ſur tous les autres objets de la ſaine Phyſique & de la Médecine. L'on peut dire en général que lorſqu'il poſe des principes, ce n'eſt pas d'après des opinions, mais, autant qu'il le peut, ſur ſes propres expériences & d'après les travaux bien conſtatés des Auteurs différens qui ont le mieux écrit & penſé ſur cette matière.

Nous croyons devoir ajouter que quoique cet Ouvrage n'ait pas encore acquis toute la perfection dont il eſt ſuſceptible, il ne peut que faire beaucoup d'honneur à M. *Duchanoy*, que la Faculté doit encourager à l'amener au point de perfection où nous ſentons qu'il peut arriver.

A Paris, le 15 Novembre 1779.

BERTRAND, SALLIN, D'ARCET.

La Faculté de Médecine aſſemblée le 15 Novembre 1779, ayant entendu le Rapport de MM. *Bertrand*, *Sallin* & *d'Arcet*, qu'elle avoit nommé Commiſſaires pour examiner l'Ouvrage de M. *Duchanoy*, notre Confrère, ſur les Eaux minérales artificielles, l'a unanimement approuvé; & c'eſt ainſi que j'ai conclu. A Paris, ce même jour 15 Novembre 1779.

LEVACHER DE LA FEUTRIE, *Doyen.*

TABLE DES CHAPITRES.

EAUX FROIDES.

EAUX CHAUDES.

Fin de la Table des Chapitres.

TABLE

DES MATIÈRES.

A.

C.

D.

E.

(1) Il est avantageux de composer les Eaux en grand, 353.
Les Eaux que l'on compose avec l'eau de la Seine sont en général préférables à celles que l'on prépare avec l'eau distillée 125.
Les Eaux artificielles l'emportent sur les Eaux naturelles, 194.

(2) Quand on compose une Eau alkaline gaseuse, il faut toujours mettre l'alkali dans l'eau avant que de lui donner le gas, 80.

F.

G.

I.

M.

N.

V.

Fin de la Table des Matières.

APPROBATION.

J'AI lu, par ordre de Monſeigneur le Garde-des-Sceaux, un Ouvrage intitulé : *Eſſais ſur l'Art d'imiter les Eaux minérales*, par M. *Duchanoy*, notre Confrère. Le principal objet de l'Auteur eſt de rendre l'uſage de ces ſecours ſalutaires moins diſpendieux, & ſpécialement de les proportionner aux facultés des pauvres ; les procédés qu'il a imaginés & qu'il propoſe pour compoſer les Eaux minérales à l'imitation de la Nature, ſont auſſi ingénieux que faciles à exécuter. Cet Ouvrage eſt rempli d'ailleurs d'une érudition éclairée, & enrichi de vues neuves & précieuſes. A Paris, le 18 Février 1779.

MISSA, C. R.

PRIVILÉGE DU ROI.

LOUIS, PAR LA GRACE DE DIEU, ROI DE FRANCE ET DE NAVARRE, A nos amés & féaux Conſeillers, les Gens tenans nos Cours de Parlement, Maîtres des Requêtes ordinaires de notre Hôtel, Grand-Conſeil, Prevôt de Paris, Baillifs, Sénéchaux, leurs Lieutenans Civils, & autres nos Juſticiers qu'il appartiendra : SALUT. Notre bien amé le Sieur DUCHANOY Nous a fait expoſer qu'il deſireroit faire imprimer & donner au Public un Ouvrage de ſa compoſition ayant pour titre, *Eſſai ſur l'Art d'imiter les Eaux Minérales*, *&c.* s'il nous plaiſoit lui accorder nos Lettres de Privilége à ce néceſſaires. A CES CAUSES, voulant favorablement traiter l'Expoſant, nous lui avons permis & permettons de faire imprimer ledit Ouvrage autant de fois que bon lui semblera, & de le vendre, faire vendre partout notre Royaume. Voulons qu'il jouisse de l'effet du présent Privilége, pour lui & ses hoirs à perpétuité, pourvu qu'il ne le retrocede à personne; & si cependant il jugeoit à propos d'en faire une cession, l'Acte qui la contiendra sera enregistré en la Chambre Syndicale de Paris, à peine de nullité tant du Privilége que de la cession; & alors par le fait seul de la cession enregistrée, la durée du présent Privilége sera réduite à celle de la vie de l'Exposant, ou à celle de dix années à compter de ce jour, si l'Exposant décède avant l'expiration desdites dix années. Le tout conformément aux articles IV & V de l'Arrêt du Conseil du 30 Août 1777, portant Réglement sur la durée des Priviléges en Librairie. Faisons défense à tous Imprimeurs, Libraires & autres personnes, de quelque qualité & condition qu'elles soient, d'en introduire d'impression étrangere dans aucun lieu de notre obéissance; comme aussi d'imprimer ou faire imprimer, vendre, faire vendre, débiter ni contrefaire lesdits Ouvrages, sous quelque prétexte que ce puisse être, sans la permission expresse & par écrit dudit Exposant, ou de celui qui le représentera, à peine de saisie & de confiscation des exemplaires contrefaits, de six mille livres d'amende, qui ne pourra être modérée pour la première fois, de pareille amende & de déchéance d'état en cas de récidive, & tous dépens, dommages & intérêts, conformément à l'Arrêt du Conseil du 30 Août 1777, concernant les contrefaçons. A la charge que ces Présentes seront enregistrées tout au long sur le Registre de la Communauté des Imprimeurs & Libraires de Paris, dans trois mois de la date d'icelles; que l'impression dudit Ouvrage sera faite dans notre Royaume, & non ailleurs, en beau papier & beau caractère, conformément aux

Réglemens de la Librairie, à peine de déchéance du présent Privilége : qu'avant de l'exposer en vente, le Manuscrit qui aura servi de copie à l'impression dudit Ouvrage, sera remis dans le même état où l'Approbation y aura été donnée, ès mains de notre très-cher & féal Chevalier Gardedes-Sceaux de France le Sieur HUE DE MIROMENIL; qu'il en sera ensuite remis deux Exemplaires dans notre Bibliothéque publique, un dans celle de notre Château du Louvre, un dans celle de notre très-cher & féal Chevalier Chancelier de France le Sieur DE MAUPEOU, & un dans celle dudit Sieur HUE DE MIROMENIL. Le tout à peine de nullité des Présentes; du contenu desquelles vous mandons & enjoignons de faire jouir ledit Exposant & ses hoirs pleinement & paisiblement, sans souffrir qu'il leur soit fait aucun trouble ou empêchement. Voulons que la copie des Présentes, qui sera imprimée tout au long au commencement ou à la fin dudit Ouvrage, soit tenue pour duement signifiée, & qu'aux copies collationnées par l'un de nos amés & féaux Conseillers Secrétaires foi soit ajoutée comme à l'original. Commandons au premier notre Huissier ou Sergent sur ce requis, de faire pour l'exécution d'icelles, tous Actes requis & nécessaires, sans demander autre permission, & nonobstant clameur de Haro, Charte Normande, & Lettres à ce contraires. Car tel est notre plaisir. Donné à Paris le trentième jour de Juin, l'an de grace mil sept cent soixante-dix-neuf, & de notre Règne le sixième. Par le Roi en son Conseil.

LE BEGUE.

Regiſtré sur le Registre XXI, de la Chambre Royale & Syndicale des Libraires & Imprimeurs de Paris, N°. 1601, folio 118, conformément aux dispositions énoncées dans le présent Privilége, & à la charge de

P

remettre à ladite Chambre les huit Exemplaires prescrits par l'Article CVIII du Réglement de 1723. A Paris, ce 20 Août 1779.

QUILLAU, Adjoint.

Achevé d'imprimer pour la première fois le 13 Décembre 1779.

De l'Imprimerie de QUILLAU, rue du Fouare.

www.ingramcontent.com/pod-product-compliance
Ingram Content Group UK Ltd.
Pitfield, Milton Keynes, MK11 3LW, UK
UKHW021841190726
13855UKWH00001B/96

9 782013 45051